高等职业教育计算机专业系列教材

U0394079

Web 数据库技术
——MySQL 数据库设计与应用

尹沧涛　赵美花　主　编

尹锁强　马桂香　副主编

田丽娜　参　编

北京理工大学出版社
BEIJING INSTITUTE OF TECHNOLOGY PRESS

内 容 简 介

本书按照项目教学的要求，以介绍 MySQL 数据库为主线，结合项目开发案例，用通俗易懂、简洁明了的语言，介绍了 MySQL 数据库应用的相关知识。全书共分十六个项目，内容涵盖：数据库概述，MySQL 的安装与配置，数据库的基本操作，存储引擎、数据类型和字符集概述，数据表的基本操作，数据的插入、修改和删除操作，单表数据记录查询，多表数据记录查询，索引的基本操作，视图的基本操作，数据库编程，触发器的基本操作，MySQL 日志管理，数据的备份与恢复，MySQL 的权限与安全，以及新闻发布系统数据库设计。

本书面向职业院校计算机相关专业学生，可作为职业院校学生学习计算机相关专业的教学用书，也可作为社会培训机构、企业以及其他单位对计算机相关专业人员的参考用书。同时，本书内容也适合初学者自学，还可以作为程序员自学开发数据库应用系统的参考书。本书同时适用于希望学习数据库开发技术的广大读者。

图书在版编目（CIP）数据

Web 数据库技术：MySQL 数据库设计与应用／尹沧涛，赵美花主编. -- 北京：北京理工大学出版社，2024.11(2025.1 重印).

ISBN 978-7-5763-4591-9

Ⅰ. TP311.132.3

中国国家版本馆 CIP 数据核字第 2024ZY7572 号

责任编辑：陈莉华　　**文案编辑**：陈莉华
责任校对：刘亚男　　**责任印制**：施胜娟

出版发行	/	北京理工大学出版社有限责任公司
社　　址	/	北京市丰台区四合庄路 6 号
邮　　编	/	100070
电　　话	/	(010) 68914026 (教材售后服务热线)
		(010) 63726648 (课件资源服务热线)
网　　址	/	http://www.bitpress.com.cn

版 印 次	/	2025 年 1 月第 1 版第 2 次印刷
印　　刷	/	涿州市新华印刷有限公司
开　　本	/	787 mm×1092 mm　1/16
印　　张	/	19.5
字　　数	/	458 千字
定　　价	/	59.80 元

图书出现印装质量问题，请拨打售后服务热线，负责调换

Foreword 前言

随着开源技术的日益普及，开源数据库逐渐流行起来并占据了很大的市场份额，其中 MySQL 数据库是开源数据库的杰出代表。MySQL 作为比较流行的关系数据库管理系统之一，在 Web 应用方面被广泛使用。

现在市面上有很多关于 MySQL 的书籍，但这些书籍大都没有对各知识点进行全面的讲解，很多读者学习之后还是很迷茫。为加快推进党的二十大精神进教材、进课堂、进头脑，本书秉承"坚持教育优先发展，加快建设教育强国、科技强国、人才强国"的思想，对教材的编写进行策划。本书针对 MySQL 技术进行了深入分析，并对每个知识点精心设计了相关案例，模拟这些知识点在实际工作中的应用，让知识的难度与深度、案例的选取与设计，既具有职业教育特色，又能够满足产业发展和行业人才需求。

本书用通俗易懂的语言和丰富多彩的案例，详细讲述了 MySQL 的相关概念与技术，且概念讲解清楚、重点突出，几乎每个知识点都配备了相应的小实例，理论与实践结合紧密。书中所有实例都经过了精心的考虑和设计，既有助于读者理解相关知识，又具有启发性和实用性，让读者边学边练，学完即可上手操作。具体来说，本书具有以下几个特色。

（1）立德树人、同向同行。为贯彻落实党的二十大精神，本书将知识技能教育和素质教育有机融合，尽可能选取既对应相关知识点，又能够体现职业素养并与实际应用紧密相关的案例；同时在正文中设置了"多学一招""修身笃学""华彩流光""和谐共生"和"知识库"等栏目，在部分项目最后还设置了"拓展阅读"栏目，将能够体现职业素养、传统文化、创新意识和工匠精神的内容潜移默化地融入知识与技能教育中，以培养具有正确价值观的高技能型人才。

（2）校企合作、工学结合。本书邀请相关企业专家参与和指导编写，结合企业对数据库相关人才的实际要求，通过项目末尾的实训锻炼读者的工作思维和实践技能，帮助读者达到学以致用的目的。

（3）阶梯教学、全新理念。本书分为入门篇、基础篇、进阶篇、管理和维护篇以及实战篇共 5 个部分。首先让读者简单了解数据库，然后学习其基础知识，接着深入学习并了解其安全管理知识，最后通过开发一个完整项目来提高实战能力。本书的大部分项目任务采用"知识点+小实例"的形式讲解，在用通俗易懂的语言简单介绍知识点后，紧接着安排了与当前知识点和实际应用相结合的小实例，从而使读者边学边练、学有所用。对于比较重要和可操作性强的项目，还安排了"项目实训"，让读者进一步练习本项目所学知识和技能，增强实战能力。

（4）案例典型、实用性强。除每个项目中的小实例和"项目实训"外，为加强读者的实战能力，本书最后还安排了一个典型的数据库开发案例——新闻发布系统数据库设计。

（5）创新思维、开阔视野。通过本书的学习，不仅可以掌握 MySQL 的基本操作，还能培养读者的独立思考能力和解决问题的技巧。在不断变化的技术环境中，拥有创新思维的重要性不言而喻。帮助读者从不同角度看待数据库的设计与管理，以便灵活应对多样化的挑战，推动个人和团队的不断进步。

由于编者水平和经验有限，书中难免存在疏漏和不妥之处，敬请广大读者批评指正。

编　者

2024 年 9 月

Contents 目录

第 1 部分　入门篇

第 2 部分　基础篇

第 3 部分　进阶篇

第 4 部分　管理和维护篇

第 5 部分　实战篇

第1部分

入门篇

项目 1
数据库概述

【项目导读】

我们生活在一个信息化、数字化迅速发展的时代，数据成为重要的资源，互联网、大数据、人工智能等技术正在深刻改变着我们的工作方式和生活方式。要想有效地存储和管理数据，就离不开数据库技术。MySQL 是一款非常流行的关系型数据库管理系统，被广泛应用于各种网络应用程序和服务器端的开发中。无论是个人项目还是大型企业级应用程序，MySQL 都是一个可靠的选择。本项目主要介绍数据库、数据库系统、MySQL 数据库管理系统和 SQL 语言的相关知识。

【学习目标】

知识目标：

- 了解数据管理技术的发展；
- 了解数据库的概念、作用、特点及类型；
- 了解数据库模型；
- 了解常见的数据库产品；
- 了解结构化查询语言 SQL 的作用。

能力目标：

- 能够说出数据管理技术每个阶段的特点；
- 能够说出数据库、数据库管理系统和数据库系统的概念；
- 学会绘制 E-R 图、说出关系模型的基本概念和完整性约束；
- 能够使用 SQL 语言实现对数据库的简单操作；
- 能够说出 3 种以上数据库管理系统及其特点；
- 能够根据 SQL 的功能说出 SQL 的 4 个类别。

素质目标：

- 了解数据库发展史，培养学生创新意识和科学探索精神；
- 掌握数据库基础知识，培养学生的实践意识及进行学习规划的能力。

任务 1.1　数据库

1.1.1　数据管理技术的发展

数据库技术是顺应数据管理任务的需求而产生的，在应用需求的驱动下以及计算机硬件和软件发展的基础上，数据管理技术经历了人工管理、文件系统和数据库系统 3 个阶段。关于这 3 个阶段的介绍具体如下。

1. 人工管理阶段

在 20 世纪 50 年代中期以前，计算机主要用于科学计算。当时的硬件外存只有纸带、卡片和磁带，没有磁盘等直接存取的存储设备；而软件方面，没有操作系统，没有专门管理数据的软件，数据的处理方式是批处理。

人工管理阶段的特点如下。

（1）数据不保存。当时计算机主要用于科学计算，一般不需要将数据进行长期保存。

（2）应用程序管理数据。数据需要由应用程序自己设计、说明和管理，没有相应的软件系统负责数据的管理工作。应用程序中不仅要规定数据的逻辑结构，而且要设计物理结构，包括存储结构、存取方法和输入方式等。

（3）数据不具有共享性。数据是面向应用程序的，一组数据只能对应一个程序。当多个应用程序涉及某些相同的数据时必须各自定义，无法相互利用和参照，因此程序与程序之间有大量的冗余数据。

（4）数据不具有独立性。数据的逻辑结构或者物理结构发生变化后，必须对应用程序做相应的修改，数据完全依赖应用程序，缺乏独立性。

2. 文件系统阶段

20 世纪 50 年代后期到 60 年代中期，此时硬件方面有了发展，出现了磁盘、磁鼓等直接存取存储设备。在软件方面，操作系统中已经有了专门的数据管理软件，一般称为文件系统。不仅有批处理，还有联机实时处理。

磁鼓是利用铝鼓筒表面涂覆的磁性材料来存储数据的，鼓筒旋转速度很高，因此存取速度快。

1）文件系统的优点

（1）数据可以长期保存。计算机大量用于数据处理，数据需要长期保存在外存上，从而实现反复查询、修改、插入和删除等操作。

（2）由文件系统管理数据。由专门的软件即文件系统进行数据管理，文件系统把数据组织成相互独立的数据文件，利用"按文件名访问、按记录进行存取"的管理技术，提供了对文件进行打开与关闭、对记录读取和写入等存取方式。

2）文件系统的缺点

（1）数据共享性差，冗余度大。在文件系统中，一个（或一组）文件基本上对应一个应用程序，即文件仍然是面向应用的。当不同的应用程序具有部分相同的数据时，也必须建立各自的文件，而不能共享相同的数据，因此数据冗余度大，浪费存储空间。同时，由于相同的数据重复存储，各自管理，容易造成数据的不一致性，给数据的修改和维护带来困难。

（2）数据独立性差。文件系统中的文件是为某一特定应用服务的，文件的逻辑结构是针对具体的应用来设计和优化的，因此对文件中的数据再增加一些新的应用会很困难。

3. 数据库系统阶段

自20世纪60年代后期以来，计算机管理的对象规模越来越大，应用范围越来越广泛，数据量急剧增加，同时多种应用、多种语言互相覆盖的共享集合的要求越来越强烈。

在这种背景下，以文件系统作为数据管理手段已经不能满足应用的需求，为了解决多用户、多应用共享数据的要求，出现了统一管理数据的专门软件系统，即数据库管理系统。

数据由数据库管理系统统一管理和控制。数据的统一控制包含安全控制、完整控制和并发控制。简单来说，就是防止数据丢失、确保数据正确有效，并且在同一时间内，允许用户对数据进行多路存取，防止用户之间的异常交互。例如，春节期间网上订票时，由于出行人数多、时间集中和抢票的问题，火车票数据在短时间内会发生巨大变化，数据库系统要对数据进行统一控制，保证数据不出现问题。

1.1.2　数据库的概念和作用

1. 数据库的概念

数据库是按照数据结构来组织、存储和管理数据的仓库，是一个长期存储在计算机内有组织、可共享、统一管理的大量数据的集合。数据库可看作电子化的文件柜，用户可对文件柜（仓库）中的数据进行增加、删除、修改和查找等操作。这里所说的数据，不仅包括普通意义上的数字，还包括文字、图像和声音等，也就是说，凡是在计算机中用来描述事物的记录都可以称为数据。

2. 数据库的作用

（1）数据存储与管理。

① 持久化数据存储：数据库允许将数据持久化存储在硬盘或其他存储介质上，即使系统断电数据也不会丢失。

② 高效的数据检索和更新：通过强大的查询语言（如SQL）和索引机制，用户可以轻松查找和更新数据。

（2）数据共享与并发访问。

① 多用户访问：数据库支持多用户同时访问同一数据，实现数据共享。

② 并发控制：通过事务管理和锁机制，数据库可以协调多个用户的并发操作，保证数据的一致性和完整性。

（3）确保数据完整性和安全性。

① 数据完整性约束：通过主键、外键等约束，防止数据出现重复、不一致或无效的情况。

② 安全机制：设置访问权限和用户身份验证，确保只有授权用户才能访问特定数据。

（4）支持决策和分析。

数据查询与统计分析：数据库不仅用于日常业务数据的存储，还支持复杂的查询和分析，以帮助企业做出决策。

（5）提高应用开发效率。

数据独立于应用程序：数据库使数据与应用程序逻辑分离，当数据结构变化时，应用程序代码不需要大量修改。

提 示

数据库（DataBase，DB）是一个保存数据的容器，而人们通常所说的数据库应该被称为数据库管理系统（DataBase Management System，DBMS），如 MySQL、Oracle、SQL Server 等。用户不能直接访问数据库，但可以通过数据库管理系统对数据库进行操作。

1.1.3 数据库系统的特点

数据库系统的特点主要包括以下几个方面：

① 数据结构化；

② 数据的共享性高，冗余度低，易扩充；

③ 数据独立性高；

④ 数据由 DBMS 统一管理和控制。

1. 结构化

数据库系统实现了整体数据的结构化，这是数据库最主要的特征之一。这里所说的"整体"结构化，是指在数据库中的数据不再仅针对某个应用，而是面向全组织；不仅数据内部是结构化，而且整体是结构化，数据之间有联系。

2. 共享性

因为数据是面向整体的，所以数据可以被多个用户、多个应用程序共享使用，可以大大减少数据冗余，节约存储空间，避免数据之间的不相容性与不一致性。

3. 数据独立性

数据独立性包括数据的物理独立性和逻辑独立性。

（1）物理独立性是指数据在磁盘上的数据库中如何存储是由 DBMS 管理的，用户程序不需要了解，应用程序要处理的只是数据的逻辑结构，这样当数据的物理存储结构改变时，用户的程序不用改变。

（2）逻辑独立性是指用户的应用程序与数据库的逻辑结构是相互独立的，也就是说，数据的逻辑结构改变了，用户程序也可以不改变。数据与程序相互独立，把数据的定义从程序中分离出去，加上存取数据的工作由 DBMS 负责提供，从而简化了应用程序的编制，大大减少了应用程序的维护和修改。

4. 数据由 DBMS 统一管理和控制

数据库的共享是并发（Concurrency）共享，即多个用户可以同时存取数据库中的数据，甚至可以同时存取数据库中的同一个数据。DBMS 必须提供以下几方面的数据控制功能。

（1）数据的安全性保护（Security）。

（2）数据的完整性检查（Integrity）。

（3）数据库的并发访问控制（Concurrency）。

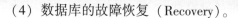

（4）数据库的故障恢复（Recovery）。

1.1.4 数据模型

数据模型（Data Model）是数据库系统的核心和基础，它是对现实世界数据特征的抽象，为数据库系统的信息表示与操作提供了一个抽象的框架。想要更好地理解数据模型，首先应该掌握一些数据模型的理论知识，下面对数据模型的理论知识进行详细讲解。

1. 数据模型的组成三要素

数据模型所描述的内容包括3个部分，分别是数据结构、数据操作和数据约束。这3个部分的具体介绍如下。

（1）数据结构。数据结构用于描述数据库系统的静态特征，主要研究数据本身的类型、内容、性质以及数据之间的联系等。

（2）数据操作。数据操作用于描述数据库系统的动态行为，是对数据库中的对象实例允许执行的操作的集合。数据操作主要包含检索和更新（插入、删除和修改）两类。

（3）数据约束。数据约束是指数据与数据之间所具有的制约和存储规则，这些规则用以限定符合数据模型的数据库状态及其状态的改变，以保证数据的正确性、有效性和相容性。

2. 常见的数据模型分类

数据模型按照数据结构主要分为层次模型（Hierarchical Model）、网状模型（Network Model）、关系模型（Relational Model）和面向对象模型（Objected Model）。下面分别对这4种数据模型进行讲解。

（1）层次模型。层次模型用树形结构表示数据之间的联系，它的数据结构类似一棵倒置的树，有且仅有一个根节点，其余节点都是非根节点。层次模型中的每个节点表示一个记录类型。记录之间是一对多的关系，即一个节点可以有多个子节点。

（2）网状模型。网状模型用网状结构表示数据之间的关系，网状模型的数据结构允许有一个以上的节点、无双亲和至少有一个节点可以有多于一个的双亲。随着应用环境的扩大，基于网状模型的数据库结构会变得越来越复杂，不利于最终用户掌握。

（3）关系模型。关系模型以数据表的形式组织数据，实体之间的关系通过数据表的公共属性表示结构简单明了，并且具有逻辑计算、数学计算等坚实的数学理论作为基础。关系模型是目前广泛使用的数据模型。

（4）面向对象模型。面向对象模型用面向对象的思维方式与方法来描述客观实体，它继承了关系数据库系统已有的优势，并且支持面向对象建模、对象存取与持久化以及代码级面向对象数据操作，是现在较为流行的新型数据模型。

任何一个数据库管理系统都是基于某种数据模型的，数据模型不同，相应的数据库管理系统就不同。

3. 客观对象转换为计算机存储数据

数据模型按照不同的应用层次，主要分为概念数据模型（Conceptual Data Model）、逻辑数据模型（Logical Data Model）和物理数据模型（Physical Data Model）。如果使用计算机管理现实世界的对象，那么需要将客观存在的对象转换为计算机存储的数据。整个转换过程经历现实世界、信息世界和机器世界3个层次，相邻层次之间的转换都依赖不同的数据模型。图1-1描述了客观对象转换为计算机存储数据的过程。

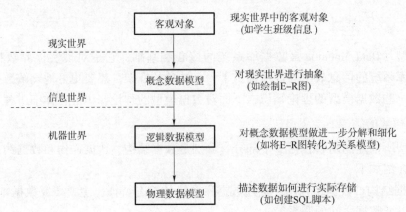

图 1-1　客观对象转换为计算机存储数据的过程

在图 1-1 中，概念数据模型是现实世界到机器世界的中间层，它将现实世界中的客观对象（如学生、班级、课程）抽象成信息世界的数据；逻辑数据模型是一种面向数据库系统的模型，是 DBMS 所支持的具体数据模型（如层次模型、网状模型、关系模型）。逻辑数据模型进一步分解和细化后，使用物理数据模型进行实际存储，也就是将逻辑模型转换成计算机能够识别的模型。

4. 概念数据模型的常用术语

概念数据模型（E-R 模型）的常用术语包括实体、属性、键和域等，这些术语是构建和理解概念数据模型的基础。下面是对每个术语的详细解释。

（1）实体。

定义：现实世界中客观存在并可以相互区别的事物称为实体，这些实体可以是具体的人、事、物，也可以是抽象的概念。

举例：学生、教师、课程等都可以作为实体。

（2）属性。

定义：实体具有若干个特征，每一个特征称为实体的一个属性。

举例：对于学生实体，其属性可能包括学号、姓名、性别、年龄和班级等。

（3）键。

定义：能唯一标识每个实体的属性或属性组，称为实体的键，简称为键。

举例：学生的学号通常作为学生实体的键。

（4）域。

定义：属性的可能取值范围称为属性的域。

举例：如果某个属性是年龄，其域可能是一个合理的年龄范围，如 18~60 岁。

（5）实体集。

定义：同一类型实体的集合称为实体集。

举例：全体学生即构成一个实体集。

（6）实体型。

定义：实体型是对某一类实体的抽象和刻画，用实体名和属性名来说明。

举例：学生（学号，姓名，性别，出生年月，班级，入学年月）就是一个实体型。

（7）联系。

定义：实体内部及不同实体之间的联系。联系也可能具有属性。

举例：顾客与商品之间的"购买"联系，该联系具有购买数量和购买日期等属性。

概念数据模型能够以简单、直观的方式表达复杂的现实世界数据关系。了解并掌握这些术语对数据库设计人员至关重要，这不仅有助于在项目初期准确捕捉和表达业务需求，还能确保数据模型的准确性和有效性。

5. E-R 图

E-R 图，也称为实体关系图，用于显示实体集之间的关系。它提供了一种表示实体类型、属性和连接的方法，是用来描述现实世界的概念模型。E-R 模型是数据库的设计或蓝图，将来可以作为数据库来实现。E-R 图举例如图 1-2 所示。

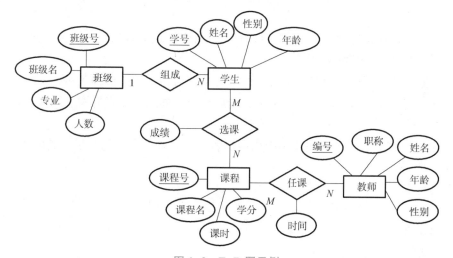

图 1-2　E-R 图示例

在 E-R 图中，实体集是一组相似的实体（数据模型中的数据对象），它们可以有属性。在数据库系统中，实体是数据库中的表或属性，因此 E-R 图只通过显示表及其属性之间的关系来显示数据库的完整逻辑结构。

1）实体

实体表示数据模型中的数据对象或组件，如人、学生和音乐都可以被视为数据对象。在 E-R 图中实体用矩形表示。

数据模型中有一个特殊的实体，即弱实体，它不能通过自身的属性唯一识别，并且依赖于与其他实体的关系。在 E-R 图中，弱实体用双矩形表示。

注意：每个实体都有自己的实体成员或实体对象，但是这些成员或对象不需要出现在 E-R 图中。

2）属性

是指一个实体的属性，如一个人的姓名、年龄、地址及其他属性；在 E-R 图中属性用椭圆表示，有 4 种类型的属性。

（1）关键属性：可以唯一标识实体集内的实体。

（2）复合属性：属于其他属性组合的属性。

关键属性和复合属性含义如图 1-3 所示。

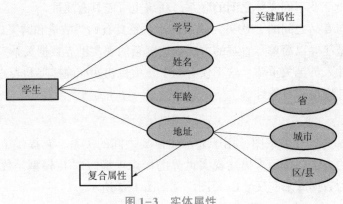

图 1-3　实体属性

从图 1-3 可以看出，"学号"是关键属性；"地址"是复合属性，因为"地址"也由其他属性组成，如省、城市和区/县。

（3）多值属性：可以包含多个值的属性称为多值属性，用双椭圆表示。

（4）派生属性：该值是动态的，从另一个属性派生而来，用点椭圆表示。

3）关系

是指实体之间的关系，在 E-R 图中用菱形表示。有 4 种类型的关系，具体如下：

（1）一对一。

（2）一对多。

（3）多对一。

（4）多对多

实体之间的关系如图 1-4 所示。

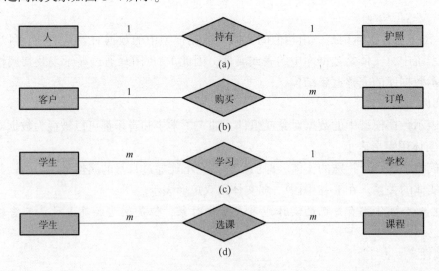

图 1-4　实体之间的关系

（a）一对一的关系；（b）一对多的关系；（c）多对一的关系；（d）多对多的关系

6. 关系模型

关系模型以二维表结构来表示实体与实体之间的联系。在关系模型中，操作的对象和结果都是二维表。经过多年的发展，该模型已经成为目前广泛使用的数据模型之一。

1）关系模型的基本概念

（1）关系（Relation）。它是基于集合的一个重要概念，用于反映元素之间的联系和性质。从用户角度来看，关系模型的数据结构是二维表，即关系模型通过二维表组织数据。一个关系对应一张二维表，表中的数据包括实体本身的数据和实体间的联系。

一个简单的学生信息二维表如表1-1所示。

表1-1　学生信息二维表

ID	学号	姓名	性别	班级	备注
1	23101	马丽娜	女	23计算机应用1班	统招
2	23102	盖宇鹏	男	23计算机应用1班	单招
3	23103	文通章	男	23计算机应用1班	统招
4	23104	田云霞	女	23计算机应用1班	单招

（2）属性（Attribute）。二维表中的列称为属性，每个属性都有一个属性名。根据不同的习惯，属性也可以称为字段。

（3）记录（Tuple）。二维表中的每一行数据称为一个记录。元组也可以称为记录。

（4）域（Domain）。域是指属性的取值范围，如性别属性的域为男、女。

（5）关系模式（Relation Schema）。关系模式是关系的描述，通常可以简记为："关系名（属性1，属性2，…，属性n）"。例如，表1-1中二维表的关系模式如下：

学生(ID,学号,姓名,性别,班级,备注)

（6）键（Key）。在二维表中，若要唯一标识某一条记录，需要用到键（又称为关键字码）。例如，学生的学号具有唯一性，它可以作为学生实体的键，而班级的班级号可以作为班级实体的键。如果学生表中拥有班级号的信息，就可以通过班级号这个键为学生表和班级表建立联系，如表1-2和表1-3所示。

在表1-2和表1-3中，"学生表"中的"班级号"表示学生所属的班级，而在"班级表"中，"班级号"是该表的键。"班级表"与"学生表"通过"班级号"可以建立一对多的联系，即一个班级中有多个学生。其中，"班级表"中的"班级号"称为主键（Primary Key），"学生表"中的"班级号"称为外键（Foreign Key）。

表1-2　学生表

ID	学号	姓名	性别	班级号
1	23101	马丽娜	女	1
2	23102	盖宇鹏	男	1
3	23103	文通章	男	2
4	23104	田云霞	女	2

表1-3　班级表

班级号	班级名称	班主任
1	大数据班	刘老师
2	软件班	尹老师

当两个实体的关系为多对多时，对应的数据表一般不通过键直接建立联系，而是通过一张中间表间接进行关联。例如，学生与课程的多对多联系可以通过"学生选课表"建立联系，如表1-4至表1-6所示。

表1-4　课程表

课程名	课程号
C语言	KC01
数据库	KC02

表1-5　学生选课表

课程号	学号
KC01	2
KC01	3
KC02	2
KC02	3

表1-6　学生表

学号	姓名	性别	班级号
1	马丽娜	女	1
2	盖宇鹏	男	1
3	文通章	男	2
4	田云霞	女	2

在上述表中，"学生表"与"课程表"之间通过"学生选课表"关联。"学生选课表"将学生与课程的多对多关系拆解成两个一对多关系，即一个学生选修多门课，一门课被多个学生选修。

2）关系模型的完整性约束

为保证数据库中数据的正确性和相容性，需要对关系模型进行完整性约束，所约束的完整性通常包括域完整性、实体完整性、参照完整性和用户自定义完整性，具体介绍如下。

（1）域完整性。域完整性是保证数据库字段取值的合理性。域完整性约束包括检查（CHECK）、默认值（DEFAULT）、不为空（NOTNULL）和外键（FOREIGN KEY）等约束。可以对插入的字段值进行检查，保证其符合设置的域完整性约束。

（2）实体完整性。实体完整性要求关系中的主键不能重复，且不能取空值。空值是指不知道、不存在或无意义的值。由于关系中的记录对应现实世界中互相之间可区分的个体，因此这些个体使用主键来唯一标识，若主键为空或重复，则无法唯一标识每个个体。

（3）参照完整性。参照完整性定义了外键和主键之间的引用规则，要求关系中的外键要么取空值，要么取参照关系中某个记录的主键值。例如，"学生表"中的"班级号"对应"班级表"中的"班级号"，按照参照完整性规则，学生的班级号只能取空值或"班级表"中已经存在的某个班级号。当取空值时表示该学生尚未分配班级，当取某个班级号时，该班级号必须是"班级表"中已经存在的某个班级号。

（4）用户自定义完整性。用户自定义完整性是用户针对具体的应用环境定义的完整性约束条件，由DBMS检查用户自定义完整性。例如，创建数据表时，定义用户名不允许重复的约束。

任务1.2　数据库系统

数据库系统是现代信息系统中用于存储、管理和处理数据的软件系统。

数据库系统作为信息时代的核心，发挥着至关重要的作用。它不仅极大地促进了计算机应用的发展，而且成为处理和管理大量数据的高效工具。下面将深入分析数据库系统的多个方面，包括其定义、功能、组成部分以及在现代技术环境中的发展和应用。

1.2.1 数据库系统的基本概念和组成

1. 基本概念

数据库系统包括数据库、数据库管理系统和数据库应用系统。数据库是存储大量数据的集合，具有组织、共享和独立性特点。数据库管理系统（DBMS）是位于操作系统与应用之间的软件，用于管理数据库。数据库应用系统则是在 DBMS 支持下，面向特定应用的软件系统。

2. 系统组成

一个完整的数据库系统不仅包含数据库本身，还涉及硬件、软件和人员。软件方面，除了 DBMS，还包括各种工具程序，如数据导入工具、报表生成器等。人员则包括数据库管理员（DBA）、系统分析师、程序员和用户等角色，如图 1-5 所示。

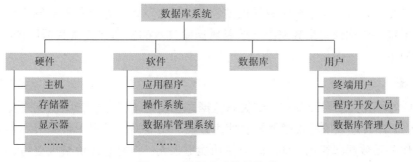

图 1-5 数据库系统的构成

1.2.2 数据库系统的功能和技术

（1）数据定义和操纵。DBMS 提供了数据定义语言（DDL）和数据操纵语言（DML）。DDL 用于定义数据库中的对象，如表和索引；DML 则用于数据的查询、插入、删除和修改操作。

（2）数据安全性和完整性控制。DBMS 还必须确保数据的安全性和完整性。安全性控制通过访问控制机制实现，而完整性控制则通过约束和触发器等机制保证数据的正确性和一致性。

（3）事务管理和恢复技术。事务是一个执行单元，通过事务管理，DBMS 能保证操作的原子性、一致性、隔离性和持久性（ACID 特性）。恢复技术则确保在系统故障时，数据可以恢复到一致状态。

1.2.3 数据库系统的实际应用和发展趋势

（1）商业智能和数据分析。在商业领域，数据库系统被广泛用于收集和分析业务数据，帮助企业做出基于数据的决策。这通常涉及大数据技术和数据仓库的构建。

（2）云计算和分布式数据库。随着云计算技术的发展，越来越多的数据库系统迁移到云平台，形成分布式数据库系统，提供更灵活的数据访问和更强大的处理能力。腾讯云等平台提供了多种数据库服务，支持企业级应用。

（3）开源数据库和标准化。开源数据库如 MySQL、PostgreSQL 及其变种，因其成本低和灵活性高，被广泛采用。同时，数据库标准的制定和遵循也推动了数据库技术的兼容与互操作。

1.2.4 数据库系统的未来展望

（1）机器学习与人工智能。随着 AI 技术的融入，未来的数据库系统将更加智能化，能够自动优化性能，预测和防御安全威胁，甚至推荐最佳的数据处理策略。

（2）隐私保护与合规性。数据隐私与合规性已成为重要议题。未来的数据库系统将增强对数据隐私的保护功能，并支持符合地区性或行业性的法规要求，如欧盟的 GDPR。

任务 1.3　常见的关系型数据库管理系统

关系模型几乎是数十年来整个数据模型领域的重要支撑，基于关系数据模型组织数据的数据库管理系统一般称为关系数据库。随着数据库技术的发展，关系数据库产品越来越多，常见的产品如下。

1. Oracle

Oracle 是由甲骨文公司开发的一款关系数据库管理系统，在数据库领域一直处于领先地位。Oracle 数据库管理系统可移植性好、使用方便、功能强，适用于各类大、中、小型微机环境。与其他关系数据库相比，Oracle 虽然功能更强大，但是它的价格也更高。

2. Microsoft SQL Server

Microsoft SQL Server 是由微软公司开发的一款关系数据库管理系统，它广泛应用于电子商务、银行、保险、电力等行业。

Microsoft SQL Server 提供对 XML 和 Internet 标准的支持，具有强大的、灵活的基于 Web 的应用程序管理功能，而且界面友好、易于操作，深受广大用户的喜爱。

3. IBM Db2

IBM Db2 是由 IBM 公司研制的一款大型关系数据库管理系统，其主要运行环境为 UNIX（包括 IBM 的 AIX）、Linux、IBM（旧称 OS/400）、z/OS 以及 Windows 服务器版本，具有较好的可伸缩性。

IBM Db2 保证了高层次的数据利用性、完整性、安全性和可恢复性以及小规模到大规模应用程序的执行能力，适合海量数据的存储。

4. MySQL

MySQL 是由瑞典的 MySQL AB 公司开发的，后来被 Oracle 公司收购。MySQL 是以客户端/服务器模式实现的，支持多用户、多线程。MySQL 社区版是开源的，任何人都可以获得该数据库的源代码并修正缺陷。

MySQL 具有跨平台特性，它不仅可以在 Windows 平台上使用，还可以在 UNIX、Linux 和 Mac OS 等平台上使用。相对其他数据库而言，MySQL 的使用更加方便、快捷，而且 MySQL 社区版是免费的，运营成本低，因此越来越多的公司选择使用 MySQL。

多学一招

非关系数据库

随着互联网 Web 2.0 的兴起，关系数据库在处理超大规模和高并发的 Web 2.0 网站的数据时存在一些不足，需要采用更适合解决大规模数据集合和多重数据种类的数据库，通常将这种类型的数据库统称为非关系数据库（Not only SQL，NoSQL）。非关系数据库的特点在于数据模型比较简单，灵活性强，性能高。常见的非关系数据库有以下4种。

（1）键值存储数据库。

键值（Key-Value）存储数据库类似传统语言中使用的哈希表，可以通过键添加、查询或删除数据。键值存储数据库查找速度快，通常用于处理大量数据的高访问负载，也用于一些日志系统等，其典型产品有 Memcached 和 Redis。

（2）列存储数据库。

列存储（Column-Oriented）数据库采用列簇式存储，将同一列数据存放在一起。列存储数据库查找速度快，可扩展性强，更容易进行分布式扩展，通常用来应对分布式存储海量数据，其典型产品有 Cassandra 和 HBase。

（3）面向文档数据库。

面向文档（Document-Oriented）数据库将数据以文档形式存储，每个文档是一系列数据项的集合。面向文档数据库的灵感来自 Lotus Notes 办公软件，可以看作键值数据库的升级版，并且允许键值之间嵌套键值，通常用于 Web 应用，其典型产品有 MongoDB 和 CouchDB。

（4）图形数据库。

图形（Graph）数据库允许将数据以图的方式存储。以图的方式存储数据时，实体被作为顶点，而实体之间的关系则被作为边。图形数据库专注于构建关系图谱，通常应用于社交网络、推荐系统等，其典型产品有 Neo4J 和 InforGrid。

任务1.4 结构化查询语言 SQL

1.4.1 SQL 简介

通过前面的讲解可知，关系数据库有很多种，当与这些数据库进行交互以完成用户要进行的操作时，就需要用到 SQL。SQL（Structured Query Language，结构化查询语言）是应用于关系数据库的程序设计语言，主要用于管理关系数据库中的数据，如存取、查询和更新数据等。

SQL 是 IBM 公司于 20 世纪 70 年代开发出来的，并且在 20 世纪 80 年代被美国国家标准学会（American National Standards Institute，ANSI）和国际标准化组织（International Organization for Standardization，ISO）定义为关系数据库语言的标准。

根据 SQL 的功能，可将其划分为 4 个类别，具体如下。

1. 数据定义语言

数据定义语言（Data Definition Language，DDL）主要用于定义数据库、表等数据库对象，其中包括 CREATE 语句、ALTER 语句和 DROP 语句。CREATE 语句用于创建数据库、表等，ALTER 语句用于修改表的定义等，DROP 语句用于删除数据库、表等。

2. 数据操纵语言

数据操纵语言（Data Manipulation Language，DML）主要用于对数据库的数据进行添加、修改和删除操作，其中包括 INSERT 语句、UPDATE 语句和 DELETE 语句。INSERT 语句用于插入数据，UPDATE 语句用于修改数据，DELETE 语句用于删除数据。

3. 数据查询语言

数据查询语言（Data Query Language，DQL）主要用于查询数据，也就是指 SELECT 语句。通过使用 SELECT 语句可以查询数据库中的一条或多条数据。

4. 数据控制语言

数据控制语言（Data Control Language，DCL）主要用于控制用户的访问权限，其中包括 GRANT 语句、REVOKE 语句、COMMIT 语句和 ROLLBACK 语句。GRANT 语句用于给用户增加权限，REVOKE 语句用于收回用户的权限，COMMIT 语句用于提交事务，ROLLBACK 语句用于回滚事务。

SQL 的标准几经修改，更趋完善，当今大多数关系数据库系统都支持 SQL。在应用程序中也经常使用 SQL 语句。例如，在 Java 程序中嵌入 SQL 语句，通过运行 Java 程序来执行 SQL 语句，就可以完成数据的插入、修改、删除和查询等操作。

1.4.2 SQL 的简单应用

前面学习了 SQL 语句的基本常识，现在通过创建学生数据库、学生数据表，并在学生数据表中添加和查询数据，来认识 SQL 语句的简单应用。

【案例 1-1】创建名称为 "students" 的数据库，然后在该数据库中创建名称为 "学生" 的数据表，接下来在该数据表中插入两条学生记录，最后查询 "学生" 表中数据记录。

1. 创建数据库

创建 "students" 数据库如图 1-6 所示。

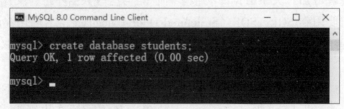

图 1-6　创建 "students" 数据库

2. 创建数据表

创建 "学生" 数据表如图 1-7 所示。

```
MySQL 8.0 Command Line Client
mysql> use students;
Database changed
mysql> create table 学生(
    ->         学号 int(10) primary key,
    ->         姓名 varchar(20) not null,
    ->         性别 char(2) not null,
    ->         年龄 tinyint(2)
    ->       );
Query OK, 0 rows affected, 2 warnings (0.01 sec)
```

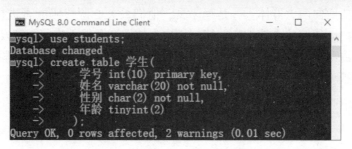

图 1-7　创建“学生”数据表

提　示

MySQL 数据库中 SQL 语句是不区分大小写的，如 CREATE TABLE 和 create table 作用相同。

3. 在“学生”数据表中添加两行记录数据

在“学生”数据表中添加两行记录数据如图 1-8 所示。

```
MySQL 8.0 Command Line Client
mysql> INSERT INTO  学生 values
    -> (2023010101,'尹力','男',19),
    -> (2023010102,'李娜','女',19);
Query OK, 2 rows affected (0.00 sec)
Records: 2  Duplicates: 0  Warnings: 0
```

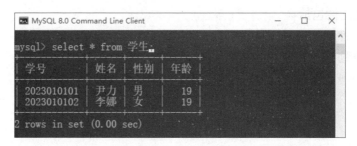

图 1-8　在“学生”数据表中添加两行记录数据

4. 查询“学生”数据表中的记录数据

查询“学生”数据表中的记录数据如图 1-9 所示。

```
MySQL 8.0 Command Line Client
mysql> select * from 学生;
+------------+------+------+------+
| 学号       | 姓名 | 性别 | 年龄 |
+------------+------+------+------+
| 2023010101 | 尹力 | 男   |   19 |
| 2023010102 | 李娜 | 女   |   19 |
+------------+------+------+------+
2 rows in set (0.00 sec)
```

图 1-9　查询“学生”数据表中的记录数据

拓展阅读

开源（open source）全称为开放源代码。很多人可能认为开源软件最明显的特点是免费，但实际上并不是这样的，开源软件最大的特点应该是开放，也就是任何人都可以得到软件的源代码，然后加以修改学习，甚至重新发放。当然，这些都要在相应软件的版权限制范围之内。开源软件重在开放，也在接纳、包容和发展，求同存异，互利共赢，这也是开源的本质。

开源软件主要面向两大群体：一是程序员，他们最关心源代码能否进行二次开发利用；二是普通终端用户，他们关心软件的功能。用户在使用开源软件进行再开发时，需要表明其来自开源软件，注明源代码编写者姓名，还需要把所修改的产品返回给开源社区，否则所修改的产品可能被视为侵权。

◎ 项目考核

一、填空题

1. _____在 20 世纪 80 年代被美国国家标准学会和国际标准化组织定义为关系数据库语言的标准。

2. 数据模型所描述的内容包括 3 个部分，分别是数据结构、数据操作和_____。

3. 概念数据模型中实体与实体之间的联系有_____、_____、多对多 3 种情况。

4. MySQL 是一种_____系统。

5. SQL 语句可以分为 4 类，分别是_____、_____、_____、_____。

二、判断题

1. 数据库中的数据只包括普通意义上的数字和文字。 （　　）

2. 关系模型的数据结构是二维表。 （　　）

3. 关系模型具有逻辑计算、数学计算等坚实的数学理论作为基础。 （　　）

4. E-R 图是一种用图形表示的实体联系模型。 （　　）

三、选择题

1. 下列选项中，不属于按照应用层次划分的数据模型是（　　）。

A. 概念数据模型   B. 逻辑数据模型

C. 物理数据模型   D. 关系数据模型

2. 数据的独立性包括（　　）。（多选）

A. 物理独立性   B. 逻辑独立性

C. 用户独立性   D. 程序独立性

项目 2

MySQL 的安装与配置

【项目导读】

    MySQL 几乎支持所有的操作系统，对于不同的操作系统平台，它都提供了相应的版本。MySQL 在不同操作系统平台下安装和配置的过程也不相同，本项目将讲解如何在 Windows 平台下安装和配置 MySQL。

【学习目标】

知识目标：

- 掌握 MySQL 的安装与配置；
- 能够独立安装 MySQL；
- 使用账号登录 MySQL；
- 管理 MySQL 服务。

能力目标：

- 安装 MySQL；
- 配置 MySQL；
- 管理 MySQL 服务；
- 登录 MySQL 与密码设置；
- 配置环境变量；
- 掌握 SQLyog 工具的使用；
- 掌握 Navicat for MySQL 工具的使用。

素质目标：

- 养成良好的工作习惯；
- 了解行业先驱的故事，培养建设祖国的使命感。

任务 2.1　在 Windows 操作系统下安装与配置 MySQL

2.1.1　下载 MySQL

搭建 MySQL 环境之前，需要先获取 MySQL 的安装包。互联网上有很多途径可获取 MySQL 的安装包，本书选择从 MySQL 官方网站获取。

在浏览器中访问 MySQL 官方网站，网站的首页显示如图 2-1 所示。

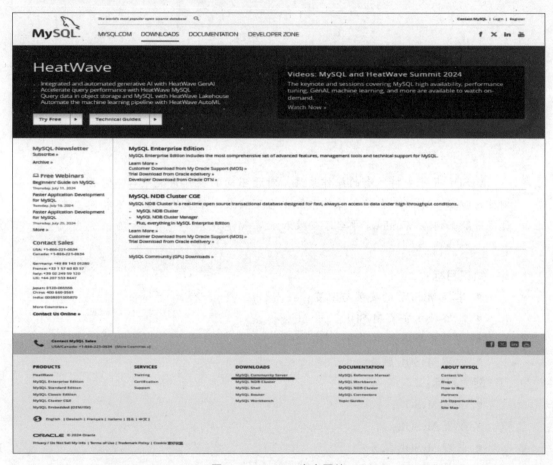

图 2-1　MySQL 官方网站

在图 2-1 所示页面中，提供了 MySQL 所有产品的下载。单击 "DOWNLOADS" 区域下的超链接 "MySQL Community Server"，选择 "Archives" 选项卡，如图 2-2 所示，进入 MySQL 的下载页面，如图 2-3 所示。

在图 2-3 中可以看到，页面中提供了以 .msi 为后缀名的二进制分发版安装包，使用这种安装包安装 MySQL 时，整个安装过程会提供图形化的配置向导；"MySQL Community Server" 链接对应的页面中提供了以 .zip 为后缀名的压缩文件，使用这种安装包安装 MySQL 时，只需要将压缩文件解压缩后再进行简单的安装即可。

目前发布的最新通用版本是 MySQL Community Server 8.1.0，该版本提供了 Windows

图 2-2 选择 "Archives" 选项卡

MySQL Product Archives

MySQL Community Server (Archived Versions)

⚠ Please note that these are old versions. New releases will have recent bug fixes and features!
To download the latest release of MySQL Community Server, please visit MySQL Downloads.

Product Version: 8.1.0
Operating System: Microsoft Windows

Windows (x86, 64-bit), MSI Installer	Jun 28, 2023	146.9M	Download
(mysql-8.1.0-winx64.msi)		MD5: 453d729afa2697a7a79d067830e071a6 | Signature	
Windows (x86, 64-bit), ZIP Archive	Jun 28, 2023	236.9M	Download
(mysql-8.1.0-winx64.zip)		MD5: 40a977d01e565b1d751ca068c823ba16 | Signature	
Windows (x86, 64-bit), ZIP Archive Debug Binaries & Test Suite	Jun 28, 2023	676.3M	Download
(mysql-8.1.0-winx64-debug-test.zip)		MD5: ec71c02d9e6094e17dd764a2ee654fe0 | Signature	

ⓘ We suggest that you use the MD5 checksums and GnuPG signatures to verify the integrity of the packages you download.

MySQL open source software is provided under the GPL License.

图 2-3 MySQL 下载页面

(x86, 64-bit) ZIP Archive 和 Windows (x86, 64-bit) ZIP Archive Debug Binaries & Test Suite 两个压缩文件的下载,后者是可选的 MySQL 测试套件。本书在此选择 Windows (x86, 64-bit) ZIP Archive 文件进行下载,单击文件后面的 "Download" 按钮即可完成下载,下载后获得名为 mysql-8.1.0-winx64.zip 的文件。至此,MySQL 数据库安装包下载完成。

2.1.2 安装与配置 MySQL

获取 MySQL 的安装包后,就可以对其进行安装。不同的 MySQL 安装文件其安装过程也不同,本节将基于 2.1.1 节获取的 mysql-8.1.0-winx64.zip 文件进行 MySQL 的安装。

1. 解压文件

将文件 mysql-8.1.0-winx64.zip 解压到 MySQL 的安装目录,本书选择 D:\mysql-8.1.0-winx64 作为 MySQL 的安装目录。解压后,MySQL 安装目录下的内容如图 2-4 所示。

为了让初学者更好地了解 MySQL 安装目录下的内容,接下来对这些内容进行介绍。

(1) bin 目录:用于放置一些可执行文件,如 mysql.exe、mysqld.exe、mysqlshow.exe 等。

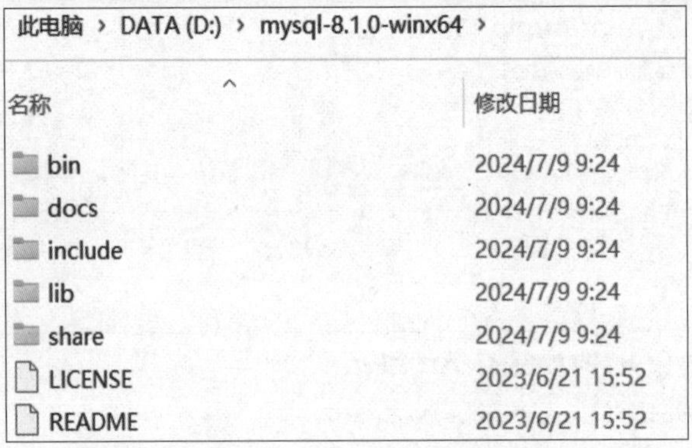

图 2-4　MySQL 安装目录

其中 mysql. exe 是 MySQL 命令行客户端工具；mysqld. exe 是 MySQL 服务程序。

（2）docs 目录：用于放置文档。

（3）include 目录：用于放置一些头文件，如 mysql. h、mysqld_ername. h 等。

（4）lib 目录：用于放置一系列的库文件。

（5）share 目录：用于存放字符集、语言等信息。

（6）LICENSE 文件：介绍 MySQL 服务器的授权信息。

（7）README 文件：介绍 MySQL 服务器的版权和版本等信息。

2. 安装 MySQL

解压 MySQL 的安装包后不能直接就使用，因为此时 Windows 系统还没有识别 MySQL 提供的服务，还需要将 MySQL 服务安装到 Windows 系统的服务中，具体步骤如下。

（1）进入"开始"菜单，在搜索框中输入 cmd，搜索出 Windows 命令处理程序 cmd. exe。右击搜索到的 Windows 命令处理程序，选择"以管理员身份运行"命令。

（2）在 Windows 命令处理程序窗口中，使用命令切换到 MySQL 安装目录下的 bin 目录。先切换到 D 盘，再使用 cd 命令进入 MySQL 的安装目录，具体执行命令如图 2-5 所示。

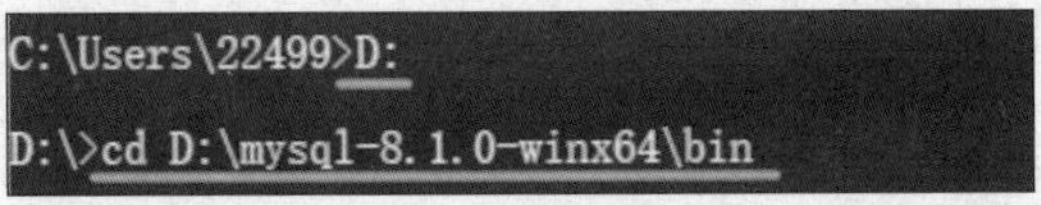

图 2-5　使用 cd 命令进入 MySQL 的安装目录

（3）切换到 MySQL 安装目录下的 bin 目录后，使用命令安装 MySQL 服务，具体安装命令如下。

① 在上述命令中，"MySQL80"为自定义的 MySQL 服务的名称。执行上述命令后，结果如图 2-6 所示。

图 2-6　执行命令结果

② 在图 2-6 中，执行安装命令后，提示“Service successfully installed”，表示 MySQL 服务已经成功安装。

③ 至此，MySQL 服务安装成功。

在安装 MySQL 服务时，还有一些常见的问题需要注意，具体如下。

① MySQL 允许在安装时指定服务的名称，从而实现多个服务共存。在 Windows 命令处理程序窗口使用命令安装 MySQL 服务时，可以在-install 后指定服务对应的名称，如上述安装时所使用的命令 mysqld --instal MySQL80 指定 MySQL80 为 MySQL 服务的名称；如果安装时不指定服务名，则默认使用 MySQL 作为 MySQL 服务的名称。

② 安装 MySQL 服务时，如果所指定的服务名称已经存在，则会安装失败，并且提示 The service already exists，此时可以选择先卸载对应的服务，再安装 MySQL 服务。

卸载 MySQL 服务的命令的格式如下：

```
mysqld --remove 服务名称
```

③ MySQL 服务默认监听 3306 端口，如果该端口被其他服务占用，会导致客户端无法连接 MySQL 服务器。

提 示

在计算机中，服务是一种长时间运行的应用程序，多个服务用不同的端口区分。以生活中常见的银行柜台为例，银行柜台有多个窗口，窗口之间通过编号进行区分，这些窗口需要有人值班来为客户提供服务。计算机中的服务相当于银行柜台的窗口，服务对应的端口号相当于柜台的编号，而计算机中服务的运行状态相当于窗口人员的值班情况。

3. 配置 MySQL

在 Windows 命令处理程序窗口中，使用命令安装完 MySQL 服务后，还需要对 MySQL 服务进行相关配置及初始化。MySQL 的配置和初始化过程具体如下。

（1）创建 MySQL 配置文件。

安装 MySQL 后，如果需要对 MySQL 进行配置，需要在 MySQL 配置文件中进行配置。默认情况下，解压缩后的 MySQL 安装目录中并没有提供 MySQL 的配置文件。对此可以自行创建该配置文件，并在文件中配置安装目录、数据库文件的存放目录等常用设置。

在 MySQL 的安装目录 D:\mysql-8.1.0-winx64 下，使用文本编辑器（如记事本 Notepad++）创建配置文件，一般定义 MySQL 配置文件的名称为 my. ini。my. ini 中配置的内容如图 2-7所示。

my.ini

```
[mysqld]
# 设置 MySQL 的安装目录
basedir=D:\mysql-8.1.0-winx64
# 设置 MySQL 数据库文件的存放目录
datadir=D:\mysql-8.1.0-winx64\data
# 设置端口号
port=3306
```

图 2-7 配置内容

在上述配置中，"basedir"用于指定 MySQL 的安装目录，"datadir"用于指定 MySQL 数据库文件的存放目录，"port"用于指定 MySQL 服务的端口号。

（2）初始化数据库。

创建 MySQL 配置文件后，由于数据库文件的存放目录 D:\mysql-8.1.0-winx64\data 还不存在，因此需要通过初始化 MySQL 自动创建数据库文件目录。通过初始化 MySQL 自动创建数据库文件目录的具体命令如下：

```
mysqld --initialize --console
```

在上述命令中，"--initialize"表示初始化数据库，"--console"表示将初始化的过程在控制台窗口中显示。初始化时，MySQL 将自动为默认用户 root 随机生成一个密码，如图 2-8 所示。

```
D:\mysql-8.1.0-winx64\bin>mysqld --initialize --console
2024-07-10T23:53:13.692169Z 0 [System] [MY-015017] [Server] MySQL Server Initialization -
start.
2024-07-10T23:53:13.770283Z 0 [System] [MY-013169] [Server] D:\mysql-8.1.0-winx64\bin\mys
qld.exe (mysqld 8.1.0) initializing of server in progress as process 15468
2024-07-10T23:53:13.863787Z 1 [System] [MY-013576] [InnoDB] InnoDB initialization has sta
rted.
2024-07-10T23:53:21.763118Z 1 [System] [MY-013577] [InnoDB] InnoDB initialization has end
ed.
2024-07-10T23:53:28.3027737 6 [Note] [MY-010454] [Server] A temporary password is generat
ed for root@localhost: /kf)AUH43#e;
2024-07-10T23:53:55.9256872 0 [System] [MY-015018] [Server] MySQL Server Initialization -
end.

D:\mysql-8.1.0-winx64\bin>
```

图 2-8　初始化数据库

从图 2-8 可以看到，MySQL 初始化时为 root 用户设置了初始密码 "/kf)AUH43#e;"。初始的随机密码一般比较复杂，不方便记忆，后续可以自行重新设置密码。

任务 2.2　MySQL 服务的基本操作

2.2.1　启动 MySQL 服务

MySQL 安装和配置完成后，需要启动 MySQL 服务；否则 MySQL 客户端无法连接到数据库。要启动 MySQL 服务，可以在 Windows 命令处理程序窗口中执行以下命令：

```
net start MySQL80
```

在上述命令中，"net start"用于启动某个服务，"MySQL80"是需要启动的服务名称。本书安装 MySQL 服务时将服务名称自定义为 MySQL80，如果读者安装 MySQL 时指定了其他名称，那么在 net start 命令后使用对应的服务名称即可。

执行上述命令后，显示的结果如图 2-9 所示。

```
D:\mysql-8.1.0-winx64\bin>net start MySQL80
MySQL80 服务正在启动 ..
MySQL80 服务已经启动成功。
```

图 2-9 显示结果

从图 2-9 可以看到，执行启动 MySQL 服务的命令后，窗口输出了两条提示信息，这两条信息表示使用 net start 命令成功启动了 MySQL80 服务。

2.2.2 登录和退出 MySQL 服务

1. 登录 MySQL

MySQL 服务启动成功后，可以通过 MySQL 客户端登录 MySQL 及设置密码，下面针对这两种操作进行讲解。在 MySQL 安装的 bin 目录中，mysql.exe 是 MySQL 提供的命令行客户端工具，它不能通过双击的方式进行启动，需要在 Windows 命令处理程序窗口中通过命令启动。登录 MySQL 命令的基本格式如下：

mysql -h hostname -u username -p password

在上述命令格式中，"mysql" 表示运行 mysql.exe 程序（在命令处理程序窗口中使用 mysql 命令时，需要确保当前路径下能找到 mysql.exe 程序）；"-h" 选项指定 host 相关的信息，即需要登录的主机名或 IP 地址，如果客户端和服务器在同一台机器上，可以输入 localhost 或 127.0.0.1，也可以省略 "-h" 参数相关内容；"-u" 选项指定登录服务器所使用的用户名；"-p" 选项指定登录服务器所用的用户名对应的用户密码。

本书初始化数据库时，MySQL 为 root 用户设置的初始密码为 "/kf)AUH43#e;"。因为客户端和服务器都在本地，所以使用命令登录 MySQL 时，输入用户名和密码即可，具体命令如下：

mysql -u root -p/kf)AUH43#e;

打开命令处理程序窗口，切换到 MySQL 安装的 bin 目录下，执行上述命令，效果如图 2-10 所示。

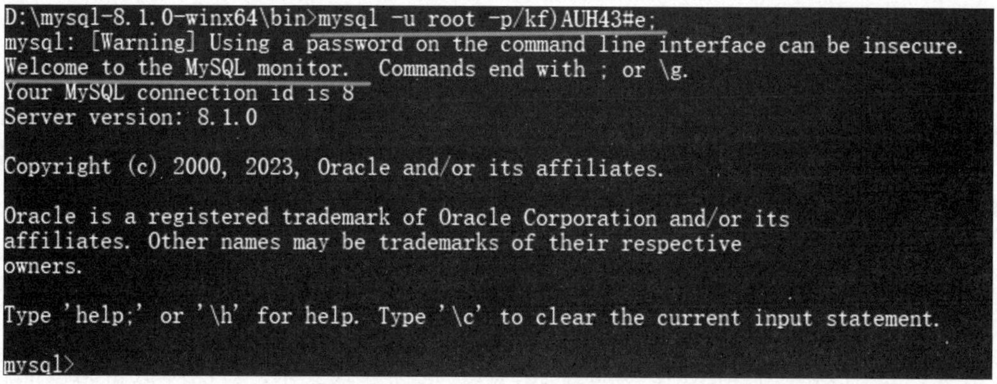

```
D:\mysql-8.1.0-winx64\bin>mysql -u root -p/kf)AUH43#e;
mysql: [Warning] Using a password on the command line interface can be insecure.
Welcome to the MySQL monitor.  Commands end with ; or \g.
Your MySQL connection id is 8
Server version: 8.1.0

Copyright (c) 2000, 2023, Oracle and/or its affiliates.

Oracle is a registered trademark of Oracle Corporation and/or its
affiliates. Other names may be trademarks of their respective
owners.

Type 'help;' or '\h' for help. Type '\c' to clear the current input statement.

mysql>
```

图 2-10 切换到 bin 目录下

从图 2-10 可以看出，执行登录命令后，窗口中输出"Welcome to the MySQL monitor"等信息，表明成功登录 MySQL 服务器。

2. 退出 MySQL

使用 MySQL 客户端成功登录 MySQL 后，如果需要退出 MySQL 命令行客户端，可以使用 exit 或 quit 命令。接下来，以 exit 命令为例，演示退出 MySQL 命令行客户端，具体如图 2-11 所示。

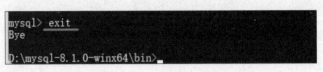

图 2-11　退出 MySQL 命令行客户端

从图 2-11 可以看出，执行 exit 命令后，窗口输出信息"Bye"，说明已使用命令成功退出 MySQL 命令行客户端。

3. 设置密码

root 用户当前的密码是 MySQL 初始化时随机生成的，不方便记忆，一般情况下会选择自定义用户的密码。MySQL 中允许为登录 MySQL 服务器的用户设置密码，下面以设置 root 用户的密码为例，设置 MySQL 账户的密码。设置密码的具体命令如下：

ALTER USER 'root'@ 'localhost'IDENTIFIED BY '123456';

上述命令表示为 localhost 主机中的 root 用户设置密码，密码为 123456。在 Windows 命令处理程序窗口中登录 MySQL 后，执行上述命令，效果如图 2-12 所示。

图 2-12　设置密码命令执行成功

由图 2-12 可以看出，执行设置密码的命令后，窗口输出信息"Query OK，0 rows affected（0.04 sec）"，说明成功为 root 用户设置了密码。

设置密码后，再登录 MySQL 时，就需要输入 root 对应的新密码才能登录成功。下面重新登录 MySQL，具体如图 2-13 所示。

在图 2-13 中，使用 root 用户及其密码成功登录了 MySQL。但密码应该是比较机密的内容，像这样以明文的方式展示在命令行中，有被泄露的风险。登录时可以使用"-p"选项隐藏具体密码，其效果如图 2-14 所示。

从图 2-14 可以看出，执行登录命令时，如果使用"-p"选项，窗口会输出"Enter password："信息，意思是需要输入密码。此时再输入密码，密码在窗口中将以"＊"符号显示，输入密码后按 Enter 键，具体效果如图 2-15 所示。

从图 2-15 可以看出，MySQL 成功登录。通过这种方式登录，可以降低密码被泄露的风险。

图 2-13 重新登录 MySQL

图 2-14 隐藏具体密码

图 2-15 用符号显示密码

多学一招

MySQL 的帮助信息

MySQL 提供了很多内置的命令，对于刚接触 MySQL 的人来说，很多命令不知道该如何使用。为此，MySQL 提供了相应的手册和帮助信息。MySQL 的帮助信息分为客户端的帮助信息和服务端的帮助信息，接下来分别进行讲解。

（1）客户端的帮助信息。

客户端相关的帮助信息可以在 Windows 命令处理程序窗口登录 MySQL 后通过执行 help 命令获得，具体效果如图 2-16 所示。

```
mysql> help

For information about MySQL products and services, visit:
   http://www.mysql.com/
For developer information, including the MySQL Reference Manual, visit:
   http://dev.mysql.com/
To buy MySQL Enterprise support, training, or other products, visit:
   https://shop.mysql.com/

List of all MySQL commands:
Note that all text commands must be first on line and end with ';'
?         (\?) Synonym for 'help'.
clear     (\c) Clear the current input statement.
connect   (\r) Reconnect to the server. Optional arguments are db and host.
delimiter (\d) Set statement delimiter.
ego       (\G) Send command to mysql server, display result vertically.
exit      (\q) Exit mysql. Same as quit.
go        (\g) Send command to mysql server.
help      (\h) Display this help.
notee     (\t) Don't write into outfile.
print     (\p) Print current command.
prompt    (\R) Change your mysql prompt.
quit      (\q) Quit mysql.
rehash    (\#) Rebuild completion hash.
source    (\.) Execute an SQL script file. Takes a file name as an argument.
status    (\s) Get status information from the server.
system    (\!) Execute a system shell command.
tee       (\T) Set outfile [to_outfile]. Append everything into given outfile.
use       (\u) Use another database. Takes database name as argument.
charset   (\C) Switch to another charset. Might be needed for processing binlog with mult
i-byte charsets.
warnings  (\W) Show warnings after every statement.
nowarning (\w) Don't show warnings after every statement.
resetconnection(\x) Clean session context.
query_attributes Sets string parameters (name1 value1 name2 value2 ...) for the next quer
y to pick up.
ssl_session_data_print Serializes the current SSL session data to stdout or file

For server side help, type 'help contents'

mysql>
```

图 2-16   客户端的帮助信息

从图 2-16 可以看出，登录 MySQL 后执行 help 命令，窗口中输出了与客户端相关的帮助信息，其中框内的信息是客户端相关的命令、使用过的 exit 命令。在帮助信息中，第 1 列是命令的名称，第 2 列是命令的简写方式，第 3 列是命令的功能说明，可以根据需求使用相应的命令。

（2）服务端的帮助信息。

图 2-16 中最后一条信息 "For server side help, type 'help contents'" 的意思是，可以执行 help contents 命令获取服务端的帮助信息。接下来，在 Windows 命令处理程序窗口中执行 help contents 命令获得服务端相关的帮助信息，效果如图 2-17 所示。

从图 2-17 可以看出，执行 help contents 命令后，窗口中输出了与服务端相关的帮助信息，其中框内的信息是分类后的服务端帮助信息。如果想要进一步查看对应分类的帮助信息，在 help 命令后输入分类名称执行即可。例如，想要获取 Data Types（数据类型）的信息，执行 help Data Types 命令即可。

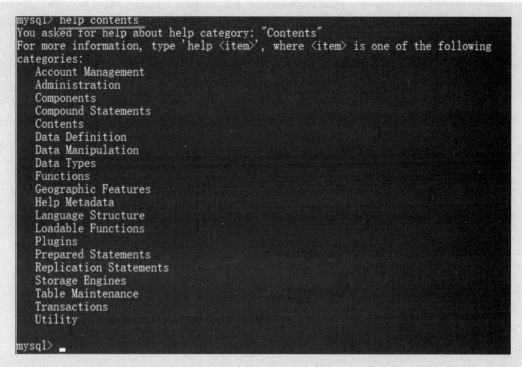

图 2-17 服务端的帮助信息

执行 MySQL 的 mysql 命令时，需要确保当前执行命令的路径位于 MySQL 安装的 bin 目录，如果在其他目录，需要先使用命令切换到 MySQL 安装的 bin 目录。如果每次启动 MySQL 服务时，都需要切换到指定的路径，则操作比较烦琐。为此可以将 MySQL 安装的 bin 目录配置到系统的 PATH 环境变量中，这样启动 MySQL 服务时，系统会在 PATH 环境变量保存的路径中寻找对应的命令。

可以在 Windows 命令处理程序窗口中使用命令配置环境变量，以管理员身份运行 Windows 命令处理程序，在 Windows 命令处理程序窗口中执行下面的命令：

setx PATH "%PATH%;D:\mysql-8.1.0-winx64\bin"

在上述命令中，"%PATH%"表示原来的 PATH 环境变量，"D:\mysql-8.1.0-winx64\bin"是 MySQL 安装的 bin 目录的路径，整个命令的含义是在原有的 PATH 环境中添加 D:\mysql-8.1.0-winx64\bin 路径。上述命令的执行效果如图 2-18 所示。

```
C:\Windows\System32>setx PATH "%PATH%;D:\mysql-8.1.0-winx64\bin"
成功：指定的值已得到保存。
```

图 2-18 在 PATH 环境中添加路径

从图 2-17 可以看到，执行配置环境变量的命令后，窗口输出信息"成功：指定的值已得到保存"，说明已经将路径 D:\mysql-8.1.0-winx64\bin 成功配置到 PATH 环境变量中。

如果当前已经打开了 Windows 命令处理程序窗口，则需要先关闭当前窗口，再打开新的 Windows 命令处理程序窗口，配置的环境变量才会在窗口中生效。此时命令提示符在任何目录的路径下都能执行 mysql 命令。下面在非 MySQL 安装的 bin 目录下使用 mysql 命令登录 root 用户，效果如图 2-19 所示。

```
C:\Windows\System32>mysql -u root -p123456
mysql: [Warning] Using a password on the command line interface can be insecure.
Welcome to the MySQL monitor.  Commands end with ; or \g.
Your MySQL connection id is 12
Server version: 8.1.0 MySQL Community Server - GPL

Copyright (c) 2000, 2023, Oracle and/or its affiliates.

Oracle is a registered trademark of Oracle Corporation and/or its
affiliates. Other names may be trademarks of their respective
owners.

Type 'help;' or '\h' for help. Type '\c' to clear the current input statement.

mysql>
```

图 2-19 在非 MySQL 安装的 bin 目录下执行 mysql 命令

从图 2-19 可以看出，在 C:\Windows\System32 路径下使用 mysql 命令可以成功登录 MySQL，说明环境变量配置成功。

2.2.3 停止 MySQL 服务

在 Windows 命令处理程序窗口中，不仅可以使用命令启动 MySQL 服务，还可以使用命令停止 MySQL 服务。停止 MySQL 服务的具体命令如下：

```
net stop MySQL80
```

如果 MySQL 服务已经开启，执行上述命令后，显示的结果如图 2-20 所示。

```
D:\mysql-8.1.0-winx64\bin>net stop MySQL80
MySQL80 服务正在停止.
MySQL80 服务已成功停止。
```

图 2-20 MySQL 服务开启

从图 2-20 可以看到，执行停止 MySQL 服务的命令后，窗口输出了两条提示信息，这两条信息表示使用 "net stop MySQL80" 命令成功停止了 MySQL80 服务。

任务 2.3 MySQL 图形化管理工具

2.3.1 常用的图形化管理工具

操作 MySQL 的客户端工具可以使用安装包中已经提供的命令行客户端工具，MySQL 也可以使用第三方提供的一些图形化管理工具。MySQL 图形化管理工具有很多种，如香港卓软数码科技有限公司开发的 Navicat for MySQL、MySQL 官方开发的 MySQL-Workbench 和 Webyog 公司开发的 SQLyog，还有 phpMyAdmin 团队开发的 phpMyAdmin。下面简单介绍这几款软件。

1. Navicat for MySQL

Navicat for MySQL 是一款专为 MySQL 设计的强大数据库管理及开发工具。它可以操作 MySQL 3.21 及以上版本的数据库服务器，并支持 MySQL 最新版本的大部分功能，包括触发器、存储过程、函数、事件、检索、权限管理等。其下载地址为 https://www.navicat.com.cn/download，2.3.2 节将详细介绍其下载和安装方法。

2. MySQL-Workbench

MySQL-Workbench 是 MySQL AB 公司发布的图形化管理软件，它提供了许多高级工具，支持数据库建模和设计、服务器配置和监视、用户管理和安全管理、自动备份和自动恢复以及数据库迁移。其下载地址为 https://dev.mysql.com/downloads/workbench。

3. SQLyog

SQLyog 是 Webyog 公司出品的一款简捷高效、功能强大的图形化 MySQL 数据库管理工具。SQLyog 基于 C++和 MySQL API 编程，能够方便、快捷地实现数据库同步与数据库结构同步，并且支持导入与导出 XML、HTML、CSV 等多种格式的数据。其下载地址为 https://www.webyog.com/product/sqlyog。

4. phpMyAdmin

phpMyAdmin 是一款基于 Web 方式、架构在网站主机上的 MySQL 管理工具。它支持中文，管理数据库非常方便，不足之处是对大型数据库的备份和恢复不方便。其下载地址为 https://www.phpmyadmin.net/downloads 。

2.3.2　使用 Navicat 连接 MySQL

待安装完成后，启动 Navicat。在菜单栏选择"文件"→"新连接"→"MySQL…"命令，打开"新建连接"对话框，如图 2-21 所示。

在图 2-21 中，于对应的文本框中分别输入连接名（自定义）、主机名或 IP 地址、端口、用户名和密码，然后单击"确定"按钮，即可连接数据库。连接成功后，跳转到"Navicat Premium"主界面，如图 2-22 所示。

在图 2-22 中，单击工具栏中的"新建查询"按钮，会在界面新建一个查询选项卡，在查询选项卡的输入框中输入 SQL 语句后，可以执行相应的 SQL 语句。

🌀 拓展阅读

中国数据库开拓者——萨师煊

1978 年，萨师煊等学者最早在我国高等学校经济管理类专业的名称中引入"信息"一词，创建了经济信息管理系。这是我国高等学校中第一个以信息技术在经济管理领域中的应用为特色的系科，萨师煊是第一任系主任。

萨师煊将"数据库"带给了当时刚刚步入大学的年轻学子，燃起了中国数据库的第一批星星之火，这批中国数据库的第一代学生步入社会时已是 20 世纪 80 年代初，他们又将数据库广泛带到了各学校、学院以及科研机构，进而带动整个 80 年代及 90 年代初的中国数据库行业在国防、军工等领域的应用。

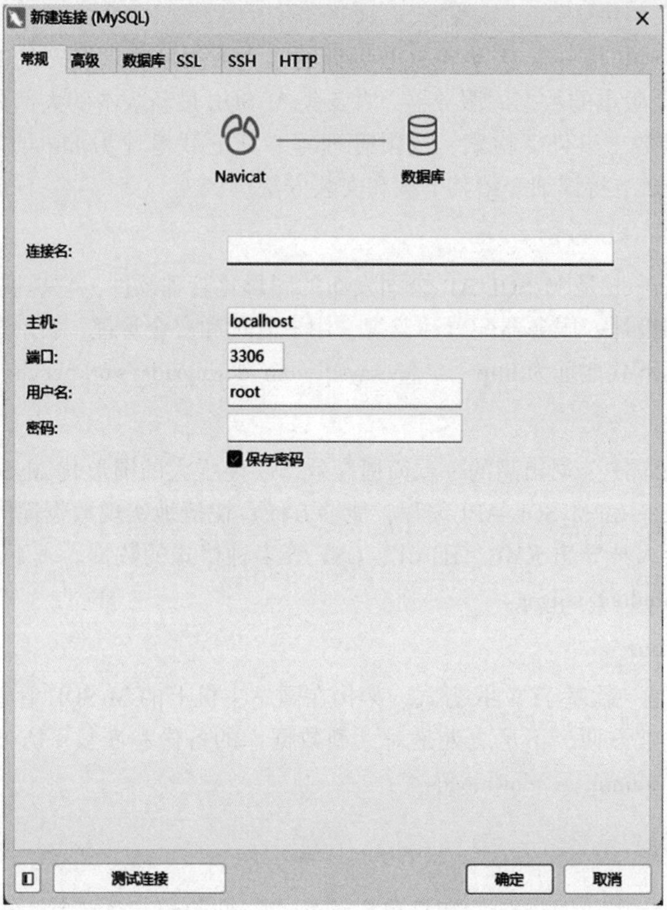

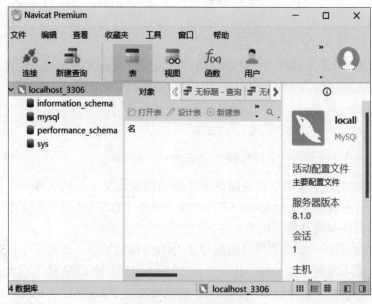

图 2-21　"新建连接"对话框

图 2-22　查询选项卡

　　萨师煊终生献身于我国的高等教育事业，鞠躬尽瘁、成就突出。他忠诚于党的教育事业，呕心沥血推动学科发展，谦逊诚挚拓展国际交流，虚怀若谷团结同道共事。他甘守清贫，淡泊名利，学风严谨，治学精当；为人谦虚谨慎、任教诲人不倦；关注事业发展，不计个人得失；在学生、同事和同行中享有极高声望，深受他们的尊敬和爱戴。他的不幸辞世，是我国信息科学界的一大损失。他所从事的事业后继有人、英才辈出，则是他一生追求的理想，也是他一生贡献的必然结果。

项目考核

填空题

　　1. 在 Windows 操作系统下，MySQL 官方提供了两种安装版本：＿＿＿＿＿（.msi 文件）和 ＿＿＿＿＿（.zip 压缩文件）。

　　2. 在 Windows 系统下，启动与停止 MySQL 的命令是＿＿＿＿＿ 和＿＿＿＿＿。

　　3. 登录 MySQL 的命令是＿＿＿＿＿。

第2部分
基 础 篇

項目 3
数据库的基本操作

【项目导读】

在 MySQL 中，数据库就相当于 Excel 文档，而数据表就相当于 Excel 中的工作表。MySQL 安装好后可以对数据库和数据表进行操作，实现对数据的管理。本项目将对数据库的基本操作进行讲解。

【学习目标】

知识目标：

- 了解数据库和数据库对象的相关知识；
- 掌握创建数据库的方法；
- 掌握数据库的基本操作，能够对数据库进行查询、选择和删除操作。

能力目标：

- 能够使用命令窗口和图形化工具创建数据库；
- 能够使用 SQL 语句查看、选择和删除数据库。

素质目标：

- 懂得在学习与生活中都应该遵守规则的道理；
- 树立正确的职业价值观。

任务 3.1　创建数据库

3.1.1　数据库的构成

数据库可以看作存储数据库对象的容器，数据库对象是指存储、管理和使用数据的不同结构形式，主要包括表、索引、视图、默认值、规则、触发器、存储过程和函数等。

在 MySQL 中，数据库可以分为系统数据库和用户数据库两大类。

1. 系统数据库

系统数据库是指 MySQL 安装配置完成后，系统自动创建的一些数据库，可以使用 SHOW DATABASES 语句查看当前系统中存在的数据库，输入的语句及其执行结果如下：

```
mysql>SHOW DATABASES;
+----------------------+
| Database             |
+----------------------+
| information_schema   |
| mysql                |
| performance_schema   |
| sys                  |
+----------------------+
4 rows in set(0. 00sec)
```

其中的 4 个数据库都属于系统数据库，下面分别介绍其功能和意义。

（1）information_schema：主要存储系统中一些数据库对象信息，包括用户信息、字符集信息和分区信息等。

（2）mysql：主要存储账户信息、权限信息、存储过程和时区信息等。

（3）performance_schema：主要用于收集数据库服务器性能参数。

（4）sys：该数据库通过视图的形式把 information_schema 和 performance_schema 结合起来，查询出更容易理解的数据，帮助数据库管理员快速获取数据系统的各种数据库对象信息，使数据库管理员和开发人员能够快速定位性能瓶颈。

2. 用户数据库

用户数据库是用户根据实际需求手动创建的数据库，3.1.2 节将介绍其创建方法。

3.1.2　使用命令行窗口创建数据库

创建数据库，实际上就是在数据库服务器中划分一块存储相应数据对象的空间。

创建数据库的关键字为 CREATE，语法格式如下：

```
CREATE DATABASE db_name;
```

上述语句中，db_name 表示需要创建的数据库名称。对于数据库的命名，除要求简单明了、见名知义外，最好还能遵循下面的规则。

（1）一般由字母和下划线组成，不允许有空格，可以是英文单词、英文短语或相应缩写。

（2）不允许是 MySQL 关键字。

（3）长度最好不超过 127 位。

（4）不能与其他数据库同名。

需要注意的是，不同平台下 MySQL 对数据库名、数据表名及字段名的大小写区分不同。在 Windows 平台下，数据库名、数据表名及字段名都不区分大小写；在 Linux 平台下，数据库名、数据表名严格区分大小写，字段名不区分大小写。

> **提 示**
>
> 关键字又称为保留字，是计算机语言中事先定义的具有特殊意义的标识符。

【案例 3-1】使用 CREATE 关键字创建数据库 db_shop。

登录 MySQL 后，输入创建数据库的语句，并按回车键确认，执行效果如下：

```
Mysql>CREATE DATABASE db_shop;
Query OK,1 row affected(0.00 sec)
```

系统提示"Query OK，1 row affected（0.00sec）"，其中"Query OK"表示执行成功，"1 row affected"表示影响了数据库中的一条记录，"（0.00sec）"表示操作执行的时间。

3.1.3 使用图形化工具创建数据库

使用命令行窗口创建数据库虽然比较灵活，但是需要记住 SQL 语句，对于初学者来说有一定难度。实际应用中，用户一般会用图形化工具来创建数据库。

步骤 1：打开 Navicat 软件，单击左上角的"连接"，选择"MySQL"选项，如图 3-1 所示。

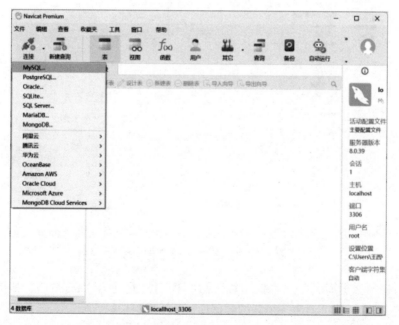

图 3-1 打开连接

步骤2：输入连接名和密码，如图3-2所示。

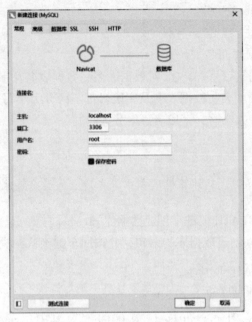

图3-2　新建连接图

步骤3：右击左侧列表中已建立的连接，在弹出的快捷菜单中执行"新建数据库"命令，如图3-3所示。

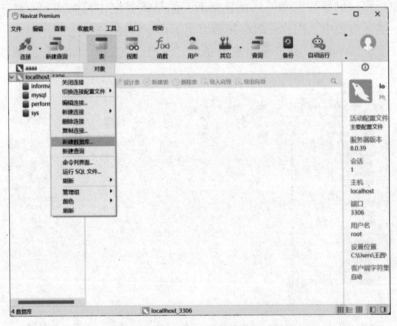

图3-3　选择"新建数据库"命令

步骤4：在"数据库名"文本框中输入数据库名，此处为"market"，如图3-4所示。单击"确定"按钮，即可创建一个新的数据库。

图 3-4 编辑数据库名

创建数据库成功后如图 3-5 所示。

图 3-5 成功创建数据库

任务 3.2 查看和选择数据库

用户在对数据库进行操作之前,首先需要确定数据库是否存在,并选择数据库。

3.2.1 查看数据库

实际应用中，在创建数据库之前，最好先查看一下数据库管理系统中是否已经存在同名数据库。查看语句的语法格式如下：

```
SHOW DATABASES;
```

【案例3-2】查看数据库。

登录 MySQL 后，输入上面的 SQL 语句，并按回车键，结果如下：

```
mysql>SHOW DATABASES;
+--------------------+
| Database           |
+--------------------+
| information_schema |
| book               |
| mysql              |
| db_shop            |
| mysql              |
| performance_schema |
| sys                |
+--------------------+
6 rows in set(0.00sec)
```

多学一招

以纵向结构显示结果

在执行 SQL 语句时，有时返回的数据中字段非常多，无法在 CMD 窗口的一行全部展示，而如果将字段名称显示在多行，会导致字段下的数据不能和字段名称展示在同一列，显示的结果非常混乱。MySQL 客户端提供了一个结束符 "\G"，输入后可以将结果纵向结构显示，在结果的字段非常多时，也能让显示结果整齐、美观。

例如，SHOW CREATE TABLE tb_dept\G，可以纵向显示数据表 tb_dept 的表结构。

3.2.2 选择数据库

在数据库创建后，不会将当前创建的数据库作为后续操作的默认数据库，如果需要在数据库中创建数据表并插入数据，需要先选择操作哪个数据库。在 MySQL 中，可以使用 USE 语句选择某个数据库为后续操作的默认数据库。USE 语句的具体语法格式如下：

```
USE database_name;
```

USE 语句可以通过 MySQL 把<数据库名>所指示的数据库作为当前数据库，该数据库保持为默认数据库，直到语句段的结尾或者执行了不同的 USE 语句。

【案例3-3】选择数据库。

登录 MySQL 后，输入选择数据库的语句，并按回车键确认，执行效果如下：

```
Mysql>USE db_shop;
Database changed
```

其中，"Database changed"表示选择数据库。

提 示

在使用图形化管理工具连接 MySQL 后，数据库列表就会自动显示，用户只需双击想要操作的数据库名称即可将其选中。

任务 3.3 删除数据库

如果删除某个数据库，该数据库里的所有数据也会全部被删除，并且执行删除命令前不会有任何提示，因此，在执行此项操作时，一定要小心谨慎，不要误删。

1. 使用命令行窗口删除数据库

删除数据库的关键字为 DROP DATABASE，语法格式如下：

DROP DATABASE database_name;

其中，"database_name"表示数据库名称。

【案例 3-4】删除数据库。

登录 MySQL 后，输入删除数据库的语句，并按回车键确认，执行效果如下：

mysql>DROP DATABASE db_shop;
Query OK,0 rows affected(0.07sec)

2. 使用图形化工具删除数据库

使用图形化工具删除数据库，需要右击数据库名称，在弹出的快捷菜单中执行"删除数据库"命令，如图 3-6 所示。

图 3-6 删除数据库

项目实训

根据本项目内容，分别使用命令行窗口和图形化工具创建新数据库，数据库名分别为 company 和 employee，并对其执行查看和选择操作。

拓展阅读

说到数据库的删除操作，就不得不提一下"删库跑路"。"删库跑路"指的是，有些程序员与公司闹矛盾后一气之下将公司的数据库删除后辞职离开，或者是有些程序员误删数据库后因害怕担责而匆匆辞职。

实则，这些都是极不负责任的行为，严重时甚至会面临刑事处罚。2018 年，韩某利用其数据库管理员的身份，登录任职公司的财务系统服务器，删除了财务数据及相关应用程序，致使公司财务系统无法登录，为恢复数据及重新构建财务系统，该公司共计花费 18 万元。当地法院判决认定韩某违反国家规定，对计算机信息系统中存储的数据和应用程序进行删除，造成计算机信息系统不能正常运行，后果特别严重，其行为已构成破坏计算机信息系统罪，依法应予惩处，判处有期徒刑 7 年。

我们作为新时代的有为青年，在工作中应有担当、敢担责，培养严谨的工作态度和向上的工作精神，树立正确的职业价值观。

项目考核

一、填空题

1. 使用命令行窗口创建数据库的关键字是_____。
2. 除命令行窗口创建数据库外，还可以使用_____创建数据库。
3. 使用命令行窗口查看和选择数据库的关键字分别是_____和_____。
4. 使用命令行窗口删除数据库的关键字是_____。

二、判断题

1. 数据库的名称可以为关键字。　　　　　　　　　　　　　　　　　（　　　）
2. 数据库名称不区分大小写。　　　　　　　　　　　　　　　　　　（　　　）
3. 数据库只能用命令行窗口创建。　　　　　　　　　　　　　　　　（　　　）

三、选择题

1. 以下说法，正确的是（　　　）。
A. 数据库的命名允许有空格　　　　　　　　B. 数据库名不区分大小写
C. 数据库命名不允许使用 MySQL 关键字　　D. 数据库名可以由 $ 构成
2. 以下能正确删除数据库的语句是（　　　）。
A. DORP database DATABASE_NAME;
B. DORP dataBASE database_Name;
C. DORP DATABASE database_name;
D. DROP DATABASE_NAME;

存储引擎、数据类型和字符集概述

【项目导读】

通过前面 3 个项目的学习，已经掌握了数据库的基本概念、学会了安装数据库和配置数据库，并学会了数据库的创建、查看和选择。本项目将介绍 MySQL 存储引擎、数据类型和字符集。

【学习目标】

知识目标：

- 熟悉 MySQL 存储引擎的概念，了解存储引擎的作用和常用存储引擎；
- 熟悉数据类型的使用，能够区分 SQL 语句中不同数据类型的表示方式；
- 了解字符集和排序规则，能够说出常用的字符集种类及排序规则。

能力目标：

- 熟练掌握数据类型的作用和常见数据类型在 MySQL 中的应用；
- 掌握选择字符集、查看和修改字符集的方法。

素质目标：

- 具备良好的逻辑思维能力；
- 具备严谨的工作态度；
- 具备持续学习的能力；
- 具备良好的团队合作精神；
- 具备问题解决能力。

任务 4.1　存储引擎

4.1.1　MySQL 存储引擎概述

存储引擎是 MySQL 的核心，是数据库底层软件组织，数据库使用存储引擎进行创建、查询、更新和删除数据。不同的存储引擎提供不同的存储机制、索引技巧、锁级别、事务等功能。存储引擎是基于表而非数据库的。

4.1.2　常用的存储引擎

1. InnoDB

InnoDB 是 MySQL 5.5 版本之后的默认存储引擎，它是为了达到处理巨大数据量的最大性能而设计的，其 CPU 效率可能是任何其他基于磁盘的关系型数据库引擎所不能匹敌的。

InnoDB 支持事务、提供行级锁，每个表的主键不能为空且支持主键自增长，支持外键完整性约束。

2. MyISAM

不支持事务，也不支持外键，使用表级锁控制并发的读、写操作，支持全文索引。MyISAM 引擎强调快速读取操作，主要用于高负载的选择，对事务完整性没有要求的应用可以用这个引擎来创建表。

MyISAM 类型的表支持 3 种不同的存储结构，即静态型、动态型和压缩型。

（1）静态型。指定义表列的大小是固定的（即不含 xblob、xtext、varchar 等长度可变的数据类型）。使用静态格式的表其性能比较高，因为在维护和访问以预定格式存储的数据时，需要的开销比较小，但这种高性能是以空间为代价换来的，因为在定义时是固定的，所以不管列中的值有多大，都会以最大值为准，占据了整个空间。优点是存储非常迅速，容易缓存，出现故障容易恢复；缺点是占用的空间通常比动态表多。

（2）动态型。如果列定义为动态的（xblob、xtext、varchar 等数据类型），这时 MyISAM 就自动使用动态型，虽然动态型表比静态型表占用较少的空间，但带来了性能的降低，因为如果某个字段的内容发生改变，则其位置很可能需要移动，这样就会导致碎片的产生，随着数据变化的增多，碎片也随之增加，数据访问性能会随之降低。

对于因碎片增加而降低数据访问性的问题，有以下两种解决办法：

① 尽可能使用静态数据类型；

② 经常使用 OPTIMIZE TABLE table_name 语句整理表的碎片，恢复由于表数据的更新和删除导致的空间丢失。如果存储引擎不支持 OPTIMIZE TABLE table_name 语句，则可以转储并重新加载数据，这样也可以减少碎片。

（3）压缩型。如果在数据库中创建在整个生命周期内只读的表，则应该使用 MyISAM 的压缩型表来减少空间的占用，因为每个记录是被单独压缩的，所以只有非常小的访问开支。

3. Memory

Memory 存储引擎通过在内存中创建临时表来存储数据。每个表实际对应一个磁盘文件，该文件的文件名和表名是相同的，类型为 .frm。该磁盘文件只存储表的结构，而数据存储在内存中，所以使用该种引擎的表拥有极高的插入、更新和查询效率。由于所存储的数据保存在内存中，如果 mysqld 进程发生异常、重启或计算机关机等都会造成这些数据的消失。

默认使用 Hash 索引，也可以使用 B 树形索引。

Memory 存储引擎主要用于内容变化不频繁，或者作为统计操作的中间结果表，便于高效地对中间结果进行分析，并得到最终的统计结果。

4. Archive

Archive 存储引擎提供了很好的压缩机制，它使用 zlib 压缩库，压缩比非常高，并且拥有高效的插入速度，支持 insert、replace 和 select 操作，但不支持 update、delete，也不支持事务和索引（5.5 版本之后支持索引），所以查询性能较差，因此该引擎适合用于做仓库使用和数据归档，存储大量独立的、作为历史记录的数据，如记录日志信息，因为它们不经常被读取。

5. Merge

Merge 存储引擎是将一定数量的 MyISAM 表结构完全相同的表联合成一个整体，Merge 表本身并没有数据，对 Merge 类型的表可以进行查询、更新、删除操作，这些操作实际上是对内部的 MyISAM 表进行的。

6. CSV（Comma-Separated Values，逗号分隔值）

逻辑上是由逗号分隔数据的存储引擎。使用该引擎的 MySQL 数据库表会在 MySQL 安装目录 data 文件夹中和该表所在数据库名相同的目录中生成一个 .csv 文件（所以它可以将 CSV 类型的文件当作表进行处理），这种文件是一种普通文本文件，每个数据行占用一个文本行。该种类型的存储引擎不支持索引，即使用该种类型的表没有主键列；另外也不允许表中的字段为空。

7. Federated

该存储引擎可以将不同的 MySQL 服务器联合起来，逻辑上组成一个完整的数据库。非常适合数据库分布式应用。

8. Cluster/NDB

它为高冗余的存储引擎，该存储引擎用于多台数据机器联合提供服务，以提高整体性能和安全性。适合数据量大、安全和性能要求高的场合。

9. BLACKHOLE（黑洞引擎）

该存储引擎支持事务，而且支持 mvcc 的行级锁，写入这种引擎表中的任何数据都会消失，主要用于做日志记录或同步归档的中继存储，这个存储引擎除非有特别目的，否则不适合使用。

10. PERFORMANCE_SCHEMA

该引擎主要用于收集数据库服务器性能参数。这种引擎提供以下功能：提供进程等待的详细信息，包括锁、互斥变量、文件信息；保存历史的事件汇总信息，为提供 MySQL 服务器性能做出详细的判断；对于新增和删除监控事件点都非常容易，并且可以随意改变 MySQL 服务器的监控周期，如 CYCLE、MICROSECOND。

任务 4.2　数据类型

MySQL 的数据类型是指用于定义数据库表中各列可存储数据种类和特性的属性。这些数据类型决定了数据的存储方式、允许范围、是否允许空值（NULL）以及数据的比较和排序规则。MySQL 支持多种数据类型，主要分为数值型（如 INT、FLOAT）、日期时间型（如 DATE、TIME、DATETIME）、字符串型（如 VARCHAR、CHAR、TEXT）及空间数据类型等。选择适当的数据类型，对于确保数据准确性、优化存储和查询性能至关重要。本节针对这些数据类型进行详细讲解。

4.2.1　数值类型

MySQL 的数值类型是指用于存储数值数据的一系列数据类型。这些类型包括整型（如 TINYINT、SMALLINT、MEDIUMINT、INT、BIGINT）和浮点型（如 FLOAT、DOUBLE、DECIMAL）。整型用于存储没有小数部分的整数，根据占用字节的不同，它们能够表示的数据范围也不同。浮点型则用于存储带有小数部分的数值，它们可以精确表示非常大或非常小的数值，但可能会有精度损失。在 MySQL 中，选择合适的数值类型对于优化数据存储、确保数据准确性和进行高效的数值计算非常重要。

1. 整数类型

MySQL 的整数类型（Integer Types）是用于存储整数值的一系列数据类型。这些类型包括 TINYINT、SMALLINT、MEDIUMINT、INT（或 INTEGER）和 BIGINT。每种整数类型根据其占用的存储空间不同，能够表示的数据范围也不同，如表 4-1 所示。

表 4-1　整数类型

数据类型	字节数	无符号整数的取值范围	有符号整数的取值范围
TINYINT	1	0~255	−128~127
SMALLINT	2	0~65 535	−32 768~32 767
MEDIUMINT	3	0~16 777 215	−8 388 608~8 388 607
INT	4	0~4 294 967 295	−2 147 483 648~2 147 483 647
BIGINT	8	$0 \sim 2^{64}-1$	$-2^{63} \sim 2^{63}-1$

整数类型可以是有符号的（默认值），也可以是无符号的（通过添加 UNSIGNED 属性指定）。有符号类型可以表示正数、负数和零，而无符号类型只能表示非负整数（即零和正数）。

从表 4-1 中可以看出，不同整数类型所占用的字节数和取值范围都是不同的。其中，占用字节数最小的是 TINYINT，占用字节数最大的是 BIGINT。不同整数类型的取值范围可以根据字节数计算出来。

在选择整数类型时，应该根据实际需要的数据范围来决定使用哪种类型，以优化存储空间和查询性能。

2. 浮点数类型

MySQL 中用于存储浮点数的数据类型主要有两种，即 FLOAT 和 DOUBLE 及其变体 FLOAT（M，D）和 DOUBLE（M，D），其中 M 是数字的总位数（精度），D 是小数点后的位数（标度）。值得注意的是，M 和 D 在 FLOAT 和 DOUBLE 类型的实际使用中主要是作为显示宽度及精度的一个指导，它们并不限制浮点数的实际范围或精度，MySQL 会基于选择的类型（FLOAT 或 DOUBLE）来决定实际存储的精度，如表 4-2 所示。

表 4-2　浮点数类型

数据类型	字节数	负数的取值范围	非负数的取值范围
FLOAT	4	$-3.402\,823\,466\times10^{38}$ ~ $-1.017\,549\,435\,1\times10^{-38}$	0 和 $+1.175\,494\,351\times10^{-38}$ ~ $+3.402\,823\,466\times10^{38}$
DOUBLE	8	$-1.797\,693\,134\,862\,315\,7\times10^{308}$ ~ $-2.225\,073\,858\,507\,201\,4\times10^{-308}$	0 和 $+1.797\,693\,134\,862\,314\,7\times10^{308}$ ~ $+2.225\,073\,858\,507\,201\,4\times10^{-308}$

浮点值是近似值，不是作为精确值存储的，表中列举的取值范围都是理论上的极限值。双精度浮点数的取值范围远大于单精度浮点数的取值范围，但同时也会耗费更多的存储空间，相对会降低数据的计算性能。

3. 定点数类型

MySQL 的定点数类型主要用于存储精确的小数值，确保在存储和计算过程中不会发生浮点数常见的舍入误差。在 MySQL 中，定点数类型主要通过 DECIMAL（或 NUMERIC，两者在 MySQL 中是等价的）来实现。

DECIMAL 类型的定义方式：DECIMAL（M,D），其中 M 是精度（数字的总位数），D 是小数位数。M 的范围是 0~65，D 的范围是 0~30，且 D 必须小于 M。如果不指定 M 和 D，则默认为 DECIMAL（10,0），即一个有 10 位整数位的数。DECIMAL 的存储空间不是固定的，而是由精度值 M 决定的，总共占用的存储空间为 $M+2$ 个字节。DECIMAL 类型可以存储的数值范围与 DOUBLE 类型相似，但其有效数据范围由 M 和 D 精确决定。例如，DECIMAL（5,2）可以存储的数值范围是 -999.99~999.99。

浮点数与定点数的比较如下。

（1）浮点数（如 FLOAT 和 DOUBLE）：在长度一定的情况下，浮点类型能够表示的数据范围更大，但存在精度问题，即可能会引入微小的舍入误差。因此，浮点数适用于需要大范围数值但又可以容忍微小误差的科学计算场景。

（2）定点数（如 DECIMAL）：取值范围相对较小，但能够存储精确的小数值，没有误差。因此，定点数适用于对精度要求极高的场景，如财务计算中的货币金额。

4. BIT（位）类型

MySQL 的 BIT 类型是一种用于存储位值（bit values）的数据类型。

BIT 类型允许在 MySQL 中存储固定长度的二进制位序列。其表示形式为 BIT（M），其

中 M 是一个正整数，表示位的数量，M 的取值范围在 1~64 之间。如果创建 BIT 列时没有指定 M，则默认值为 1。BIT 类型的数据只能存储 0 或 1 的值，即二进制位。每个二进制位可以独立地表示一个逻辑状态，如真（1）或假（0）。

BIT 类型由于只存储二进制位，因此其存储空间非常小。尽管在某些情况下，为了对齐或管理方便，BIT 列可能会占用多于其实际位数所需的空间（如可能占用一个字节），但总体来说，BIT 类型非常适用于存储需要节省空间的数据。由于 BIT 类型的数据处理相对简单（仅涉及二进制位的操作），因此在处理大量位数据时，BIT 类型可以提供较高的处理效率。

4.2.2　日期和时间类型

为方便在数据库中存储日期和时间，MySQL 提供了表示日期和时间的数据类型，分别是 YEAR、DATE、TIME、DATETIME 和 TIMESTAMP。MySQL 中的日期和时间数据类型如表 4-3 所示。

表 4-3　日期和时间类型

数据类型	字节数	取值范围	日期格式	零值
YEAR	1	1901~2155	YYYY	0000
DATE	3	1000-01-01~9999-12-31	YYYY-MM-DD	0000-00-00
TIME	3	-838:59:59~838:59:59	hh:mm:ss	00:00:00
DATETIME	8	1000-01-01 00:00:00~ 9999-12-31 23:59:59	YYYY-MM-DD hh:mm:ss	0000-00-00 00:00:00
TIMESTAMP	4	1970-01-01 00:00:01~ 2038-01-19 03:14:07	YYYY-MM-DD hh:mm:ss	0000-00-00 00:00:00

从表 4-3 中可以看出，每种日期和时间类型的取值范围都是不同的，如果插入的数值超出这个范围，系统会进行错误提示，并且自动将对应类型的零值插入数据库。

1. YEAR 类型

在 MySQL 中，YEAR 类型确实是一个专门用于存储年份数据的类型，它非常适合只需要记录年份信息的场景，因为它既节省空间又易于理解。

1）YEAR 类型的值表示方式

（1）4 位字符串或数字。

可以直接使用 4 位的年份字符串（如'2021'）或数字（如 2021）来表示年份。这种表示方式最直观，无须任何转换。

范围：'1901'~'2155'（或 1901~2155）。

（2）1 位或 2 位字符串。

当使用 1 位或 2 位的字符串（如'21'或'01'）来表示年份时，MySQL 会进行特定的转换。

范围：'0'~'99'（或 00~99）。

转换规则：'00'~'69'（或 00~69）范围的值会被转换为 2000~2069 范围的 YEAR 值，如'21' 或 21 会被转换为 2021；'70'~'99'（或 70~99）范围的值会被转换为 1970~1999 范围的

YEAR 值, 如'99'或 99 会被转换为 1999。

2) 注意点

(1) 字符串与数字的区分。需要特别注意的是, 当使用字符串'0'与数字 0 表示年份时, 它们有不同的含义。字符串'0'会被转换为 2000, 而数字 0 (在某些设置下, 特别是 SQL 严格模式下) 可能不被允许, 或者被视为 0000, 这通常表示一个无效或特殊的年份值。

(2) SQL 模式的影响。在某些 SQL 模式下 (特别是严格模式), 使用 0 作为 YEAR 类型的值可能会引发错误。因此, 在使用时最好明确 SQL 模式, 并避免使用可能导致混淆的值。

(3) 兼容性。虽然 YEAR 类型在存储年份信息时非常方便, 但在处理跨世纪的年份 (如 00~69 的转换) 时, 需要特别注意转换规则, 以确保数据的准确性。

2. DATE 类型

在 MySQL 中, DATE 类型用于存储日期值, 包括年、月、日, 但不包括时间部分。有几种方式可以指定 DATE 类型的值, 以及如何使用系统当前日期。

1) DATE 类型的值指定方式

(1) 使用'YYYY-MM-DD'或'YYYYMMDD'格式的字符串。

这种方式直接以年-月-日 (或年月日无分隔符) 的形式指定日期, 如'2021-01-21'或'20210121'都会被解析为 2021 年 1 月 21 日。

(2) 使用'YY-MM-DD'或'YYMMDD'格式的字符串。

在这里, YY 表示两位数的年份。MySQL 会根据规则将其转换为 4 位数的年份, 类似于 YEAR 类型的转换规则。例如, '21-01-21'或'210121'会被解析为 2021 年 1 月 21 日, 因为 21 会被视为 2021 年的缩写。

(3) 使用 YYMMDD 数字格式。

直接以数字形式 (无分隔符) 指定日期, MySQL 会按照 YYMMDD 的格式来解析, 如 210121 会被解析为 2021 年 1 月 21 日。

2) 使用系统当前日期

(1) CURRENT_DATE。这是一个 SQL 函数, 用于返回当前的日期 (不包括时间部分)。想要在插入或更新记录时自动使用系统当前的日期, 可以使用 CURRENT_DATE。例如, 在 INSERT 语句中, 可以将某个 DATE 类型的列设置为 CURRENT_DATE, 这样它就会自动填充为执行该语句时的系统日期。

(2) NOW()。尽管 NOW() 函数通常用于返回当前的日期和时间 (包括时间戳), 但在某些上下文中, 如果只需要日期部分, 它也可以被用作 DATE 类型的值。然而, 更精确的做法是使用 CURDATE() 函数来获取当前的日期 (不包括时间), 因为 NOW() 返回的是 DATETIME 或 TIMESTAMP 类型的值。不过, 如果数据库或应用程序能够正确处理 DATETIME 到 DATE 的转换, 直接使用 NOW() 在某些情况下也是可行的。但需注意, 这可能会导致时间部分被截断或忽略。

3. TIME 类型

在 MySQL 中, TIME 类型用于存储时间值, 即时分秒的组合, 而不包括日期部分。

1) TIME 类型的值指定方式

(1) 使用 'hh:mm:ss'字符串方式表示。

这是最常见的表示方式，直接以小时:分钟:秒的格式指定时间。例如，输入 '09:01:23'，则插入数据库的时间为 09:01:23。

（2）使用 'hhmmss'字符串方式或 hhmmss 数字方式表示。

这种方式允许以没有分隔符的字符串或数字形式指定时间。MySQL 会将其解析为相应的小时、分钟和秒。例如，输入 '090123'或 90123，则插入数据库的时间为 09:01:23。

（3）使用 CURRENT_TIME 或 NOW() 函数获取当前系统时间的时间部分。

NOW() 函数返回的是当前的日期和时间（DATETIME 或 TIMESTAMP 类型），而不仅仅是时间。要想获取当前的系统时间（不包括日期），应该使用 CURRENT_TIME 或 CURTIME() 函数。这两个函数在功能上非常相似，都可以用来插入当前的系统时间到 TIME 类型的列中。

2）注意事项

（1）TIME 类型的值可以超过一天的范围，即小时数可以不小于24。MySQL 会将其存储为超过一天的时间值。但是，在大多数实际应用中，通常会限制在 00:00:00~23:59:59 的范围内。

（2）使用 CURRENT_TIME 或 CURTIME() 可以方便地插入当前的系统时间到 TIME 类型的列中，而无须手动指定。

（3）需确保在 SQL 语句和应用程序逻辑中正确使用这些表示方式和函数，以避免数据类型不匹配或意外的行为。

4. DATETIME 类型

在 MySQL 中，DATETIME 类型用于存储日期和时间，包括年、月、日、小时、分钟和秒。这种类型非常适合需要记录精确到秒的时间点的场景。

1）DATETIME 类型的值指定方式

（1）使用'YYYY-MM-DD hh:mm:ss'或'YYYYMMDD hhmmss'格式的字符串。

这是最直接和常用的方式，允许以年-月-日 时:分:秒的格式（或没有分隔符的连续数字格式）来指定日期和时间。例如，'2021-01-22 09:01:23'或'20210122 090123'都会被解析为 2021 年 1 月 22 日 9 点 01 分 23 秒。

（2）使用'YY-MM-DD hh:mm:ss'或'YYMMDD hhmmss'格式的字符串。

在这种情况下，年份以两位数的形式给出（YY），MySQL 会根据规则将其转换为 4 位数的年份。与 YEAR 类型类似，'00'~'69'范围内的值会被视为 2000 年到 2069 年，而'70'~'99'范围内的值则被视为 1970 年到 1999 年。但需注意，虽然这种格式在技术上可行，但为了避免混淆和错误，通常建议使用 4 位数的年份（YYYY）。

（3）使用数字方式表示的日期和时间。

直接以没有分隔符的数字形式（YYYYMMDDhhmmss 或 YYMMDDhhmmss）指定日期和时间。例如，20210122090123 或（在特定上下文中）210122090123（尽管后者可能引起混淆，因为它依赖于 MySQL 如何解释年份部分）都会被解析为相应的日期和时间。

（4）使用 CURRENT_TIMESTAMP 或 NOW()获取当前系统时间。

CURRENT_TIMESTAMP 和 NOW()函数都可以用来插入数据库的当前日期和时间。尽管 NOW()通常与 DATETIME 或 TIMESTAMP 类型一起使用以包括时间戳（即包含时区信息的日期和时间），但在大多数情况下，当只需要 DATETIME 类型的值时，这两个函数可以互换使用。它们都会返回执行 SQL 语句时的系统日期和时间，格式为'YYYY-MM-DD hh:mm:ss'。

2）注意事项

（1）当使用两位数的年份（YY）时，需确保本义与 MySQL 的转换规则相匹配，以避免意外。

（2）在实际应用中，为了清晰且避免混淆，建议始终使用 4 位数的年份（YYYY）。

（3）使用 CURRENT_TIMESTAMP 或 NOW( )可以方便地自动记录数据插入或更新的时间，而无须手动指定。

5. TIMESTAMP 类型

在 MySQL 数据库中，TIMESTAMP 类型和 DATETIME 类型都用于存储日期和时间信息，尽管它们在显示上可能相似，但在使用时存在几个关键的区别。

1）取值范围差异

虽然在现代 MySQL 版本中，TIMESTAMP 类型的取值范围已经被扩展以接近 DATETIME 类型的范围，但在早期的 MySQL 版本中，TIMESTAMP 的取值范围确实比 DATETIME 类型小。这主要是由于 TIMESTAMP 类型最初设计为基于 UNIX 时间戳的，因此受到 32 位整数表示的限制（即所谓的"2038 年问题"）。然而，随着 MySQL 的发展，TIMESTAMP 的取值范围已经得到了扩展，但在讨论两者差异时，这一历史遗留问题仍然值得注意。

2）与时区的紧密关系

与 DATETIME 类型不同，TIMESTAMP 类型的值与时区紧密相关。当向数据库中插入 TIMESTAMP 类型的日期和时间时，MySQL 会自动将该值从当前会话的时区转换为 UTC（协调世界时）进行存储。这意味着，无论数据库服务器位于哪个时区，存储的 TIMESTAMP 值都是基于 UTC 的。相应地，当从数据库中检索 TIMESTAMP 类型的值时，MySQL 会根据当前会话的时区设置，将 UTC 时间转换回相应的本地时间进行显示。这种特性可能导致在不同时区设置的会话中，即使检索的是同一个 TIMESTAMP 值，显示的本地时间也会有所不同。

TIMESTAMP 类型和 DATETIME 类型在 MySQL 中各有其适用场景。TIMESTAMP 类型适用于需要自动处理时区转换的场景，如跨时区的应用程序。而 DATETIME 类型则适用于需要精确存储日期和时间且不受时区变化影响的场景。

4.2.3 字符串类型

MySQL 中的字符串类型分为 CHAR、VARCHAR、TEXT 等多种类型，不同的数据类型具有不同的特点，具体如表 4-4 所示。

表 4-4 MySQL 中的字符串类型

数据类型	类型说明
CHAR	固定长度的字符串
VARCHAR	可变长度的字符串
BINARY	固定长度的二进制数据

数据类型	类型说明
VARBINARY	可变长度的二进制数据
BOLB	二进制大数据
TEXT	大文本数据
ENUM	枚举类型值
SET	字符串对象，可以有零个或多个值

接下来，针对这些字符串类型进行详细的讲解。

1. CHAR 和 VARCHAR 类型

在 MySQL 数据库中，CHAR 类型和 VARCHAR 类型都是用来存储字符串数据的，但它们之间在存储方式和性能上存在一些关键的区别。

1）CHAR 类型

（1）用途。CHAR 类型通常用于存储长度几乎总是相同的字符串数据，如存储国家代码（如"USA"和"CHN"等），这些代码的长度通常是固定的。

（2）长度特性。CHAR 类型字段的长度是固定的，可以在 0~255 之间的任意整数值指定。如果存储的字符串长度小于指定的长度，MySQL 会在字符串的末尾自动填充空格以达到指定的长度。然而，在检索时，这些空格通常会被自动去除（这取决于具体的 SQL 模式和客户端设置）。

（3）定义方式。在 MySQL 中，定义一个 CHAR 类型的字段时，需要指定其长度，如 CHAR（10）表示可以存储最多 10 个字符的字符串。

2）VARCHAR 类型

（1）用途。VARCHAR 类型则更适合存储长度可变的字符串数据，如用户姓名、电子邮件地址等。这些数据的长度在不同记录之间可能会有很大差异。

（2）长度特性。VARCHAR 类型字段的长度是可变的，其最大长度可以是 0~655 35 之间的任意整数值，但实际的最大长度还受到字符集和行格式的限制。例如，在 UTF8MB4 字符集下，由于每个字符最多可以占用 4 个字节，因此 VARCHAR 字段的实际最大长度会受到行大小限制（通常是 65 535 字节减去其他列和元数据所占用的空间）的约束。

（3）定义方式。在 MySQL 中，定义一个 VARCHAR 类型的字段时，同样需要指定其长度，如 VARCHAR（255）表示可以存储最多 255 个字符的字符串。这里的长度指的是字符的最大数量，而不是字节。

2. BINARY 和 VARBINARY 类型

在 MySQL 数据库中，BINARY 和 VARBINARY 类型确实与 CHAR 和 VARCHAR 类型相似，但它们的主要区别在于它们被设计用来存储二进制数据而非字符串数据。这些类型在处理非文本数据（如图像、音频片段或任何形式的二进制文件内容）时非常有用。

1）BINARY 类型

（1）用途。BINARY 类型用于存储固定长度的二进制数据。当需要确保存储的数据长度一致时，这种类型特别有用。

（2）长度特性。BINARY 类型的长度是固定的，由定义时指定的 M 值决定，其中 M 是一个介于 0~255 之间的整数。如果插入的数据长度小于 M，MySQL 将在数据的末尾自动填充 \ 0（零字节）以达到指定的长度。这意味着，即使数据本身不包含 \ 0，存储时也会添加这些填充字节。

（3）定义方式。在 MySQL 中，BINARY 类型通过 BINARY（M）的形式定义，其中 M 是二进制数据的最大长度。

（4）示例。如果定义了一个 BINARY（3）类型的字段，并尝试插入单个字节（如'd'的 ASCII 值），则实际存储的数据将是'd'后跟两个 \ 0 字节（'d \ 0 \ 0'）。如果尝试插入两个字节的字符（如'ɑ'的 UTF-8 编码可能占用两个字节），则结果将是这两个字节后跟一个 \ 0 字节（具体取决于字符的编码和 MySQL 的配置，但概念上是这样）。

2）VARBINARY 类型

（1）用途。VARBINARY 类型用于存储可变长度的二进制数据。这对于存储长度不固定的二进制数据（如不同大小的图像文件）非常有用。

（2）长度特性。VARBINARY 类型的长度是可变的，由定义时指定的 M 值决定，其中 M 是一个介于 0~65 535 之间的整数（但实际最大长度可能受到行大小和字符集的限制）。与 BINARY 不同，VARBINARY 不会在数据末尾添加 \ 0 来填充至指定长度，它只存储实际的数据和表示数据长度的额外信息（尽管这种长度信息对用户是透明的）。

（3）定义方式。在 MySQL 中，VARBINARY 类型通过 VARBINARY（M）的形式定义，其中 M 是二进制数据的最大长度。

（4）示例。如果定义了一个 VARBINARY（10）类型的字段，并尝试插入两个字节的数据，那么实际存储的将是这两个字节，而不会添加任何填充字节。

综上所述，BINARY 和 VARBINARY 类型在 MySQL 中用于存储二进制数据，它们的区别在于 BINARY 具有固定长度且可能用\0 填充，而 VARBINARY 具有可变长度且不会添加填充字节。选择哪种类型取决于具体的应用场景和对数据长度的需求。

3. TEXT 系列类型

TEXT 类型在 MySQL 数据库中用于表示和存储大量的文本数据，这些数据通常超出了 VARCHAR 类型所能处理的最大长度限制。TEXT 类型非常适合存储如文章内容、用户评论、日志信息等长文本内容。TEXT 类型实际上是一个类型族，它包含了 4 种不同的类型，每种类型根据能够存储的文本长度不同而有所区别。

（1）TINYTEXT。TINYTEXT 类型用于存储非常小的文本数据。尽管它被称为"小文本"，但实际上它仍然能够存储相当数量的字符，只是相对于其他 TEXT 类型来说，它的容量较小。

（2）标准 TEXT。标准的 TEXT 类型提供了足够的空间来存储中等长度的文本数据。它是 TEXT 类型族中最常用的类型之一，适用于存储大多数常见的长文本内容，如文章、博客帖子等。

（3）MEDIUMTEXT。MEDIUMTEXT 类型设计用于存储比标准 TEXT 类型更大的文本数据。当需要存储的文本内容超出了 TEXT 类型的容量限制时，MEDIUMTEXT 是一个很好的选择。它适用于存储较长的文档、程序代码或其他大型文本数据。

（4）LONGTEXT。LONGTEXT 类型是 TEXT 类型族中容量最大的类型，用于存储极长的文本数据。它几乎可以存储任意长度的文本，只受限于 MySQL 数据库的最大行大小限制。LONGTEXT 非常适合存储大型文档、书籍内容或任何需要极大存储空间的文本数据。

TEXT 系列类型如表 4-5 所示。

表 4-5　TEXT 系列类型

数据类型	存储范围
TINYTEXT	$0\sim L+1$ 字节，其中 $L<2^8$
标准 TEXT	$0\sim L+2$ 字节，其中 $L<2^{16}$
MEDIUMTEXT	$0\sim L+3$ 字节，其中 $L<2^{24}$
LONGTEXT	$0\sim L+4$ 字节，其中 $L<2^{32}$

4. BLOB 系列类型

BLOB（Binary Large OBject）类型的字段，在数据库中，通常扮演着存储大型二进制数据的角色，这些数据类型包括但不限于图片、音频文件、视频文件、PDF 文档等。BLOB 类型被细分为 4 种不同的形式，每种形式在存储能力和效率上可能有所差异，具体取决于数据库管理系统的实现。BLOB 系列类型如表 4-6 所示。

表 4-6　BLOB 系列类型

数据类型	存储范围
TINYBLOB	$0\sim L+1$ 字节，其中 $L<2^8$
标准 BLOB	$0\sim L+2$ 字节，其中 $L<2^{16}$
MEDIUMBLOB	$0\sim L+3$ 字节，其中 $L<2^{24}$
LONGBLOB	$0\sim L+4$ 字节，其中 $L<2^{32}$

需要注意的是，BLOB 类型的数据在数据库内部的处理方式与 TEXT 类型数据显著不同。具体来说，BLOB 类型的数据是按照二进制编码进行存储、比较和排序的，这意味着它们在处理时保持了原始数据的完整性，而不进行任何形式的文本解释或转换。相比之下，TEXT 类型的数据则是根据文本模式进行比较和排序的，这意味着在处理过程中，数据库可能会根据文本的字符编码、语言规则等进行相应的操作。

5. ENUM 类型

ENUM 类型，即枚举类型，是一种在数据库中定义固定集合的数据类型。其定义语法中，('value1', 'value2', …) 这部分被称为枚举列表，它明确指定了该 ENUM 类型字段可以接受的一系列预定义值。

当向 ENUM 类型的字段插入数据时，所插入的值必须是枚举列表中明确列出的一个值。这种机制有助于确保数据的准确性和一致性，因为它限制了该字段只能接受预定义的有效值。

在枚举列表中，每个枚举值都自动关联了一个索引值，这个索引值从 1 开始，并且按照枚举值在列表中出现的顺序逐一递增。换句话说，枚举列表中的第一个值（'value1'）的索引值为 1，第二个值（'value2'）的索引值为 2，依次类推。这个索引值在数据库内部用于快速引用和比较枚举值，但对于大多数数据库操作而言，用户通常直接操作的是枚举值本身，而不是它们的索引。

6. SET 类型

SET 类型确实用于存储一个字符串对象，但这个字符串对象是由 SET 类型定义时指定的一个或多个值（称为成员）的集合，这些值之间通过逗号分隔，且值的顺序不重要。与 ENUM 类型不同的是，SET 类型的字段可以包含零个或多个指定的成员值，而 ENUM 类型字段每次只能有一个值（尽管这个值可以是枚举列表中的任何一个）。

SET 类型数据的定义格式与 ENUM 类型相似，都是通过一个包含可能值的列表来定义的，如 SET（'value1', 'value2', …）。但是，SET 类型与 ENUM 类型在处理这些值的方式上有以下几个关键区别。

（1）值的数量。SET 类型字段可以存储零个、一个或多个列表中的值，而 ENUM 类型字段每次只能存储一个值。

（2）值的表示。在存储时，SET 类型并不直接存储索引值，而是存储一个位图（bitmap），这个位图表示了哪些成员值被选中。位图中的每一位对应列表中的一个值，如果该位被设置（即值为 1），则表示对应的成员值被包含在 SET 字段的值中。这个位图对于用户来说是不可见的，用户看到的是由逗号分隔的成员值字符串。

（3）索引值的使用。虽然 SET 类型内部使用位图来表示成员值的选择情况，但用户并不直接与这些索引值交互。用户操作的是列表中的成员值字符串，而不是它们的索引。

4.2.4 JSON 类型

MySQL 中的 JSON 类型是一种从 MySQL 5.7.8 版本开始支持的原生数据类型，它允许在数据库中直接存储 JSON（JavaScript Object Notation）文档。JSON 是一种轻量级、基于文本、跨语言的数据交换格式，易于人阅读和编写，同时也易于机器解析和生成。在 MySQL 中，JSON 类型相比传统的字符串类型（如 VARCHAR 或 TEXT）提供了许多优势。

1. JSON 类型的优势

（1）自动校验。存储在 JSON 列中的文档会自动进行 JSON 格式的校验，如果格式不正确，会报错。这确保了数据的准确性和一致性。

（2）优化存储。JSON 文档在 JSON 列中以二进制格式存储，这种格式优化了存储结构，使快速读取文档元素成为可能，而无须读取整个文档。这提高了查询效率，并减少了磁盘 I/O 和网络带宽的消耗。

（3）灵活查询。MySQL 提供了一系列内置的函数来操作 JSON 数据，如 JSON_EXTRACT 用于提取 JSON 文档中的元素，JSON_SET 和 JSON_REPLACE 用于修改 JSON 文档等。这些函数使得对 JSON 数据的查询和操作变得非常灵活和强大。

（4）节省空间。虽然 JSON 列在存储上大致相当于 LONGBLOB 或 LONGTEXT 类型，但由于其优化的存储格式，实际上可能更加节省空间。

（5）索引支持。虽然 JSON 列本身不能直接建立索引，但可以在生成的列上创建索引，以从 JSON 列中提取标量值。此外，MySQL 8.0.17 及更高版本的 InnoDB 存储引擎支持 JSON

数组上的多值索引，进一步提高了查询效率。

2. JSON 类型的存储和使用

（1）存储。JSON 数据在 MySQL 中以字符串形式写入，但 MySQL 会自动解析这些字符串，并将其以二进制格式存储在 JSON 列中。

（2）使用。在查询和更新 JSON 数据时，可以使用 MySQL 提供的 JSON 函数进行操作。例如，可以使用 JSON_EXTRACT 函数提取 JSON 文档中的特定元素，使用 JSON_SET 和 JSON_REPLACE 函数修改 JSON 文档等。

3. 注意事项

（1）性能考虑。虽然 JSON 类型提供了许多便利，但在处理大量复杂 JSON 文档时，可能会对性能产生一定影响。因此，在设计数据库时需要根据实际需求进行权衡。

（2）版本兼容性。不同版本的 MySQL 对 JSON 类型的支持程度可能有所不同。例如，MySQL 8.0.x 版本在处理重复键时与 MySQL 5.7.x 版本有所不同。因此，在使用 JSON 类型时需要注意 MySQL 的版本兼容性。

任务4.3 字符集

MySQL 的字符集（Character Set）是一个非常重要的概念，它决定了 MySQL 服务器如何存储字符数据。字符集定义了字符及其对应编码之间的映射。MySQL 支持多种字符集，包括但不限于 UTF-8、GBK、Latin1 等。

4.3.1 MySQL 中的字符集

（1）UTF-8。这是一种针对 Unicode 的可变长度字符编码，也被称为"万国码"。它可以表示世界上几乎所有的字符，包括 ASCII 字符集、拉丁字母、斯拉夫语字母、阿拉伯语、希伯来语、希腊语、西里尔字母、泰米尔语、汉语、日语和韩语等。UTF-8 因其对 ASCII 字符的单字节编码以及多语言文本的有效处理而被广泛使用。

（2）GBK。这是一种针对简体中文的字符编码扩展集，全称是《国家标准 GB 2312 的扩展（K 扩）》，主要用于中国大陆地区的简体中文系统。GBK 兼容 GB 2312，并扩充了很多字符，包括大部分的汉字以及很多符号。

（3）Latin1（ISO 8859-1）。这是西欧语言常用的单字节编码，也被称为 ISO Latin-1 或 Latin-1，主要用于西欧语言，如英语、法语、德语和西班牙语等。

4.3.2 排序规则

例如，运行以下语句：

```
SELECT * FROM table WHERE txt='a'
```

在讨论数据库字符集和排序规则时，理解不同类型的排序规则及其适用场景是非常重要的。下面是针对 MySQL 的 UTF-8 字符集的两种常见排序规则的优化格式说明。

1. utf8_bin

（1）特性。在 utf8_bin 排序规则中，字符串是通过二进制数据进行编译和存储的。

（2）大小写区分。区分大小写，即在这种排序规则下，a 和 A 被视为不同的字符。

（3）适用场景。这个排序规则适用于需要严格区分大小写或者需要存储二进制内容的场景。例如，如果有一个字段需要确切地区分大小写，如密码字段，使用 utf8_bin 是一个合适的选择。

2. utf8_general_ci

（1）特性。utf8_general_ci 是一种不区分大小写的排序规则。它在比较字符串时，不会区分字符的大小写。

（2）大小写区分。不区分大小写，即在这种排序规则下，a 和 A 被视为相同的字符。

（3）适用场景。这个排序规则适用于那些不需要区分大小写的场景，如用户登录时的用户名或邮箱地址。使用 utf8_general_ci 可以确保即使用户在输入时改变了字母的大小写，仍然能够被正确地识别。

下面是其他相关排序规则。

3. utf8mb4_unicode_ci 和 utf8mb4_general_ci

（1）描述。这些排序规则用于 UTF8MB4 字符集。ci（case-insensitive）表示不区分大小写。

（2）区别。utf8mb4_unicode_ci 基于标准的 Unicode 排序，而 utf8mb4_general_ci 是一种性能更优的简化排序算法。

（3）适用场景。当需要确保在多种语言环境下的文本比较和排序的准确性时，utf8mb4_unicode_ci 是更好的选择。如果性能是主要考虑因素，且可以接受稍微粗糙的排序，则可以选择 utf8mb4_general_ci。

4. utf8_general_cs

这个规则在处理字符串时会区分大小写，这在某些场景下可能导致问题，尤其是在不应区分大小写的字段（如邮箱地址）中使用时。

5. utf8_unicode_ci

（1）特性。utf8_unicode_ci 在校对时的准确度更高，但速度稍慢。对中文和英文来说，与 utf8_general_ci 没有实质性的差别。

（2）选择建议。如果对准确性有较高要求，可以考虑使用 utf8_unicode_ci。

6. latin1_swedish_ci

（1）描述。这是 Latin1 字符集的默认排序规则，不区分大小写。

（2）适用场景。主要用于处理西欧语言数据，当使用 Latin1 字符集时，默认会采用此排序规则。

7. binary

（1）描述。这是一种区分大小写的排序规则，按照字节值进行比较。

（2）适用场景。当需要严格区分大小写和特殊字符，或者对数据进行精确的字节级比较时，适合选择 binary 排序规则。

在选择字符集和排序规则时，需要考虑数据的类型、语言和特殊需求。通常，UTF8MB4 是现代应用程序的安全选择，因为它支持广泛的字符并提供灵活的排序选项。然而，对于更特定的需求和优化其他字符集和排序规则可能更为适宜。始终确保您的选择能够支持现在应用和未来应用的需求。

在选择排序规则时，需要考虑应用的具体需求，特别是对大小写的处理以及性能与准确度之间的权衡。通常，utf8_general_ci 因其较快的校对速度和足够的准确度，被广泛用于一般场景。而在需要严格的大小写区分或特殊的数据存储需求时，utf8_bin 或 utf8_unicode_ci 可能是更好的选择。

4.3.3 选择字符集

创建数据库的关键部分是选择正确的字符集和排序规则，这将影响数据的存储和检索方式。

字符集决定了数据库可以存储哪些字符。例如，UTF8BM4 是一个流行的选择，它支持包括表情符号在内的所有 Unicode 字符。

打开 Navicat 图像化工具，选择"数据表设计"，在设计界面选择"选项"菜单，如图 4-1所示。

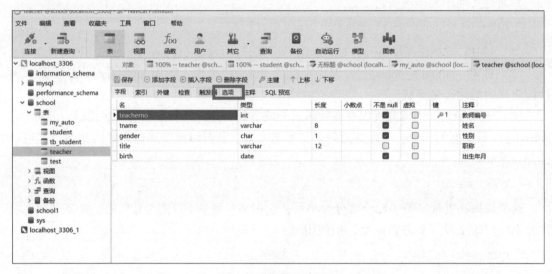

图 4-1 查看"选项"

在"选项"界面可以确认本数据表的相关设置内容，新建一个数据表时会使用默认"字符集"和"排序规则"进行创建，没有特殊要求的大部分情况可以使用默认设置，如果需要修改，可以在本界面对"字符集"和"排序规则"进行修改，除了"字符集"和"排序规则"外，其他数据表的选项信息也可以在本界面进行设置，如图 4-2 所示。

4.3.4 查看与修改字符集

1. 查看字符集

MySQL 提供了多种字符集，用户既可以查看所有可用字符集，也可以使用 LIKE 或者 WHERE 子句指定要匹配的字符集，查看字符集的基本语法如下：

```
# 第一种方式
SHOW {CHARACTER SET| CHARSET}[LIKE '匹配模式'| WHERE 表达式];
# 第二种方式
SELECT * FROMINFORMATION_SCHEMA.CHARACTER_SETS [ WHERE CHARACTER_SET_
NAME LIKE '匹配模式'];
```

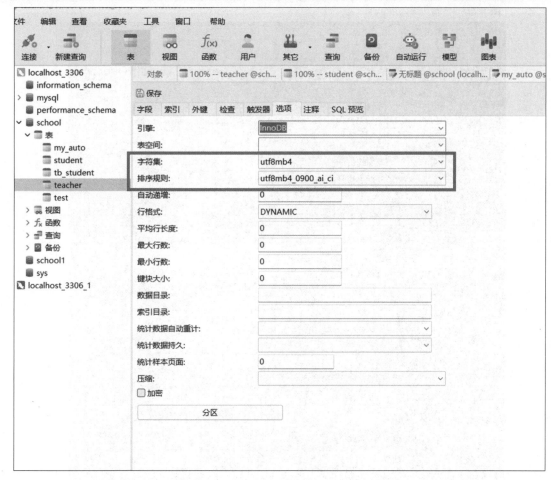

图 4-2 数据表选项

下面对上述语法的各部分进行讲解。

(1) LIKE '匹配模式' | WHERE 表达式：可选项，LIKE 子句可以根据指定模式匹配字符集；WHERE 子句用于筛选出满足条件的字符集。'匹配模式'为指定的匹配模式，可以通过"%"和"_"两种模式对字符串进行匹配，其中，"%"表示匹配一个或多个字符；"_"表示匹配一个字符。如果省略该选项，则表示显示所有可用的字符集。

(2) INFORMATION_SCHEMA.CHARACTER_SETS：存储数据库相关字符集信息。

(3) CHARACTER_SET_NAME：用于设置字符集的名称。

下面使用第一种方式查看 MySQL 中所有可用字符集，示例 SQL 语句如下：

```
SHOW CHARACTER SET;
```

执行上述 SQL 语句后，输出结果如图 4-3 所示。

图 4-3 中显示了 MySQL 中所有可用的字符集，其中"Charset"列表示字符集名称，"Description"列表示描述信息，"Default collation"列表示默认校对集，"Maxlen"列表示单个字符的最大长度。

需要注意的是，MySQL 8.0.27 版本默认使用字符集为 UTF8MB4。

Charset	Description	Default collation	Maxlen
armscii8	ARMSCII-8 Armenian	armscii8_general_ci	1
ascii	US ASCII	ascii_general_ci	1
big5	Big5 Traditional Chinese	big5_chinese_ci	2
binary	Binary pseudo charset	binary	1
cp1250	Windows Central European	cp1250_general_ci	1
cp1251	Windows Cyrillic	cp1251_general_ci	1
cp1256	Windows Arabic	cp1256_general_ci	1
cp1257	Windows Baltic	cp1257_general_ci	1
cp850	DOS West European	cp850_general_ci	1
cp852	DOS Central European	cp852_general_ci	1
cp866	DOS Russian	cp866_general_ci	1
cp932	SJIS for Windows Japanese	cp932_japanese_ci	2
dec8	DEC West European	dec8_swedish_ci	1
eucjpms	UJIS for Windows Japanese	eucjpms_japanese_ci	3
euckr	EUC-KR Korean	euckr_korean_ci	2
gb18030	China National Standard GB18030	gb18030_chinese_ci	4
gb2312	GB2312 Simplified Chinese	gb2312_chinese_ci	2
gbk	GBK Simplified Chinese	gbk_chinese_ci	2
geostd8	GEOSTD8 Georgian	geostd8_general_ci	1
greek	ISO 8859-7 Greek	greek_general_ci	1
hebrew	ISO 8859-8 Hebrew	hebrew_general_ci	1
hp8	HP West European	hp8_english_ci	1
keybcs2	DOS Kamenicky Czech-Slovak	keybcs2_general_ci	1
koi8r	KOI8-R Relcom Russian	koi8r_general_ci	1
koi8u	KOI8-U Ukrainian	koi8u_general_ci	1
latin1	cp1252 West European	latin1_swedish_ci	1
latin2	ISO 8859-2 Central European	latin2_general_ci	1
latin5	ISO 8859-9 Turkish	latin5_turkish_ci	1
latin7	ISO 8859-13 Baltic	latin7_general_ci	1
macce	Mac Central European	macce_general_ci	1
macroman	Mac West European	macroman_general_ci	1
sjis	Shift-JIS Japanese	sjis_japanese_ci	2
swe7	7bit Swedish	swe7_swedish_ci	1
tis620	TIS620 Thai	tis620_thai_ci	1
ucs2	UCS-2 Unicode	ucs2_general_ci	2
ujis	EUC-JP Japanese	ujis_japanese_ci	3
utf16	UTF-16 Unicode	utf16_general_ci	4
utf16le	UTF-16LE Unicode	utf16le_general_ci	4
utf32	UTF-32 Unicode	utf32_general_ci	4
utf8mb3	UTF-8 Unicode	utf8mb3_general_ci	3
utf8mb4	UTF-8 Unicode	utf8mb4_0900_ai_ci	4

图 4-3 所有可用字符集

下面使用第一种方式查看 MySQL 中含有 utf 的字符集，示例 SQL 语句如下：

SHOW CHARACTER SET LIKE 'utf%';

执行上述 SQL 语句后，输出结果如图 4-4 所示。

Charset	Description	Default collation	Maxlen
utf16	UTF-16 Unicode	utf16_general_ci	4
utf16le	UTF-16LE Unicode	utf16le_general_ci	4
utf32	UTF-32 Unicode	utf32_general_ci	4
utf8mb3	UTF-8 Unicode	utf8mb3_general_ci	3
utf8mb4	UTF-8 Unicode	utf8mb4_0900_ai_ci	4

5 rows in set (0.01 sec)

图 4-4 含有"utf"的字符集

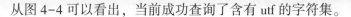

从图 4-4 可以看出，当前成功查询了含有 utf 的字符集。

2. 修改字符集

MySQL 提供了多种方式来修改表的字符集，下面将逐一介绍这些方式。

1）修改现有表的字符集

要修改现有表的字符集，可以执行以下 SQL 语句：

ALTER TABLE 表名 CONVERT TO CHARCTER SET 字符集名称；

其中，"表名" 是需要修改字符集的表的名称，"字符集名称" 是要修改成为的字符集名称。

例如，要将表名为 students 的表的字符集修改为 utf8mb4，可以执行以下 SQL 语句：

ALTER TABLE students CONVERT TO CHARCTER SET utf8mb4；

执行上述语句后，students 表的字符集将会被修改为 utf8mb4。

2）创建新表时指定字符集

在创建新表时，可以直接指定表的字符集。可以通过以下 SQL 语句创建新表：

CREATE TABLE 表名 (
　列 1 数据类型 字符集，
　列 2 数据类型 字符集，
　...
) CHARACTER SET 字符集名称；

其中，"表名" 是要创建的表的名称，"字符集名称" 是指定的字符集名称。

例如，要创建一个名为 users 的表，并将其字符集设置为 utf8mb4，可以执行以下 SQL 语句：

CREATE TABLE users (
　id INT PRIMARY KEY，
　name VARCHAR(50)
) CHARACTER SET utf8mb4；

执行上述语句后，将创建一个名为 users 的表，并将其字符集设置为 utf8mb4。

3）修改表的默认字符集

MySQL 还允许修改表的默认字符集。对于已经存在的表，可以通过以下 SQL 语句来修改默认字符集：

ALTER TABLE 表名 DEFAULT CHARCTER SET 字符集名称；

例如，要将表名为 users 的表的默认字符集修改为 utf8mb4，可以执行以下 SQL 语句：

ALTER TABLE users DEFAULT CHARCTER SET utf8mb4；

执行上述语句后，users 表的默认字符集将会被修改为 utf8mb4。

项目考核

一、填空题

1. 在 MySQL 中，小数的表示分为_____和定点数两种类型。

2. _____类型的字段用于存储固定长度的字符串。

3. 在 MySQL 中，CHAR 类型和_____类型的字段通常用于存储字符串数据。

4. 在 MySQL 中，用于存储大型二进制数据的数据类型是_____。

5. 在 MySQL 中，用于存储日期和时间的数据类型是_____。

二、选择题

1. 在 MySQL 数据库中，需要存储一个具有大约 15 位有效数字的浮点数时，选择（   ）数据类型。

    A. TINYINT   B. FLOAT

    C. DOUBLE   D. DECIMAL

2. 性别字段不宜选择（   ）。

    A. CHAR   B. TINYINT

    C. INT   D. FLOAT

3. 下面（   ）不属于数值类型。

    A. BIT 类型   B. 定点数类型

    C. BLOB 类型   D. FLOAT 类型

4. 用一组数据"准考证号：200701001、姓名：刘亮、性别：男、出生日期：1993-8-1"来描述某个考生信息，其中"出生日期"数据可设置为（   ）。

    A. 日期/时间类型   B. 数值型

    C. 货币型   D. 逻辑型

5. 在 MySQL 中，以下（   ）数据类型可以存储年、月、日。

    A. DATE   B. TIME

    C. YEAR   D. DATETIME

三、简答题

1. CHAR 和 VARCHAR 的区别是什么？

2. 如何在 MySQL 中获取当前日期？

3. 表示日期和时间的数据类型都有哪些？（请说出 3 个以上）

项目 5

数据表的基本操作

【项目导读】

　　MySQL 数据表是数据库中的基本单位，用于组织和存储数据。它以一种二维数组的形式存在，由行和列组成。每一行代表一个记录，包含某条具体数据的信息；而每一列则代表一个字段，是数据表中具有相同数据类型的数据集合。数据表的结构通过表名、列名、数据类型及约束等定义。表名用于唯一标识数据表，通常由字母、数字和下划线组成，且不能以数字开头。列名则用于标识表中的字段，也需满足类似的命名规则。数据类型定义了字段中数据的类型，如整数、浮点数、字符串和日期等。

　　此外，数据表还支持多种约束，如主键约束、唯一约束、非空约束和外键约束等，这些约束用于限制表中数据的完整性和有效性。例如，主键约束要求列中的数据唯一且不为空，用于唯一标识表中的记录。

　　MySQL 提供了丰富的 SQL 语句来操作数据表，包括创建表（CREATE TABLE）、插入数据（INSERT INTO）、查询数据（SELECT）、更新数据（UPDATE）和删除数据（DELETE）等。通过这些操作，用户可以方便地对数据库中的数据进行管理。

【学习目标】

知识目标：

- 理解数据表的概念与结构；
- 熟悉并理解数据表的创建、查询、更新、删除等基本操作的概念和原理；
- 理解数据表之间如何通过主键、外键等建立关联，以及这些关联如何影响数据的查询和更新。

技能目标：

- 根据业务需求，能够设计合理的表结构；
- 能够使用 SQL 语句在数据库中创建数据表；
- 熟练使用 SQL 查询语句从数据表中检索数据；
- 能够更新和删除数据表中的数据；
- 了解并掌握如何修改数据表的结构。

素质目标：

- 具备良好的逻辑思维能力；
- 具备严谨的工作态度；
- 具备良好的团队合作精神；
- 具备问题解决能力。

任务 5.1 创建数据表

在 MySQL 中，创建完数据库后需要创建数据表，创建数据表通常使用 CREATE TABLE 语句。本任务将详细讲解创建数据表的相关语法和使用方式。

5.1.1 创建表的语法格式

通过 CREATE TABLE 语句可以创建数据表，该语句的基本语法格式如下：

```
CREATE [ TEMPORARY ] TABLE table_name (
    字段名 数据类型 [字段属性]
)[表选项];
```

这里的各个部分解释如下。

CREATE：这是 SQL 中用于创建新数据库对象的关键词，如表、视图、索引等。在这里，它指定了要执行的操作是创建一个新表。

[TEMPORARY]：这是一个可选的关键词，用于指示创建的表是临时的。临时表通常只在当前数据库会话期间存在，并在会话结束时自动删除。如果不使用 TEMPORARY，则创建的表是永久的。

TABLE：这个关键词紧随 CREATE（和可选的 TEMPORARY）之后，明确指示要创建的数据库对象是表。

table_name：这是为新表指定的名称。表名在数据库中必须是唯一的，并且遵循数据库系统的命名规则。

(...)：这对括号内包含了表的列定义，即表中将要包含的字段。每个字段定义由字段名、数据类型和可选的字段属性组成。

字段名：这是字段的标识符，用于在查询和操作表中数据时引用该字段。字段名必须是唯一的，并且遵循数据库系统的命名规则。

数据类型：这指定了字段中可以存储的数据类型，如 INT（整数）、VARCHAR（可变长度字符串）、DATE（日期）等。数据类型决定了字段可以存储的数据的范围和格式。

[字段属性]：这是可选的，用于指定字段的额外属性，如 NOT NULL（字段不能包含 NULL 值）、UNIQUE（字段中的值必须是唯一的）、PRIMARY KEY（字段是表的主键）、AUTO_INCREMENT（对于整数类型字段，每次插入新记录时自动递增其值，通常用于主键）、DEFAULT（为字段指定默认值）等。

[表选项]：这也是可选的，并且不是所有数据库系统都支持表选项。表选项用于指定表的额外属性，如存储引擎（在 MySQL 中）、字符集和排序规则等。这些选项依赖于具体的数据库系统，并可能因系统而异。

一个数据表里肯定会存在多个字段，这时可以根据自己项目的需求适当添加字段和相关的数据类型。

学习了创建数据表的基本语法，接下来，根据上述语法格式，编写一个 SQL 语句创建用于存储学生信息的数据表 tb_student。数据表 tb_student 的相关信息如表 5-1 所示。

表 5-1　数据表 tb_student 的相关信息

字段名称	数据类型	备注
id	INT	学号
name	VARCHAR（20）	姓名
age	INT	年龄
email	VARCHAR（100）	电子邮件

下面演示如何在 school 数据库下创建一个用于保存学生信息的 tb_student 数据表，具体示例如下。

（1）创建 school 数据库，具体 SQL 语句及执行结果如下：

```
mysql>CREATE DATABASE school;
Query OK,1 row affected(0.01sec)
```

（2）打开 school 数据库，具体 SQL 语句及执行结果如下：

```
Mysql>USE school;
Database changed
```

（3）创建 tb_student 数据表，具体 SQL 语句及执行结果如下：

```
mysql>CREATE TABLE tb_student(
    -> id INT COMMENT '学号',
    -> name VARCHAR(20) COMMENT '姓名',
    -> age INT COMMNET '年龄',
    -> email VARCHAR(100) COMMENT '电子邮箱'
    -> )COMMENT '学生信息表';
```

上述的 SQL 语句中，"INT"用于设置字段数据类型为整型；"VARCHAR"用于设置字段数据类型为可变长度的字符串，小括号中的数字表示字符串的最大长度；"COMMENT"用于在创建数据表时添加注释说明，该注释说明会保存到数据表结构中。

上述 SQL 语句执行完成后，即可创建一个包含 id、name、age 和 email 字段的 tb_student 数据表，其中，"id"字段的数据类型为 INT，注释说明为"学号"；"name"字段的数据类型为 VARCHAR（20），注释内容为"姓名"；"age"字段的数据类型为 INT，注释说明为"年龄"；"email"字段的数据类型为 VARCHAR（100），注释内容为"电子邮箱"。tb_student 数据表的注释说明为"学生信息表"。

如果想要验证字段是否按要求设置约束，可以使用 DESC 语句查看 tb_student 数据表的表结构信息，具体执行语句及运行结果如下：

```
mysql>DESC tb_student
+-------+--------------+------+-----+---------+-------+
| Field | Type         | Null | Key | Default | Extra |
+-------+--------------+------+-----+---------+-------+
| id    | int          | YES  |     | NULL    |       |
| name  | varchar(20)  | YES  |     | NULL    |       |
| age   | int          | YES  |     | NULL    |       |
| email | varchar(100) | YES  |     | NULL    |       |
+-------+--------------+------+-----+---------+-------+
4 rows in set (0.03 sec)
```

5.1.2 使用 SQL 语句设置约束条件

为了防止在数据表中插入错误的数据，MySQL 定义了一些维护数据完整性和有效性的规则，这些规则即表的约束。表的约束作用于表中的字段上，可以在创建数据表或修改数据表时为字段添加约束。表的约束在数据库中扮演着确保数据完整性和准确性的关键角色。它们限制了表中数据的类型、范围、唯一性和关系，防止了无效数据的插入和更新，从而维护了数据的正确性和一致性。因此，无论是在社会生活中还是在技术中，都需要制定并执行相应的规则，以确保一切能够有条不紊地进行。

常见的约束有非空约束、唯一约束、主键约束、外键约束和默认值约束，本节主要讲解非空约束、唯一约束、主键约束和默认值约束。

1. 非空约束

非空约束（Not Null Constraint）是数据库表定义中的一种约束，用于确保数据表中的某个字段（列）在插入或更新记录时必须有值，即该字段不能存储 NULL 值。非空约束是数据库完整性约束的一种，它帮助维护数据的完整性和准确性，防止因缺少必要信息而导致的数据错误或不一致。

1）非空约束的作用

（1）确保数据完整性。通过确保某个字段必须有值，非空约束可以避免因缺失关键信息而导致的数据不完整问题。这对于保证数据的业务逻辑正确性和后续数据处理的有效性至关重要。

（2）简化数据验证。在数据库层面设置非空约束，可以减少应用程序在数据插入或更新时的验证工作。数据库会自动检查非空约束是否得到满足，如果不满足则拒绝操作，从而简化了数据验证的复杂性和成本。

（3）提高数据质量。非空约束强制用户或应用程序在提交数据时必须提供完整的信息，这有助于提高数据的质量和可用性。它减少了因数据缺失而导致的错误和不确定性。

2）设置非空约束

下面列举一个例子加以说明。数据表 tb_student 的结构信息见表 5-2。

表 5-2 数据表 **tb_student** 的结构信息（非空约束）

字段名称	数据类型	约束	备注
id	INT	非空约束	学号
name	VARCHAR（20）	非空约束	姓名
age	INT		年龄
email	VARCHAR（100）		电子邮件

（1）在创建表时设置非空约束。

当使用 CREATE TABLE 语句创建新表时，可以在列定义中直接添加 NOT NULL 约束来指定该列不能接受 NULL 值。下面是一个简单的示例：

```
CREATE TABLE tb_student(
    -> id INT COMMENT '学号'NOT NULL,
```

```
    -> name VARCHAR(20) COMMENT '姓名'NOT NULL,
    -> age INT COMMNET '年龄',
    -> email VARCHAR(100) COMMENT '电子邮箱'
    -> )COMMENT '学生信息表';
```

在这个例子中，"id"和"name"列都被设置为非空，意味着在插入新记录时，这两个字段都必须提供值。

如果想要验证字段是否按要求设置非空约束，可以使用 DESC 语句查看 tb_student 数据表的表结构信息，具体执行语句及运行结果如下：

```
mysql>DESC tb_student
+-------+--------------+------+-----+---------+-------+
| Field | Type         | Null | Key | Default | Extra |
+-------+--------------+------+-----+---------+-------+
| id    | int          | NO   |     | NULL    |       |
| name  | varchar(20)  | NO   |     | NULL    |       |
| age   | int          | YES  |     | NULL    |       |
| email | varchar(100) | YES  |     | NULL    |       |
+-------+--------------+------+-----+---------+-------+
```

（2）在修改表时添加非空约束。

如果已经创建了一个表，并且想要修改它以添加非空约束，可以使用 ALTER TABLE 语句中的 MODIFY 或者 CHANGE 重新定义字段的方式来实现：

```
mysql> ALTER TABLE tb_student MODIFY email VARCHAR(100) NOT NULL
    -> COMMENT '邮箱';
ALTER TABLE tb_student CHANGE age INT NOT NULL;
```

如果想要验证字段是否按要求设置非空约束，可以使用 DESC 语句查看 tb_student 数据表的表结构信息，具体执行语句及运行结果如下：

```
mysql>DESC tb_student
+-------+--------------+------+-----+---------+-------+
| Field | Type         | Null | Key | Default | Extra |
+-------+--------------+------+-----+---------+-------+
| id    | int          | NO   |     | NULL    |       |
| name  | varchar(20)  | NO   |     | NULL    |       |
| age   | int          | NO   |     | NULL    |       |
| email | varchar(100) | NO   |     | NULL    |       |
+-------+--------------+------+-----+---------+-------+
```

（3）注意事项。

在设置非空约束时，需要仔细考虑哪些字段是业务逻辑上必须有的，以避免不必要的数据限制和灵活性降低。

如果后续业务需求发生变化，可能需要修改非空约束，这通常涉及 ALTER TABLE 语句的使用。但是，修改已存在的约束可能会影响数据库的性能和数据的一致性，因此需要谨慎操作。

非空约束是数据库层面的约束，它只适用于数据库操作。如果应用程序在数据库之外还进行了数据验证，那么需要确保两者之间的验证逻辑是一致的，以避免数据不一致问题。

3）删除非空约束

删除非空约束在数据库管理系统中通常涉及使用 ALTER TABLE 语句来修改表结构。不过，需要注意的是，直接删除非空约束的操作并不是通过指定一个删除非空约束命令来完成的，而是通过修改列定义来移除这个约束。

```
ALTER TABLE tb_student MODIFY age INT;
ALTER TABLE tb_student CHANGE age INT;
```

如果想要验证字段是否按要求删除非空约束，可以使用 DESC 语句查看 tb_student 数据表的表结构信息，具体执行语句及运行结果如下：

```
mysql > DESC tb_student
+---------+--------------+------+-----+---------+-------+
| Field   | Type         | Null | Key | Default | Extra |
+---------+--------------+------+-----+---------+-------+
| id      | int          | NO   |     | NULL    |       |
| name    | varchar(20)  | NO   |     | NULL    |       |
| age     | int          | YES  |     | NULL    |       |
| email   | varchar(100) | NO   |     | NULL    |       |
+---------+--------------+------+-----+---------+-------+
```

需要注意以下几点。

（1）在执行这些操作之前，应确保了解它们如何影响数据库中的数据和未来的数据插入操作。

（2）如果列中有数据，并且当正在移除非空约束以允许 NULL 值时，应确保这是想要的行为，因为这将允许列中的现有记录和未来的新记录都包含 NULL 值。

（3）如果在移除非空约束后还想为列设置默认值，可以在 ALTER TABLE 语句中同时指定默认值（在支持这样做的数据库系统中）。但是，应注意，这通常是一个单独的操作，而不是移除非空约束操作的一部分。

2. 唯一约束

MySQL 中的唯一约束（Unique Constraint）用于保证数据库表中每一行数据的某个字段或字段组合的值都是唯一的，不会重复。这意味着，在表中对于设置了唯一约束的列或列组合，每一行的值都必须是唯一的，但允许有 NULL 值（除非列也被定义为 NOT NULL）。

1）创建唯一约束

下面通过一个示例加以介绍。数据表 tb_student 的结构信息如表 5-3 所示。

表 5-3　数据表 tb_student 的结构信息（唯一约束）

字段名称	数据类型	约束	备注
id	INT	唯一约束	学号
name	VARCHAR（20）		姓名
age	INT		年龄
email	VARCHAR（100）	唯一约束	电子邮件

（1）在创建表时添加唯一约束。

可以在创建表时通过 UNIQUE 关键字为单个列或多个列组合添加唯一约束：

```
CREATE TABLE tb_student(
    id INT COMMENT '学号'NOT NULL UNIQUE,
    name VARCHAR(20) COMMENT '姓名',
    age INT COMMNET '年龄',
    email VARCHAR(100) COMMENT '电子邮箱'UNIQUE
)COMMENT '学生信息表';
```

或者为多个列添加唯一约束

```
CREATE TABLE tb_student(
    id INT COMMENT '学号'NOT NULL,
    name VARCHAR(20) COMMENT '姓名',
    age INT COMMNET '年龄',
    email VARCHAR(100) COMMENT '电子邮箱',
    UNIQUE( id,email)
)COMMENT '学生信息表';
```

如果想要验证字段是否按要求添加唯一约束，可以使用 DESC 语句查看 tb_student 数据表的表结构信息，具体执行语句及运行结果如下：

```
mysql > DESC tb_student
+-------+--------------+------+-----+---------+-------+
| Field | Type         | Null | Key | Default | Extra |
+-------+--------------+------+-----+---------+-------+
| id    | int          | NO   | PRI | NULL    |       |
| name  | varchar(20)  | YES  |     | NULL    |       |
| age   | int          | YES  |     | NULL    |       |
| email | varchar(100) | YES  | UNI | NULL    |       |
+-------+--------------+------+-----+---------+-------+
```

（2）修改数据表时添加唯一约束。

如果已经创建了一个表，并希望为某个列或列组合添加唯一约束，可以使用 ALTER TABLE 语句：

```
ALTER TABLE tb_student ADD UNIQUE (email);
```

或者为多个列添加唯一约束

```
ALTER TABLE tb_student ADD UNIQUE (id, email);
```

如果想要验证字段是否按要求添加唯一约束，可以使用 DESC 语句查看 tb_student 数据表的表结构信息，具体执行语句及运行结果如下：

```
mysql > DESC tb_student
+--------+--------------+------+-----+---------+-------+
| Field  | Type         | Null | Key | Default | Extra |
+--------+--------------+------+-----+---------+-------+
| id     | int          | NO   | PRI | NULL    |       |
| name   | varchar(20)  | YES  |     | NULL    |       |
| age    | int          | YES  |     | NULL    |       |
| email  | varchar(100) | YES  | UNI | NULL    |       |
+--------+--------------+------+-----+---------+-------+
```

2）删除唯一约束

创建唯一约束时，会同时创建对应的唯一索引。删除唯一索引，就会删除唯一约束。删除字段中已有的唯一约束，可以通过 ALTER TABLE 中的 "DROP 索引名" 来实现。

例如，删除数据表 tb_student 中的 email 字段的唯一约束的代码如下：

```
ALTER TABLE tb_student DROP index email;
```

如果想要验证字段是否按要求删除唯一约束，可以使用 DESC 语句查看 tb_student 数据表的表结构信息，具体执行语句及运行结果如下：

```
mysql > DESC tb_student
+--------+--------------+------+-----+---------+-------+
| Field  | Type         | Null | Key | Default | Extra |
+--------+--------------+------+-----+---------+-------+
| id     | int          | NO   | PRI | NULL    |       |
| name   | varchar(20)  | YES  |     | NULL    |       |
| age    | int          | YES  |     | NULL    |       |
| email  | varchar(100) | YES  |     | NULL    |       |
+--------+--------------+------+-----+---------+-------+
```

3. 主键约束

MySQL 中的主键约束（Primary Key Constraint）是一种特殊的唯一约束，它用于唯一标识表中的每一行数据。主键约束保证了数据的唯一性和完整性，每个表只能有一个主键，而且主键列的值不能包含 NULL。

1）添加主键约束

主键约束可以通过 PRIMARY KEY 进行设置，对于一个数据表，主键约束具有唯一性，也就是说，每个数据表只能添加一个主键约束。跟其他约束一样，主键约束的设置也有两种方式，分别是创建数据表时设置主键约束和修改数据表时添加主键约束。数据表 tb_student 的结构信息如表 5-4 所示。

表 5-4　数据表 tb_student 的结构信息（主键约束）

字段名称	数据类型	约束	备注
id	INT	主键约束	学号
name	VARCHAR（20）	非空约束	姓名
age	INT		年龄
email	VARCHAR（100）	唯一约束	电子邮件

（1）创建数据表时设置主键约束。

与唯一约束的设置方式一样，可以在创建数据表时设置列级或者表级的主键约束，区别在于列级只能对单字段设置主键约束，表级可以对单字段或者多字段设置主键约束：

```
CREATE TABLE tb_student(
    id INT COMMENT '学号'PRIMARY KEY,
    name VARCHAR(20) COMMENT '姓名'NOT NULL,
    age INT COMMNET '年龄',
    email VARCHAR(100) COMMENT '电子邮箱'UNIQUE
)COMMENT '学生信息表';
```

如果想要验证字段是否按要求设置主键约束，可以使用 DESC 语句查看 tb_student 数据表的表结构信息，具体执行语句及运行结果如下：

```
mysql > DESC tb_student
+-------+--------------+------+-----+---------+-------+
| Field | Type         | Null | Key | Default | Extra |
+-------+--------------+------+-----+---------+-------+
| id    | int          | NO   | PRI | NULL    |       |
| name  | varchar(20)  | NO   |     | NULL    |       |
| age   | int          | YES  |     | NULL    |       |
| email | varchar(100) | YES  | UNI | NULL    |       |
+-------+--------------+------+-----+---------+-------+
```

从上述执行结果可以看出，"id"字段对应的"Key"列的说明为"PRI"，说明创建表时字段 ID 成功设置了主键约束。设置主键约束成功后，"Key"列的值会发生变化，是因为字段设置主键约束时，系统会自动为对应的字段设置主键索引，并且为对应的字段自动设置非空约束。

（2）修改数据表时添加主键约束。

如果数据表创建后，想要为此表添加主键约束，则与修改数据表时添加唯一约束类似，可以在 ALTER TABLE 语句中通过使用 MODIFY 或者 CHANGE 重新定义字段的方式添加，也可以通过 ALTER TABLE 语句中的 ADD 添加。需要注意的是，添加主键约束之前要确保数据表中不存在主键约束；否则添加操作会失败。

接下来，通过一个案例演示修改数据表时使用 ADD 给字段添加主键约束，具体 SQL 语句如下：

```
ALTER TABLE tb_student ADD PRIMARY KEY(email);
```

如果想要验证字段是否按要求修改主键约束，可以使用 DESC 语句查看 tb_student 数据表的表结构信息，具体执行语句及运行结果如下：

```
mysql > DESC tb_student
+--------+--------------+------+-----+---------+-------+
| Field  | Type         | Null | Key | Default | Extra |
+--------+--------------+------+-----+---------+-------+
| id     | int          | NO   |     | NULL    |       |
| name   | varchar(20)  | NO   |     | NULL    |       |
| age    | int          | YES  |     | NULL    |       |
| email  | varchar(100) | NO   | PRI | NULL    |       |
+--------+--------------+------+-----+---------+-------+
```

从上述执行结果可以看出，"email"字段的"Key"列为"PRI"，说明"email"字段成功添加了主键约束。

2）删除主键约束

对于设置错误或者不再需要的主键约束，可以通过 ALTER TABLE 语句中的 DROP 进行删除。由于主键约束在数据表中只能有一个，因此不需要指定主键约束对应的字段名称，可以直接删除。删除主键约束的同时，也会自动删除主键索引。

接下来，通过一个案例演示使用 DROP 删除数据表 tb_student 的主键约束，具体 SQL 语句如下：

```
ALTER TABLE tb_student DROP PRIMARY KEY；
```

如果想要验证字段是否按要求删除主键约束，可以使用 DESC 语句查看 tb_student 数据表的表结构信息，具体执行语句及运行结果如下：

```
mysql > DESC tb_student
+--------+--------------+------+-----+---------+-------+
| Field  | Type         | Null | Key | Default | Extra |
+--------+--------------+------+-----+---------+-------+
| id     | int          | NO   |     | NULL    |       |
| name   | varchar(20)  | NO   |     | NULL    |       |
| age    | int          | YES  |     | NULL    |       |
| email  | varchar(100) | NO   |     | NULL    |       |
+--------+--------------+------+-----+---------+-------+
```

从上述执行结果可以看出，"email"字段的"Key"列没有内容了，但是"Null"列还是显示"NO"，说明删除主键约束的同时自动将主键索引也删除了，但字段的非空约束并没有被同时删除。

4. 默认值约束

默认值约束用于给数据表中的字段指定默认值，即当在数据表中插入一条新记录时，如果没有为这个字段赋值，那么数据库系统会自动为这个字段插入指定的默认值。

接下来，对设置和删除默认值约束进行讲解。

1）设置默认值约束

字段的默认值约束可以在创建数据表时进行设置，也可以在修改数据表时进行添加。数据表 tb_student 的结构信息如表 5-5 所示。

表 5-5　数据表 tb_student 的结构信息（默认值约束）

字段名称	数据类型	约束	备注
id	INT	主键约束	学号
name	VARCHAR（20）	非空约束	姓名
age	INT	默认值约束	年龄
email	VARCHAR（100）	唯一约束	电子邮件

（1）创建数据表时设置默认值约束。

根据表 5-5 所列的信息创建数据表 tb_student，具体 SQL 语句如下：

```
CREATE TABLE tb_student(
    id INT COMMENT '学号'PRIMARY KEY,
    name VARCHAR(20) COMMENT '姓名'NOT NULL,
    age INT COMMNET '年龄'DEFAULT 18,
    email VARCHAR(100) COMMENT '电子邮箱'UNIQUE
)COMMENT '学生信息表';
```

如果想要验证字段是否按要求设置默认值约束，可以使用 DESC 语句查看 tb_student 数据表的表结构信息，具体执行语句及运行结果如下：

```
mysql > DESC tb_student

+-------+--------------+------+-----+---------+-------+
| Field | Type         | Null | Key | Default | Extra |
+-------+--------------+------+-----+---------+-------+
| id    | int          | NO   | PRI | NULL    |       |
| name  | varchar(20)  | NO   |     | NULL    |       |
| age   | int          | YES  |     | 18      |       |
| email | varchar(100) | YES  | UNI | NULL    |       |
+-------+--------------+------+-----+---------+-------+
```

从上述执行结果可以看出，"age"字段对应的"Default"列的信息为"18"，说明创建数据表 tb_student 时，成功地为"age"字段设置了默认值约束，默认值为"18"。

（2）修改数据表时添加默认值约束。

修改数据表时添加默认值约束与修改数据表时添加非空约束类似，可以在 ALTER TABLE 语句中通过 MODIFY 或者 CHANGE 重新定义字段的方式添加默认值约束。

接下来，通过一个案例演示修改数据表时使用 MODIFY 添加默认值约束。

例如，修改数据表 tb_student 时为"name"字段添加默认值约束（默认值为张三），具体 SQL 语句如下：

```
ALTER TABLE tb_student MODIFY name VARCHAR(20) DEFAULT '张三';
```

如果想要验证字段是否按要求添加默认值约束，可以使用 DESC 语句查看 tb_student 数据表的表结构信息，具体执行语句及运行结果如下：

```
mysql > DESC tb_student
+--------+--------------+------+-----+---------+-------+
| Field  | Type         | Null | Key | Default | Extra |
+--------+--------------+------+-----+---------+-------+
| id     | int          | NO   | PRI | NULL    |       |
| name   | varchar(20)  | NO   |     | 张三    |       |
| age    | int          | YES  |     | 18      |       |
| email  | varchar(100) | YES  | UNI | NULL    |       |
+--------+--------------+------+-----+---------+-------+
```

从上述执行结果可以看出，"name"字段对应的"Default"列的信息为"张三"，说明修改数据表 tb_student 时，成功地为"name"字段设置了默认值约束，默认值为"张三"。

2）删除默认值约束

当数据表中的某列不再需要设置默认值时，可以通过修改表的语句删除默认值约束。删除默认值约束也是通过 ALTER TABLE 语句中的 MODIFY 或者 CHANGE 重新定义字段的方式实现的。

接下来，通过一个案例演示使用 CHANGE 删除默认值约束。

例如，修改数据表 tb_student 时删除"name"字段的默认值"张三"，具体 SQL 语句如下：

```
ALTER TABLE tb_student CHANGE name VARCHAR(20);
```

如果想要验证字段是否按要求删除默认值约束，可以使用 DESC 语句查看 tb_student 数据表的表结构信息，具体执行语句及运行结果如下：

```
mysql > DESC tb_student
+--------+--------------+------+-----+---------+-------+
| Field  | Type         | Null | Key | Default | Extra |
+--------+--------------+------+-----+---------+-------+
| id     | int          | NO   | PRI | NULL    |       |
| name   | varchar(20)  | NO   |     | NULL    |       |
| age    | int          | YES  |     | 18      |       |
| email  | varchar(100) | YES  | UNI | NULL    |       |
+--------+--------------+------+-----+---------+-------+
```

从上述执行结果可以看出，"name"字段对应的"Default"列的信息为"NULL"，说明修改数据表 tb_student 时，成功地删除了"name"字段的默认值约束。

5. 自动增长

在实际开发中，有时需要为数据表中添加的新记录自动生成主键值。例如，在员工数据表中添加员工信息时，如果手动填写员工工号，需要在添加员工前查询工号是否被其他员工占用，由于先查询后再添加需要一段时间，有可能会出现并发操作时工号被其他人抢占的问题。此时，可以为"员工工号"段设置自动增长，设置自动增长后，如果往该字段插入时，MySQL 会自动生成唯一的自动增长值。

1）设置自动增长的方式

通过给字段设置 AUTO_INCREMENT 即可实现自动增长。设置自动增长的方式有两种，分别为创建数据表时设置自动增长和修改数据表时添加自动增长，具体如下。

（1）创建数据表时设置自动增长。创建数据表时给字段设置自动增长，基本语法格式如下：

```
CREATE TABLE 表名(
    字段名 数据类型 约束 AUTO_INCREMENT,
    ...
);
```

上述语法中，"AUTO_INCREMENT" 表示设置字段自动增长。

（2）修改数据表时添加自动增长。修改数据表时添加字段自动增长，可以使用 ALTER TABLE 语句，通过 MODIFY 子句或 CHANGE 子句以重新定义字段的方式添加，基本语法如下：

```
# 语法 1,MODIFY 子句
ALTER TABLE 表名 MODIFY 字段名 数据类型 AUTO_INCREMENT;
# 语法 2,CHANGE 子句
ALTER TABLE 表名 CHANGE 字段名 字段名 数据类型 AUTO_INCREMENT;
```

2）使用 AUTO_INCREMENT 时的注意事项

（1）一个数据表中只能有一个字段设置 AUTO_INCREMENT，设置 AUTO_INCREMENT 字段的数据类型应该是证书类型，并且该字段必须设置了唯一约束或主键约束。

（2）如果为自动增长字段插入 NULL、0、DEFAULT，或在插入数据时省略了自动增长字段，则该字段会使用自动增长值；如果插入的是一个具体值，则不会使用自动增长值。

（3）默认情况下，设置 AUTO_INCREMENT 字段值从 1 开始自增。如果插入了一个大于自动增长值的具体值，则下次插入的自动增长值会自动使用最大值加 1；如果插入的值小于自动增长值，则不会对自动增长值产生影响。

（4）使用 DELETE 语句删除数据时，自动增长值不会减少或者填补空缺。

（5）在为字段删除自动增长并重新添加自动增长后，自动增长的初始值会自动设为该列现有的最大值加 1。

（6）在修改自动增长值时，修改的值若小于该列现有的最大值，则修改不会生效。

3）使用自动增长示例

下面通过案例演示自动增长的使用，具体示例如下。

（1）创建数据表 my_auto，为"id"字段设置自动增长，具体 SQL 语句如下：

```
CREATE TABLE my_auto(
    id INT PRIMARY KEY AUTO_INCREMENT,
    username VARCHAR(20)
);
```

上述 SQL 语句中，为"id"字段设置主键约束和自动增长，在添加数据时可以省略"id"字段的值。

（2）使用 DESC 语句查看 my_auto 的表结构，验证"id"字段是否成功设置主键约束和自动增长，具体 SQL 语句及执行结果如下：

```
mysql> DESC my_auto;
+-----------+-------------+------+-----+---------+----------------+
| Field     | Type        | Null | Key | Default | Extra          |
+-----------+-------------+------+-----+---------+----------------+
| id        | int         | NO   | PRI | NULL    | auto_increment |
| username  | varchar(20) | YES  |     | NULL    |                |
+-----------+-------------+------+-----+---------+----------------+
```

从上述执行结果可以看出，"id"字段的"Key"列的值为"PRI"，说明该字段已经成功添加主键约束，并且该字段的"Null"列的值为"NO"，表示该字段不能为空，"Extra"列的值为"auto_increment"，说明已经成功为字段设置自动增长。

（3）添加数据进行测试。添加数据时，省略"id"字段，具体 SQL 语句及执行结果如下：

```
mysql> INSERT INTO my_auto (username) VALUES('a');
Query OK, 1 row affected (0.01 sec)
# 查询结果
mysql> SELECT * FROM my_auto;
+----+----------+
| id | username |
+----+----------+
| 1  | a        |
+----+----------+
```

上述 SQL 语句中，在添加数据时，省略了"id"字段。由执行结果可知，"id"字段的值会使用自动增长值，从 1 开始。

（4）添加数据时，在"id"字段中插入"NULL"值，具体 SQL 语句及执行结果如下：

```
mysql> INSERT INTO my_auto VALUES (NULL,'b');
Query OK, 1 row affected (0.00 sec)
# 查询结果
mysql> SELECT * FROM my_auto;
+----+----------+
| id | username |
+----+----------+
| 1  | a        |
| 2  | b        |
+----+----------+
```

上述 SQL 语句中，在添加数据时，设置"id"字段值为"NULL"。由执行结果可知，"id"字段的值将会使用自动增长值，即该字段值会自动加 1。

（5）添加数据时，在"id"字段中插入具体值 5，具体 SQL 语句及执行结果如下：

```
mysql> INSERT INTO my_auto VALUES (5,'c');
Query OK, 1 row affected (0.00 sec)
# 查询结果
mysql> SELECT * FROM my_auto;
+----+----------+
| id | username |
+----+----------+
| 1  | a        |
| 2  | b        |
| 5  | c        |
+----+----------+
```

上述 SQL 语句中，在添加数据时，设置"id"字段值为"5"。由执行结果可知，"id"字段的值从 5 开始自增。

（6）添加数据时，在"id"字段中插入"0"，具体 SQL 语句及执行结果如下：

```
mysql> INSERT INTO my_auto VALUES (0,'d');
Query OK, 1 row affected (0.00 sec)
# 查询结果
mysql> SELECT * FROM my_auto;
+----+----------+
| id | username |
+----+----------+
| 1  | a        |
| 2  | b        |
| 5  | c        |
| 6  | d        |
+----+----------+
```

上述 SQL 语句中，在添加数据时，设置"id"字段值为"0"。由执行结果可知，id 字段的值会在 5 的基础上加 1。

（7）添加数据时，在"id"字段中插入"DEFAULT"值，具体 SQL 语句及执行结果如下：

```
mysql> INSERT INTO my_auto VALUES (DEFAULT,'e');
Query OK, 1 row affected (0.00 sec)
# 查询结果
mysql> SELECT * FROM my_auto;
+----+----------+
| id | username |
+----+----------+
| 1  | a        |
| 2  | b        |
| 5  | c        |
| 6  | d        |
| 7  | e        |
+----+----------+
```

上述 SQL 语句中,在添加数据时,设置"id"字段值为"DEFAULT"。由执行结果可知,"id"字段的值会在 6 的基础上加 1。

(8) 使用 SHOW CREATE TABLE 语句查看自动增长值,具体 SQL 语句及执行结果如下:

```
mysql> SHOW CREATE TABLE my_auto\G
* * * * * * * * * * * * * * * * * * * * * * 1. row * * * * * * * * * * * * * * * * * * * * * * *
        Table: my_auto
Create Table: CREATE TABLE 'my_auto'(
    'id' int NOT NULL AUTO_INCREMENT,
    'username' varchar(20) DEFAULT NULL,
    PRIMARY KEY ('id')
) ENGINE=InnoDB AUTO_INCREMENT=8 DEFAULT CHARSET=utf8mb4 COLLATE=utf8mb4_0900_
ai_ci
```

上述执行结果中,"AUTO_INCREMENT=8"表示下次插入的自动增长值为 8。若在下次插入时指定了大于 8 的值,此处的 8 会自动更新为下次插入的值加 1。

5.1.3 使用图形化工具创建表并设置约束条件

打开 Navicat 软件,登录数据库账号,创建链接,选择想要创建数据表的数据库并单击右键,在弹出的快捷菜单中选择"新建表"命令,如图 5-1 所示。

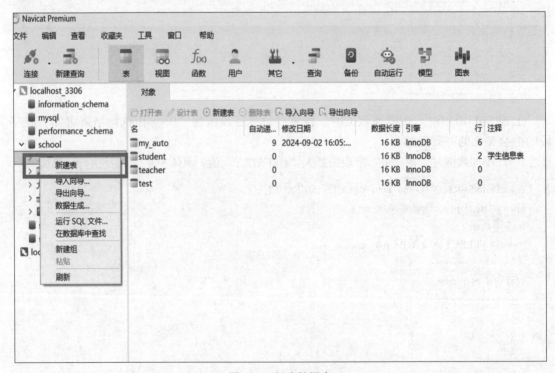

图 5-1　新建数据表

在设计数据表结构界面,单击"保存"按钮对新建的数据表进行保存。单击"保存"

按钮后会弹出一个输入表名的弹窗，输入数据表名称后单击"保存"按钮即可，如图 5-2 所示。

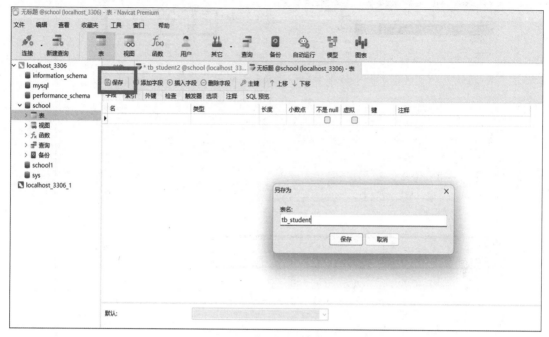

图 5-2　单击"保存"按钮

打开数据表设计界面，按照要求写入字段名、字段的数据类型以及相对应的约束条件，如图 5-3 所示。

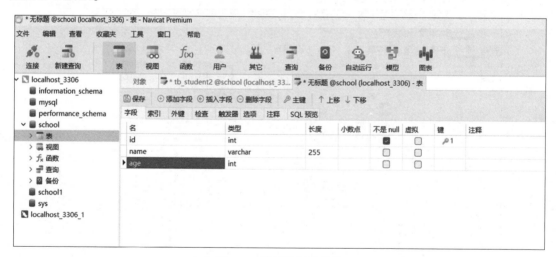

图 5-3　设计数据表结构

设计数据表结构的同时可以设置约束条件。非空约束（NOT NULL）和主键约束（Primary Key）通过选择"不是 null"和"键"来确定，其中主键约束也可以通过上端主键按钮来设置，默认值约束通过下方的"默认"选项进行设置。如果想要对某个字段设置自动增长（AUTO_ INCREMENT），可以通过"默认"选项区中的"自动递增"选项设置，如图 5-4所示。

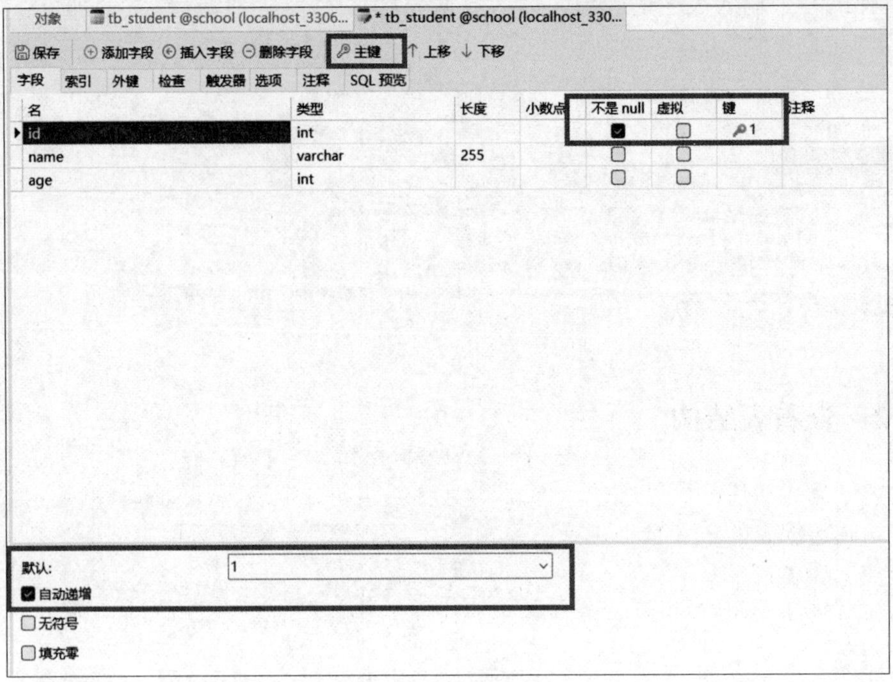

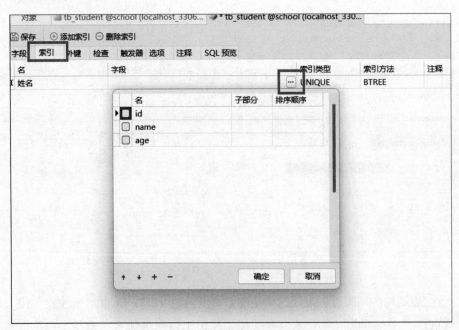

图 5-4　设置约束条件

通过索引菜单可以设置唯一约束（UNIQUE）。单击"索引"菜单项，在索引界面上写入唯一约束名，在对应的字段中单击右侧…按钮，在已添加的字段中选择相应的字段，单击"确定"按钮即可，如图 5-5 所示。

图 5-5　设置唯一约束

完成以上操作后，在索引界面中可以看到添加唯一约束字段的信息，如图 5-6 所示。

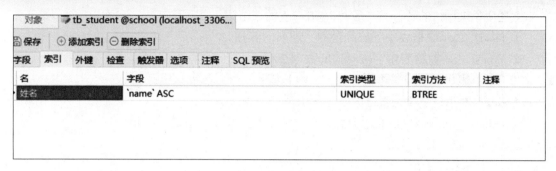

图5-6 设置唯一约束

任务 5.2 查看表结构

数据表创建成功后，可以通过 SQL 语句对已创建的数据表进行查看，以确定数据表是否创建成功和数据表的定义是否正确。在 MySQL 数据库中，查看数据表结构是数据库管理和维护中常见的要求。

在 MySQL 数据库中，使用 SQL 语句查看数据表结构有 3 种方式。

1. 使用 DESCRIBE 或 DESC 语句

DESCRIBE 语句（或其简写形式 DESC）是查看表结构最常用和最简单的方法。它会列出表中的所有列，包括列名、数据类型、是否允许为空（NULL）、键信息、默认值以及其他属性。

使用 DESCRIBE 语句查看数据表的语法格式如下：

```
DESCRIBE 数据表名;
```
或者
```
DESC 数据表名;
```

这两种查看数据表结构的方式其结果都是一样的，DESC 为简化书写方式，本书后续查看数据表结构时，都使用"DESC 数据表名;"的方式。

利用 DESCRIBE 或者 DESC 方式可以查看之前创建的 tb_student 数据表，具体 SQL 语句如下：

```
DESCRIBE tb_student;
```
或者
```
DESC tb_student;
```

执行语句的结果如下：

```
+--------+--------------+------+-----+---------+-------+
| Field  | Type         | Null | Key | Default | Extra |
+--------+--------------+------+-----+---------+-------+
| id     | int          | YES  |     | 99      |       |
| name   | varchar(20)  | YES  |     | NULL    |       |
| age    | int          | YES  |     | 18      |       |
| email  | varchar(100) | NO   |     | NULL    |       |
+--------+--------------+------+-----+---------+-------+
```

上述命令执行结果显示了数据表 tb_student 的表结构信息，其中第一行字段的含义如下。

① Field：表示数据表中字段的名称，即列的名称。

② Type：表示数据表中字段对应的数据类型。

③ Null：表示该字段是否可以存储 NULL 值。

④ Key：表示该字段是否已经建立索引。

⑤ Default：表示该字段是否有默认值，如果有则显示对应的默认值。

⑥ Extra：表示与字段相关的附加信息。

2. 使用 SHOW CREATE TABLE 语句

SHOW CREATE TABLE 语句返回创建表时所使用的 SQL 语句。这不仅提供了列的信息，还包括表的存储引擎、字符集、索引等所有创建表时定义的选项。

使用 SHOW CREATE TABLE 语句查看数据表创建语句的基本语法格式如下：

```
SHOW CREATE TABLE 数据表名;
```

利用 SHOW CREATE TABLE 语句查看 tb_student 数据表创建的语句，具体 SQL 语句如下：

```
SHOW CREATE TABLE tb_student;
```

执行语句的结果为：

```
+------------+------------------------------------------------------------+
| Table      | Create Table                                               |
+------------+------------------------------------------------------------+
| tb_student | CREATE TABLE 'tb_student'(
    'id' int DEFAULT '99' COMMENT '学号',
    'name' varchar(20) DEFAULT NULL COMMENT '姓名',
    'age' int DEFAULT '18' COMMENT '年龄',
    'email'varchar(100) NOT NULL COMMENT '邮箱'
) ENGINE=InnoDB DEFAULT CHARSET=utf8mb4 COLLATE=utf8mb4_0900_ai_ci
COMMENT='学生信息表'                                                    |
+------------------------------------------------------------+
```

从上述执行结果可以看到 tb_student 数据表的创建语句。

3. 使用 SHOW TABLES 语句

选择数据库后，可以通过 SHOW TABLES 语句查看当前数据库中的所有数据表，基本语法格式如下：

```
SHOW TABLES [LIKE 'pattern'| WHERE expr];
```

在这个语法中，LIKE 子句和 WHERE 子句为可选项，如果不添加可选项，表示查看当前数据库中所有的数据表；如果添加可选项，则按照 LIKE 子句的匹配结果或者 WHERE 子句的匹配结果查看数据表。

接下来，使用 SHOW TABLES 语句查看当前 school 数据库中所有的数据表，以验证之前项目里创建的 tb_student 数据表是否创建成功，具体 SQL 语句如下：

```
SHOW TABLES school;
```

执行语句的结果为：

```
+------------------+
| Tables_in_school |
+------------------+
| tb_student       |
| tb_student01     |
| tb_student02     |
| test             |
+------------------+
```

从上述结果可以看出，school 数据库中有 tb_student、tb_student01、tb_student02 和 test 这 4 个数据表。

任务 5.3　修改数据表

修改数据表是数据库管理中的一个核心任务，其目的在于保持数据库结构的灵活性和适应性，以满足不断变化的业务需求。随着业务的发展，可能需要向表中添加新的列以存储额外信息，或者修改现有列的数据类型以适应新的数据类型要求。此外，当数据表不再需要某些列时，删除这些列可以优化表的结构，减少存储空间的使用。修改数据表是维护数据库健康、优化性能和满足业务需求的关键步骤。通过灵活地调整表结构，可以确保数据库始终与业务目标保持一致，并为用户提供准确、可靠的数据支持。

5.3.1　修改数据表名

在 MySQL 中，修改数据表名称有两条语句。

1. ALTER TABLE 语句

使用 ALTER TABLE 语句修改数据表名称，基本语法结构如下：

```
ALTER TABLE 旧表名 RENAME [TO|AS] 新表名;
```

上述语法中，RENAME 后面可以添加 TO 或者 AS，也可以省略 TO 或者 AS，效果相同。

使用上述语法结构，对已经创建的数据表 tb_student 的名称改成 student 的具体 SQL 语句及执行结果如下：

```
ALTER TABLE tb_student RENAME student;
+------------------+
| Tables_in_school |
+------------------+
| student          |
| tb_student01     |
| tb_student02     |
| test             |
+------------------+
```

从执行结果可以看出，在 school 数据库中原先的 tb_student 数据表的名称变为了 student。

2. RENAME TABLE 语句

使用 RENAME TABLE 语句修改数据表名称，基本语法结构如下：

```
REAME TABLE 旧表名 1 TO 新表名 1[,旧表名 2 TO 新表名 2]…;
```

上述语法可以同时修改多个数据表的名称。

使用上述语法结构，对已经创建的数据表 tb_student01 的名称改成 tb_student1、tb_student02 的名称改成 tb_student2 的具体 SQL 语句及执行结果如下：

```
RENAME TABLE tb_student01 TO tb_student1, tb_student02 TO tb_student2;
+------------------+
| Tables_in_school |
+------------------+
| student          |
| tb_student1      |
| tb_student2      |
| test             |
+------------------+
```

从执行结果可以看出，在 school 数据库中原先的 tb_student01、tb_student02 数据表的名称变为了 tb_student1 和 tb_student2。

5.3.2 修改数据表的字段名

在 MySQL 语句中，通过 ALTER TABLE 语句中的 CHANGE 子句和 RENAME COLUMN 子句可以修改字段名。

1. CHANGE 子句

使用 CHANGE 语句修改数据表的字段名，基本语法结构如下：

```
ALTER TABLE 表名 CHANGE [COLUMN] 旧字段名 新字段名 数据类型；
```

上述语法中，各部分的含义如下。

① 旧字段名：修改前的字段名。

② 新字段名：修改后的字段名。

③ 数据类型：修改后字段的数据类型不能为空，即使新字段的数据类型与旧字段的数据类型相同，也必须设置。

使用上述语法结构，对已经创建的数据表 tb_student 的"id"字段改成"num"的具体 SQL 语句及执行结果如下：

```
ALTER TABLE tb_student CHANGE id num INT;
+--------+--------------+------+-----+---------+-------+
| Field  | Type         | Null | Key | Default | Extra |
+--------+--------------+------+-----+---------+-------+
| num    | int          | YES  |     | NULL    |       |
| name   | varchar(20)  | YES  |     | NULL    |       |
| age    | int          | YES  |     | 18      |       |
| email  | varchar(100) | NO   |     | NULL    |       |
+--------+--------------+------+-----+---------+-------+
```

从执行结果可以看出，在 tb_student 数据表中原先的"id"字段变为了名为"num"的字段。

2. RENAME COLUMN 子句

使用 RENAME COLUMN 语句修改数据表的字段名，基本语法结构如下：

ALTER TABLE 表名 RENAME COLUMN 旧字段名 TO 新字段名；

上述语法中，RENAME COLUMN 子句只能修改字段名称，不能修改该字段的其他信息。所以，如果只需要修改字段的名称，使用 RENAME COLUMN 子句更加快速方便。

使用上述语法结构，对已经创建的数据表 tb_student 的"email"字段改成"phone"的具体 SQL 语句及执行结果如下：

```
ALTER TABLE tb_student RENAME COLUMN email TO phone；
+-------+--------------+------+-----+---------+-------+
| Field | Type         | Null | Key | Default | Extra |
+-------+--------------+------+-----+---------+-------+
| num   | int          | YES  |     | NULL    |       |
| name  | varchar(20)  | YES  |     | NULL    |       |
| age   | int          | YES  |     | 18      |       |
| phone | varchar(100) | NO   |     | NULL    |       |
+-------+--------------+------+-----+---------+-------+
```

从执行结果可以看出，在 tb_student 数据表中原先的"email"字段变为了名为"phone"的字段。

5.3.3　修改字段的数据类型

在 MySQL 中，通过 ALTER TABLE 语句的 MODIFY 子句和 CHANGE 子句都可以修改字段的数据类型，CHANGE 子句的用法已经在 5.3.2 节中讲过了，这里就不再赘述，本节主要介绍使用 MODIFY 子句修改字段数据类型的方式。

使用 MODIFY 子句修改字段数据类型，基本语法结构如下：

ALTER TABLE 表名 MODIFY [COLUMN] 字段名 新数据类型；

上述语法中，新数据类型指修改后的数据类型。

使用上述语法结构，对已经创建的数据表 tb_student 的"phone"字段数据类型从 varchar 改成 int 的具体 SQL 语句及执行结果如下：

```
ALTER TABLE tb_student MODIFY phone INT；
+-------+-------------+------+-----+---------+-------+
| Field | Type        | Null | Key | Default | Extra |
+-------+-------------+------+-----+---------+-------+
| num   | int         | YES  |     | NULL    |       |
| name  | varchar(20) | YES  |     | NULL    |       |
| age   | int         | YES  |     | 18      |       |
| phone | int         | NO   |     | NULL    |       |
+-------+-------------+------+-----+---------+-------+
```

从执行结果可以看出，在 tb_student 数据表中"phone"字段的数据类型从原来的

varchar 变为了名为 int 的数据类型。

5.3.4 修改字段的排列位置

在 MySQL 中，如果想要在数据表创建后修改字段的排列位置，可以使用 ALTER TABLE 语句的 MODIFY 子句和 CHANGE 子句来实现。

1. MODIFY 子句

使用 MODIFY 子句修改字段的排列位置，基本语法结构如下：

ALTER TABLE 表名 MODIFY 字段名 数据类型 FIRST；

上述语法中，"FIRST"表示将表中指定的字段修改为表的第一个字段。

ALTER TABLE 表名 MODIFY 字段名 1 数据类型 AFTER 字段名 2；

上述语法中，"AFTER"表示将"字段名 1"移动到"字段名 2"的后面。字段的数据类型不需要修改，和原来的数据类型保持一致即可，但不能省略。

使用上述语法结构，对已经创建的数据表 tb_student 的"name"字段移动到第一个位置；同时，"age"字段移动到"phone"字段后面的 SQL 语句及执行结果如下：

ALTER TABLE tb_student MODIFY name VARCHAR(20) FIRST；
ALTER TABLE tb_student MODIFY age INT AFTER phone；

```
+--------+-------------+------+-----+---------+-------+
| Field  | Type        | Null | Key | Default | Extra |
+--------+-------------+------+-----+---------+-------+
| name   | varchar(20) | YES  |     | NULL    |       |
| num    | int         | YES  |     | NULL    |       |
| phone  | int         | YES  |     | NULL    |       |
| age    | int         | YES  |     | NULL    |       |
+--------+-------------+------+-----+---------+-------+
```

从执行结果可以看出，在 tb_student 数据表中第一个字段变成"name"字段，"age"字段移动到了"phone"字段的后面位置。

2. CHANGE 子句

CHANGE 子句除了可以修改字段名称和字段数据类型外，还可以修改字段的排列位置。使用 CHANGE 子句修改字段的排列位置，基本语法结构如下：

ALTER TABLE 表名 CHANGE 字段名 字段名 数据类型 FIRST；

上述语法中，"FIRST"表示将表中指定的字段修改为表的第一个字段。

ALTER TABLE 表 CHANGE 字段名 1 字段名 1 数据类型 AFTER 字段名 2；

上述语法中，"AFTER"表示将"字段名 1"移动到"字段名 2"的后面。字段的数据类型不需要修改，与原来的数据类型保持一致即可，但不能省略。

使用上述语法结构，对已经创建的数据表 tb_student 的"num"字段重新移动到第一个位置；同时，"phone"字段移动到"age"字段的后面的 SQL 语句及执行结果如下：

```
ALTER TABLE tb_student CHANGE num num INT FIRST;
ALTER TABLE tb_student CHANGE phone phone INT AFTER age;
+-------+-------------+------+-----+---------+-------+
| Field | Type        | Null | Key | Default | Extra |
+-------+-------------+------+-----+---------+-------+
| num   | int         | YES  |     | NULL    |       |
| name  | varchar(20) | YES  |     | NULL    |       |
| age   | int         | YES  |     | NULL    |       |
| phone | int         | YES  |     | NULL    |       |
+-------+-------------+------+-----+---------+-------+
```

从执行结果可以看出，在 tb_student 数据表中第一个字段变回"num"字段，"age"字段和"phone"字段的位置也恢复到原来的位置。

5.3.5 添加字段

在 MySQL 中，数据表创建后如果想要添加新字段，可以使用 ALTER TABLE 语句的 ADD 子句来实现，并且可以添加一个或多个字段。

使用 ADD 子句添加一个字段的基本语法结构如下：

ALTER TABLE 表名 ADD［COLUMN］新字段名 数据类型［FIRST|AFTER 字段名］;

上述语法中，"FIRST"表示将数据表中新字段名添加为数据表的第一个字段；"AFTER"表示将新字段添加到指定字段的后面。若不指定字段添加位置，则新字段默认添加到数据表的最后。

使用 ADD 子句添加多个字段，基本语法结构如下：

ALTER TABLE 表名 ADD［COLUMN］(新字段名 1,数据类型 1,新字段名 2,数据类型 2,...);

上述语法中，同时添加多个新字段时不能指定字段的添加位置。

使用上述语法结构，对已经创建的数据表 tb_student 添加"gender""score""dep"字段的 SQL 语句及执行结果如下：

```
ALTER TABLE tb_student ADD gender VARCHAR(10);
ALTER TABLE tb_student ADD (score INT,dep VARCHAR(20));
+--------+-------------+------+-----+---------+-------+
| Field  | Type        | Null | Key | Default | Extra |
+--------+-------------+------+-----+---------+-------+
| num    | int         | YES  |     | NULL    |       |
| name   | varchar(20) | YES  |     | NULL    |       |
| age    | int         | YES  |     | NULL    |       |
| phone  | int         | YES  |     | NULL    |       |
| gender | varchar(10) | YES  |     | NULL    |       |
| score  | int         | YES  |     | NULL    |       |
| dep    | varchar(20) | YES  |     | NULL    |       |
+--------+-------------+------+-----+---------+-------+
```

从执行结果可以看出，在 tb_student 数据表的最后位置，已经添加了"gender""score""dep"这 3 个字段。

5.3.6 删除字段

数据表创建成功后，不仅可以修改字段，还可以删除字段。删除字段是指将某个字段从数据表中删除。

在 MySQL 中，可以使用 ALTER TABLE 语句的 DROP 子句来实现。

使用 DROP 子句删除一个字段，基本语法结构如下：

```
ALTER TABLE 表名 DROP[COLUMN] 字段名 1[, DROP 字段名 2]…;
```

上述语法中，DROP 子句可以删除一个或多个字段。

使用上述语法结构，对已经创建的数据表 tb_student 中删除"score"和"dep"字段的 SQL 语句及执行结果如下：

```
ALTER TABLE tb_student DROP score,DROP dep;
+---------+-------------+------+-----+---------+-------+
| Field   | Type        | Null | Key | Default | Extra |
+---------+-------------+------+-----+---------+-------+
| num     | int         | YES  |     | NULL    |       |
| name    | varchar(20) | YES  |     | NULL    |       |
| age     | int         | YES  |     | NULL    |       |
| phone   | int         | YES  |     | NULL    |       |
| gender  | varchar(10) | YES  |     | NULL    |       |
+---------+-------------+------+-----+---------+-------+
```

从执行结果可以看出，"score"和"dep"字段已经成功从 tb_student 数据表删除。

任务 5.4　删除数据表

MySQL 中删除数据表是一个直接且关键的操作，它允许用户从数据库中永久移除表及其所有数据。执行此操作时，应当格外小心，因为一旦表被删除，所有存储在该表中的数据都将无法恢复。删除数据表可以通过 SQL 语句"DROP TABLE 表名；"来完成。这个命令不仅移除了表结构，也清除了表中的所有数据行。如果表与其他表存在外键约束，可能还需要先处理这些约束；否则操作可能会失败。因此，在执行删除表操作之前，务必确认该操作是必需的，并且已经做好了相应的数据备份。

在 MySQL 中，删除数据表可以使用 DROP TABLE 语句来实现。使用 DROP TABLE 语句可以同时删除一张或多张数据表，基本语法结构如下：

```
DROP [TEMPORARY] TABLE [IF EXISTS] 表名 1[,表名 2]…;
```

上述语法中，"TEMPORARY"为可选项，表示临时表，如果要删除临时表，可以通过该选项来删除；"IF EXISTS"为可选项，表示在删除前判断数据表是否存在，使用该选项可以避免删除不存在的数据表导致语句执行错误。

使用上述语法结构，删除 school 数据库中的 tb_student2 的 SQL 语句及执行结果如下：

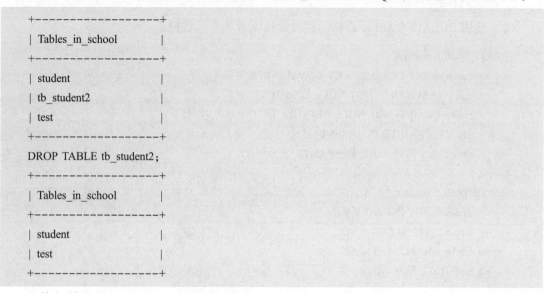

```
+-------------------+
| Tables_in_school  |
+-------------------+
| student           |
| tb_student2       |
| test              |
+-------------------+
DROP TABLE tb_student2;
+-------------------+
| Tables_in_school  |
+-------------------+
| student           |
| test              |
+-------------------+
```

从执行结果可以看出，进行删除操作之前，school 数据库中有 student、tb_student2、test 这 3 个数据表，执行 DROP 语句删除一个数据表后，school 数据库中只留下两个数据表。

项目实训

【任务要求】

创建一个 school 数据库，在该数据库中创建教师数据表（teacher）和学生数据表（student），数据表结构信息参考表 5-6 和表 5-7。

表 5-6　教师数据表（teacher）的结构信息

字段名称	数据类型	NULL 值	键	默认值	备注
teacherno	INT	NOT NULL	主键	无	教师编号
tname	CHAR(8)	NOT NULL		无	姓名
gender	CHAR(2)	NOT NULL		男	性别
title	CHAR(12)	NULL		无	职称
birth	DATE	NOT NULL		无	出生年月

表 5-7　学生数据表（student）的结构信息

字段名称	数据类型	NULL 值	键	默认值	备注
studentno	INT	NOT NULL	主键	无	教师编号
sname	CHAR(8)	NOT NULL		无	姓名
gender	CHAR(2)	NOT NULL		男	性别
birth	DATE	NOT NULL		无	出生年月

【任务实现】

（1）使用 CREATE DATABASE 语句创建 school 数据库：

```
CREATE DATABASE school;
```

（2）使用 CREATE TABLE 语句创建教师数据表和学生数据表：

```
CREATE TABLE teacher(
    -> teacherno INT PRIMARY KEY COMMENT '教师编号',
    -> tname VARCHAR(8) NOT NULL COMMENT '姓名',
    -> gender CHAR(1) NOT NULL DEFAULT '男' COMMENT '性别',
    -> title VARCHAR(12) COMMENT '职称',
    -> birth DATE NOT NULL COMMENT '出生年月'
    -> );
CREATE TABLE student(
    -> studentno INT PRIMARY KEY,
    -> sname CHAR(8) NOT NULL,
    -> gender CHAR(2) DEFAULT '男',
    -> birth DATE NOT NULL
    -> );
```

（3）使用 DESC 语句查看教师数据表和学生数据表，确认两个数据表是否成功创建：

```
mysql> DESC teacher;
+-----------+----------+------+-----+---------+-------+
| Field     | Type     | Null | Key | Default | Extra |
+-----------+----------+------+-----+---------+-------+
| teacherno | int      | NO   | PRI | NULL    |       |
| tname     | char(8)  | NO   |     | NULL    |       |
| gender    | char(2)  | YES  |     | 男      |       |
| title     | char(12) | YES  |     | NULL    |       |
| birth     | date     | NO   |     | NULL    |       |
+-----------+----------+------+-----+---------+-------+

mysql> DESC student;
+-----------+----------+------+-----+---------+-------+
| Field     | Type     | Null | Key | Default | Extra |
+-----------+----------+------+-----+---------+-------+
| studentno | int      | NO   | PRI | NULL    |       |
| sname     | char(8)  | NO   |     | NULL    |       |
| gender    | char(2)  | YES  |     | 男      |       |
| birth     | date     | NO   |     | NULL    |       |
+-----------+----------+------+-----+---------+-------+
```

项目考核

一、填空题

1. 在 MySQL 中，对数据表进行操作之前，需要使用_____语句选择数据库。

2. 在 MySQL 中，主键约束通过＿＿＿＿＿＿关键字进行设置。

3. 在 MySQL 中，唯一约束通过＿＿＿＿＿＿关键字进行设置。

4. 在 MySQL 中，删除数据表通过＿＿＿＿＿＿＿＿＿＿＿语句实现。

5. 在 MySQL 中，非空约束通过＿＿＿＿＿＿关键字进行设置

二、选择题

1. 下列选项中，可以查看数据表结构信息的语句是（　　　）。

A. SHOW TABLES；　　　　　　　　B. DESC 数据表名；

C. SHOW TABLE；　　　　　　　　　D. SHOW CREATE TABLE 数据表名；

2. 下列数据表中，可以被语句"SHOW TABLES LIKE 'sh_'"查询到的是（　　　）。

A. fish　　　　　　　　　　　　　B. mydb

C. she　　　　　　　　　　　　　D. unshift

3. 下列选项中，对约束的描述，错误的是（　　　）。

A. 每个数据表中最多只能设置一个主键约束

B. 非空约束通过 NOT NULL 进行设置

C. 唯一约束通过关键字 UNIQUE 进行设置

D. 一个数据表中只能设置一个唯一约束

4. 下列选项中，可以删除数据库的是（　　　）。

A. DELETE DATABASE　　　　　　　B. DROP DATABASE

C. ALTER DATABASE　　　　　　　　D. CREAT DATABASE

5. 下列选项中，可以在修改数据表时将字段"id"设置在数据表第一列的是（　　　）。

A. ALTER TABLE dept MODIFY FIRST id INT；

B. ALTER TABLE dept MODIFY id INT FIRST；

C. ALTER TABLE dept MODIFY AFTER id INT；

D. ALTER TABLE dept MODIFY id INT AFTER；

三、简答题

1. 简述什么是主键约束。

2. 简述什么是唯一约束。

3. 简述如何在创建数据表或修改数据表时添加 NOT NULL 约束。

項目 6

数据的插入、修改和删除操作

【项目导读】

　　通过项目 5 的学习，已经能够完成数据库表的创建、查看、修改和删除等操作，同时还可以对字段进行相关约束操作。要想对某个数据表中的数据进行添加、修改和删除等操作，还需要学习相关数据操作的语句。本项目将介绍插入数据、修改数据、删除数据的 SQL 语句和图形化工具的用法。

【学习目标】

知识目标：

- 熟悉 INSERT 语句的语法，能够归纳 INSERT 语句的语法形式；
- 熟悉 UPDATE 语句的语法，能够归纳 UPDATE 语句的语法形式；
- 熟悉 DELETE 语句的语法，能够归纳 DELETE 语句的语法形式。

技能目标：

- 掌握数据表中数据的添加操作，能够添加单条数据和添加多条数据；
- 掌握数据表中数据的更新操作，能够更新部分数据和更新全部数据；
- 掌握数据表中数据的删除操作，能够删除部分数据和删除全部数据。

素质目标：

- 具备良好的逻辑思维能力；
- 具备严谨的工作态度；
- 具备持续学习的能力；
- 具备良好的团队合作精神；
- 具备问题解决能力。

任务 6.1　插入数据

MySQL 中插入数据的主要目的是将数据持久化存储到数据库中，以便进行后续的数据查询、更新、删除以及数据分析等操作。通过插入数据，可以将业务信息、用户资料、交易记录等各种类型的数据保存在数据库中，形成结构化的数据存储仓库。插入数据是数据库操作中不可或缺的一环，对于实现数据的集中管理、共享和利用具有重要意义。

在 MySQL 中，使用 INSERT 语句可以向数据表中添加单条或者多条数据，该语句有指定字段和省略字段两种语法。本节将对数据表中插入数据的操作进行详细讲解。

6.1.1　使用 SQL 语句插入数据

1. 插入单条数据

1）指定字段添加数据的语句

使用 INSERT 语句插入数据时，如果插入值的数量或顺序与数据表定义的字段数量或顺序不同，则必须指定字段。指定字段时，可以指定数据表中的全部字段，也可以指定数据表中的部分字段。

使用 INSERT 插入数据并指定字段的基本语法如下：

> INSERT［INTO］表名（字段 1，字段 2，...）{ VALUES | VALUE }(值 1，值 2，...);

上述语法的具体说明如下。

① 关键字 "INTO" 可以省略，省略后效果相同。

② "表名" 是指需要添加数据的数据表的名称。

③ "字段" 表示需要添加数据的字段名称，字段的顺序需要与值的顺序一一对应，多个字段名之间使用英文逗号分隔。

④ "VALUES" 和 "VALUE" 表示值，可以任选其一，通常情况下使用 VALUES。

⑤ "值" 表示字段对应的数据，多个值之间使用英文逗号分隔。

在数据库中，当通过 SQL 语句向表中插入数据时，确实需要遵循一些基本规则来确保数据的正确性和完整性。特别是，字符串（如 VARCHAR、TEXT 等类型）和日期类型（如 DATE、DATETIME 等）的数据应该用单引号（'）包围，以区分它们与其他数据类型（如整数、浮点数等）的值。此外，关于数据大小，必须确保插入的数据不超过字段定义时指定的最大长度或范围。如果某个字段被设置为非空（NOT NULL）且没有设置默认值（DEFAULT），那么在插入数据时必须显式地为该字段提供值，否则数据库将拒绝该插入操作并返回错误。

现在，通过两个案例来具体说明如何通过指定数据表中全部字段和部分字段的方式添加数据。

【案例 6-1】通过指定数据表中全部字段的方式添加数据。

教师数据表的结构信息如表 6-1 和表 6-2 所示。

表 6-1　教师数据表（teacher）的结构信息

字段名称	数据类型	NULL 值	键	默认值	备注
teacherno	INT	NOT NULL	主键	无	教师编号
tname	CHAR(8)	NOT NULL		无	姓名
gender	CHAR(2)	NOT NULL		男	性别
title	CHAR(12)	NULL		无	职称
birth	DATE	NOT NULL		无	出生年月

表 6-2　教师信息

teacherno	tname	gender	title	birth
20110110	王白	男	教授	1976-01-02
20110111	张甫	男	讲师	1982-08-22
20110112	刘清照	女	助教	1992-05-31

　　假设在 school 数据库中有一个用于存储教师信息的教师数据表（teacher），选择 school 数据库并创建教师表，具体 MySQL 语句如下：

```
CREATE TABLE teacher(
    -> teacherno INT PRIMARY KEY COMMENT '教师编号',
    -> tname VARCHAR(8) NOT NULL COMMENT '姓名',
    -> gender CHAR(1) NOT NULL DEFAULT '男'COMMENT '性别',
    -> title VARCHAR(12) COMMENT '职称',
    -> birth DATE NOT NULL COMMENT '出生年月'
    -> );
```

　　使用 INSERT 语句向教师表中添加一条数据：教师编号为 20110110、姓名为"王白"、性别为"男"、职称为"教授"、出生年月为 1976-01-02，具体 MySQL 语句如下：

```
INSERT INTO teacher (teacherno, tname, gender, title, birth) VALUES (20110110, '王白','男', '教授', '1976-
01-02');
```

　　上述语句中，在插入数据时，字段的顺序要与"VALUES"中值的顺序一一对应。
　　使用 INSERT 插入一条数据后，可以使用 SELECT 语句进行查看。SELECT 语句的详细用法会在项目 7 进行介绍，此处只需要知道 SELECT 语句的简单用法，通过 SELECT 语句可查看刚刚添加的数据即可。

```
SELECT * FROM teacher;
```

　　上述语句的意思是查看数据表 teacher 的所有数据，执行结果如下：

```
+------------+--------+--------+--------+------------+
| teacherno  | tname  | gender | title  | birth      |
+------------+--------+--------+--------+------------+
| 20110110   | 王白   | 男     | 教授   | 1976-01-02 |
+------------+--------+--------+--------+------------+
```

从上述查询结果可以看出，教师表中成功添加了教师"王白"的数据。

【案例6-2】通过指定数据表中部分字段的方式添加数据。

使用 INSERT 语句向教师表中添加一条数据：教师编号为 20110111、姓名为"张甫"、职称为"讲师"、出生年月为 1982-08-22，具体 MySQL 语句如下：

INSERT INTO teacher (teacherno, tname, title, birth) VALUES (20110111, '张甫','讲师', '1982-08-22') ;

使用 SELECT 语句进行查看，确认插入数据是否成功：

SELECT ＊ FROM teacher;

上述语句的意思是查看数据表 teacher 的所有数据。执行结果如下：

```
+-----------+-------+--------+-------+------------+
| teacherno | tname | gender | title | birth      |
+-----------+-------+--------+-------+------------+
| 20110110  | 王白  | 男     | 教授  | 1976-01-02 |
| 20110111  | 张甫  | 男     | 讲师  | 1982-08-22 |
```

从查询结果可以看出，教师表中成功添加了教师"张甫"的数据。在添加数据时没有为 gender 字段赋值，系统会自动为其添加默认值"男"。

2）省略字段添加数据的语句

在 MySQL 中，使用 INSERT 语句添加数据时，如果省略字段，那么值的顺序必须和数据表定义的字段顺序相同。

添加数据时省略字段，基本语法如下：

INSERT［INTO］表名 { VALUES | VALUE }(值1,值2,...);

下面演示如何使用省略字段的方式为数据表添加数据。使用 INSERT 语句向教师表中添加一条数据：教师编号为"20110112"、姓名为"刘清照"、性别为"女"、职称为"助教"、出生年月为"1992-05-31"，具体 MySQL 语句如下：

INSERT INTO teacher VALUES (20110112, '刘清照','女','助教', '1992-05-31') ;

使用 SELECT 语句进行查看，确认插入数据是否成功：

SELECT ＊ FROM teacher;

上述语句的意思是查看数据表 teacher 的所有数据。执行结果如下：

```
+-----------+-------+--------+-------+------------+
| teacherno | tname | gender | title | birth      |
+-----------+-------+--------+-------+------------+
| 20110110  | 王白   | 男    | 教授  | 1976-01-02 |
| 20110111  | 张甫   | 男    | 讲师  | 1982-08-22 |
| 20110112  | 刘清照 | 女    | 助教  | 1992-05-31 |
+-----------+-------+--------+-------+------------+
```

从查询结果可以看出，教师表中成功添加了教师"刘清照"的数据。

2. 插入多条数据

在 MySQL 中，可以使用 INSERT 语句同时插入多条数据，基本语法结构如下：

INSERT [INTO] 表名 [字段名 1,字段名 2,…字段名 n] { VALUES | VALUE }
(第一条记录的值 1,第一条记录的值 2,…),
(第二条记录的值 1,第二条记录的值 2,…),
…
}(第 n 条记录的值 1,第 n 条记录的值 2,…);

在上述语法中，如果未指定字段名，则值的顺序要与数据表的顺序一致；如果指定了字段名，则值的顺序与指定的字段名顺序一致。当添加多条数据时，多条数据之间用逗号分隔。

下面演示使用一条 INSERT 语句向教师数据表中添加多条数据，教师信息如表 6-3 所示。

表 6-3　教师信息

teacherno	tname	gender	title	birth
20110113	王轼	男	教授	1978-05-20
20110114	张万里	男	讲师	1988-06-22
20110115	李居易	男	助教	1990-03-31

使用 INSERT 语句向教师数据表中添加表 6-3 中的教师信息，具体语句如下：

```
mysql> INSERT INTO teacher VALUES
    -> (20110113,'王轼','男','教授','1978-05-20'),
    -> (20110114,'张万里','男','讲师','1988-06-22'),
    -> (20110115,'李居易','男','助教','1990-03-31');
Query OK, 3 rows affected (0.00 sec)
Records: 3 Duplicates: 0 Warnings: 0
```

从上述示例结果可以看出，INSERT 语句成功执行。在执行结果中，"Records：3"表示记录了 3 条数据，"Duplicates：0"表示添加 3 条数据没有重复，"Warnings：0"表示添加数据时没有警告。

使用 SELECT 语句进行查看，确认插入数据是否成功：

```
SELECT * FROM teacher;
```

上述语句的意思是查看数据表 teacher 的所有数据。

```
+-----------+--------+--------+-------+------------+
| teacherno | tname  | gender | title | birth      |
+-----------+--------+--------+-------+------------+
| 20110110  | 王白   | 男     | 教授  | 1976-01-02 |
| 20110111  | 张甫   | 男     | 讲师  | 1982-08-22 |
| 20110112  | 刘清照 | 女     | 助教  | 1992-05-31 |
| 20110113  | 王轼   | 男     | 教授  | 1978-05-20 |
| 20110114  | 张万里 | 男     | 讲师  | 1988-06-22 |
| 20110115  | 李居易 | 男     | 助教  | 1990-03-31 |
+-----------+--------+--------+-------+------------+
```

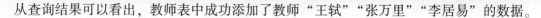

从查询结果可以看出，教师表中成功添加了教师"王轼""张万里""李居易"的数据。

6.1.2 使用图形化工具插入数据

打开图形化工具，用自己的账号和密码登录数据库后，可以看见账号下的所有数据库。从左侧数据库列表中，单击想要插入数据的数据库，中间区域可以显示当前数据库所包含的数据表，如图 6-1 所示。

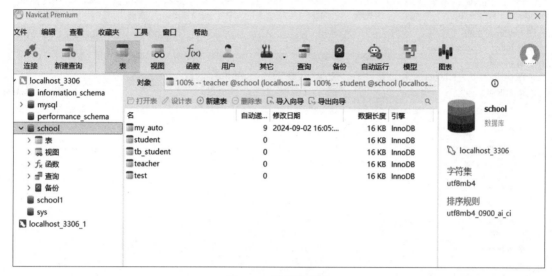

图 6-1 选择数据库

展开数据库，选择想要操作的数据表并双击，中间区域显示当前数据表所包含的字段以及之前插入的数据，如果还未插入任何数据，图形化工具显示如图 6-2 所示。

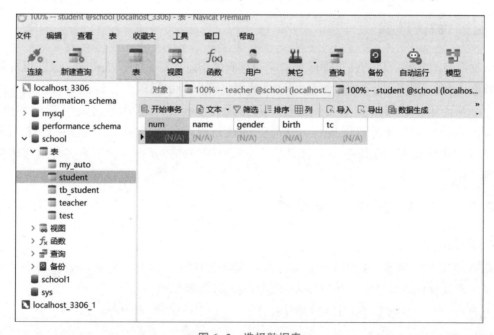

图 6-2 选择数据表

用户可以根据字段的提示插入数据，按照要求插入完数据后，按键盘上的 Tab 键，如果插入的数据符合字段的数据类型，光标会自动跳转到第二行数据，如图 6-3 所示。相同的操作反复多次，可以使用图形化工具简单、方便地插入想要的数据。

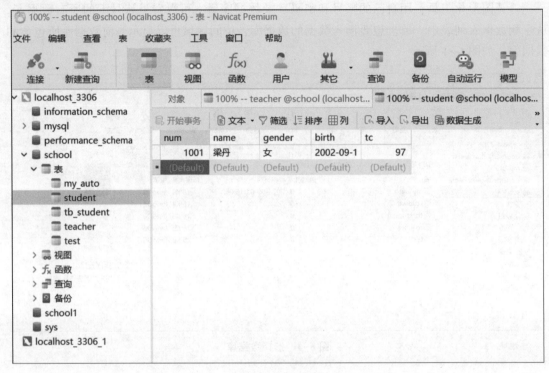

图 6-3　插入数据

任务 6.2　修改数据

数据库修改数据的目的在于确保数据库中存储的信息保持最新、准确和一致，以支持高效的数据检索、分析及业务决策。通过修改数据，可以纠正错误、更新记录状态或响应业务变更，从而维护数据的质量与完整性。其意义在于提升数据库系统的可靠性和价值，确保业务运营基于准确的数据进行，同时促进数据驱动的决策制定，为组织带来竞争优势和更好的业务成果。在任务 6.1 中学习了插入数据的具体操作，接下来将要对修改数据做详细介绍。

6.2.1　使用 SQL 语句修改数据

1. 修改部分数据

在 MySQL 中，修改（UPDATE）部分数据是一种常见的操作，它允许修改表中已存在的记录。修改操作通常基于一些条件来指定哪些记录需要修改。

下面是一个基本的 UPDATE 语句结构，用于更新 MySQL 表中的部分数据：

```
UPDATE 表名 SET 字段名 1=值 1 [,字段名 2=值 2,...] WHERE 条件表达式；
```

上述语法中，"SET"子句用于指定表中要修改的"字段名"及相应的"值"。其中，"字段名"是要修改字段的名称，"值"是相应字段被更新后的值。如果想要在原字段值的基础上更新，可以使用加（＋）、减（－）、乘（＊）、除（／）运算符进行计算，如"字段名＋1"表示在原字段基础上加1。"WHERE"子句用于指定表中要修改的记录，"WHERE"后跟指定条件，只有满足指定条件的记录才会发生更新。

【案例6-3】在已经插入数据的teacher数据表中，修改编号"20110115"教师的职称为"教授"，具体示例语句如下：

```
UPDATE teacher SET title='教授' WHERE teacherno=20110115;
```

使用SELECT语句进行查看，确认修改数据是否成功：

```
SELECT * FROM teacher;
```

上述语句的意思是查看数据表teacher的所有数据。执行语句后的结果如下：

```
+-----------+--------+--------+-------+------------+
| teacherno | tname  | gender | title | birth      |
+-----------+--------+--------+-------+------------+
| 20110110  | 王白    | 男      | 教授   | 1976-01-02 |
| 20110111  | 张甫    | 男      | 讲师   | 1982-08-22 |
| 20110112  | 刘清照  | 女      | 助教   | 1992-05-31 |
| 20110113  | 王轼    | 男      | 教授   | 1978-05-20 |
| 20110114  | 张万里  | 男      | 讲师   | 1988-06-22 |
| 20110115  | 李居易  | 男      | 教授   | 1990-03-31 |
+-----------+--------+--------+-------+------------+
```

从查询结果可以看出，使用UPDATE语句将编号为"20110115"的教师的"职称"信息成功修改为"教授"。

2. 修改全部数据

在使用UPDATE语句修改数据时，如果没有添加WHERE子句，则可以将数据表中所有数据的自定义字段都进行更新，因此修改全部数据的时候，应谨慎操作。

下面是一个基本的UPDATE语句，用于更新MySQL表中的全部数据：

```
UPDATE 表名 SET 字段名1=值1 [,字段名2=值2,...]
```

上述语法中，SET子句用于指定表中要修改的字段名及相应的值。其中，"字段名"是要修改字段的名称，"值"是相应字段被更新后的值。

【案例6-4】在已经插入数据的teacher数据表中，将所有教师的职称改成"教授"，具体示例语句如下：

```
UPDATE teacher SET title = '教授';
```

使用SELECT语句进行查看，确认修改数据是否成功：

```
SELECT * FROM teacher;
```

上述语句的意思是查看数据表teacher的所有数据。执行语句的结果如下：

teacherno	tname	gender	title	birth
20110110	王白	男	教授	1976-01-02
20110111	张甫	男	教授	1982-08-22
20110112	刘清照	女	教授	1992-05-31
20110113	王轼	男	教授	1978-05-20
20110114	张万里	男	教授	1988-06-22
20110115	李居易	男	教授	1990-03-31

从查询结果可以看出，使用 UPDATE 语句把所有教师的职称信息已成功修改为"教授"。

【提示】

修改全部数据操作一般在原来字段值的基础上整体调整时使用得比较多。例如，员工工资表中对所有员工的工资整体上涨 500 元的操作时，可以通过修改全部数据语句一次性对所有员工的工资进行调整。

6.2.2 使用图形化工具修改数据

使用图形化工具修改数据与插入数据的方法基本一致。打开图形化工具，找到修改数据的数据表和具体数据，如图 6-4 所示，直接在图形化界面上选中想要修改的数据，删除原来的数据，再输入新的数据即可。

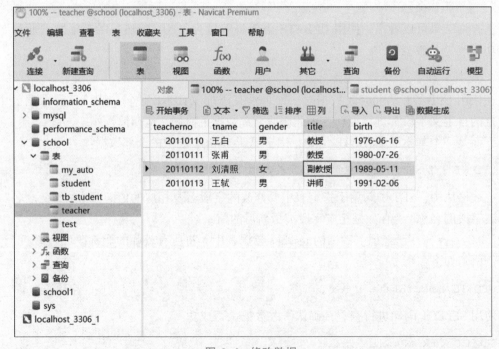

图 6-4　修改数据

任务 6.3 删除数据

MySQL 删除数据是数据库管理中一个关键操作，它允许用户根据特定条件移除表中的数据行。使用 DELETE 语句时，必须谨慎指定 WHERE 子句中的条件，以避免不必要的数据丢失。执行删除操作前，建议备份相关数据以防万一。对于需要删除表中所有数据的场景，可以使用不带 WHERE 子句的 DELETE 语句。总之，MySQL 删除数据操作需要仔细规划，确保数据的准确性和完整性。

6.3.1 使用 SQL 语句删除数据

1. 删除部分数据

删除部分数据是指对数据表中指定的数据进行删除操作。使用 DELETE 语句可以删除部分数据，通过 WHERE 子句可以指定删除数据的条件，从而达到部分数据删除的效果。

删除部分数据的基本语法结构如下：

```
DELETE FROM 表名 WHERE 条件表达式;
```

在上述语法中，"表名"是指要删除的数据表的名称，"WHERE"子句用于设置删除的条件，满足条件的数据会被删除。

DELETE 语句可以用于删除整条记录，但不能用于只删除某一个字段的值。如果要删除某个字段的值，可以使用 UPDATE 语句，将要删除的字段设置为空值。

【案例 6-5】在已经插入数据的 teacher 数据表中，删除教师编号为"20110112"教师的信息，具体示例语句如下：

```
DELETE from teacher WHERE teacherno = 20110112;
```

使用 SELECT 语句进行查看，确认修改数据是否成功：

```
SELECT * FROM teacher;
```

上述语句的意思是查看数据表 teacher 的所有数据。执行语句的结果如下：

```
+-----------+--------+--------+-------+------------+
| teacherno | tname  | gender | title | birth      |
+-----------+--------+--------+-------+------------+
| 20110110  | 王白   | 男     | 教授  | 1976-01-02 |
| 20110111  | 张甫   | 男     | 教授  | 1982-08-22 |
| 20110113  | 王轼   | 男     | 教授  | 1978-05-20 |
| 20110114  | 张万里 | 男     | 教授  | 1988-06-22 |
| 20110115  | 李居易 | 男     | 教授  | 1990-03-31 |
+-----------+--------+--------+-------+------------+
```

从查询结果可以看出，使用 DELETE 语句已成功把编号为"20110112"的教师信息删除了。

2. 删除全部数据

删除全部数据是指对数据表进行清空操作，使用 DELETE 语句不仅可以删除部分数据，还可以删除全部数据。在使用时省略 WHERE 子句就可以实现全部数据的删除。由于删除全部数据的风险比较大，实际工作中应谨慎使用。

删除全部数据的基本语法结构如下：

DELETE FROM 表名；

在上述语法中，"表名"是指要删除的数据表的名称。

【案例 6-6】在已经插入数据的 teacher 数据表中，删除所有教师的信息，具体示例语句如下：

DELETE from teacher；

使用 SELECT 语句进行查看，确认修改数据是否成功：

mysql> SELECT * FROM teacher；
Empty set (0.00 sec)

从查询结果可以看出，此表为 Empty set，意味着是空表，使用 DELETE 语句已成功把所有教师的信息删除了。

6.3.2 使用图形化工具删除数据

使用图形化工具删除数据，打开想要操作的数据表的具体数据界面，选中某个行的数据并单击右键，选择快捷菜单中的"删除记录"命令，如图 6-5 所示。

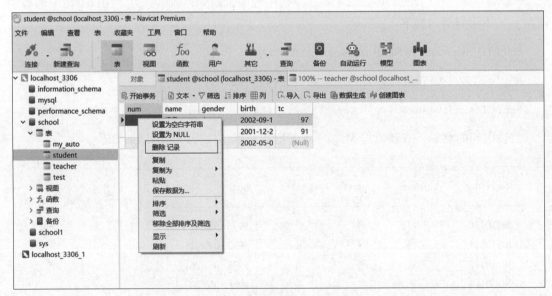

图 6-5 选择"删除记录"命令

再次确认删除记录信息，单击"删除一条记录"按钮，相应的数据表的记录会被删除，如图 6-6 所示。

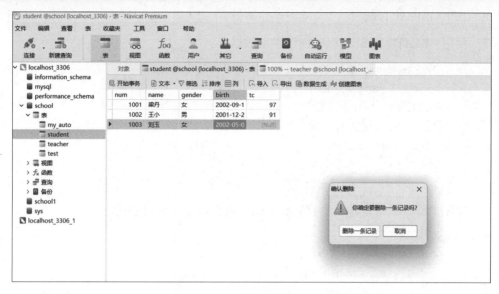

图 6-6 "确认删除"对话框

项目实训

【任务要求】

创建一个 school 数据库，在该数据库中创建学生数据表（student），学生数据表的结构信息见表 6-4。

表 6-4 学生数据表（student）的结构信息

字段名称	数据类型	NULL 值	键	默认值	备注
num	INT	NOT NULL	主键	无	学号
name	CHAR（8）	NOT NULL		无	姓名
gender	CHAR（2）	NOT NULL		男	性别
birth	DATE	NOT NULL		无	出生年月
tc	TINYINT	NULL		无	总学分

具体要求如下：

（1）通过指定字段名的方式在学生表中添加"学号"为"1001"、"性别"为"女"、"姓名"为"梁丹"、"出生年月"为"2002-08-12"、"总学分"为"96"的记录。

（2）通过不指定字段名的方式在学生表中添加一条记录（1002, '王小', '男', '2001-12-23', 90）。

（3）在学生表中添加一条记录，添加"学号"为"1003"、"性别"为"女"、"姓名"为"刘玉"、"出生年月"为"2002-05-06"，"总学分"为空值的记录。

（4）在学生表中，将所有学生的总学分增加 1。

（5）在学生表中，将学生"梁丹"的"出生年月"修改为"2002-09-12"。

【任务实现】

（1）使用 CREATE DATABASE 语句创建 school 数据库：

```
CREATE DATABASE school;
```

（2）使用 CREATE TABLE 语句创建学生数据表：

```
CREATE TABLE student(
    -> studentno INT PRIMARY KEY,
    -> sname CHAR(8) NOT NULL,
    -> gender CHAR(2) DEFAULT '男',
    -> birth DATE NOT NULL,
    -> tc TINYINT
    -> );
```

（3）使用 DESC 语句查看学生数据表，确认数据表是否成功创建：

```
mysql> DESC student;
+--------+----------+------+-----+---------+-------+
| Field  | Type     | Null | Key | Default | Extra |
+--------+----------+------+-----+---------+-------+
| num    | int      | NO   | PRI | NULL    |       |
| name   | char(8)  | NO   |     | NULL    |       |
| gender | char(2)  | NO   |     | NULL    |       |
| birth  | date     | NO   |     | NULL    |       |
| tc     | tinyint  | YES  |     | NULL    |       |
+--------+----------+------+-----+---------+-------+
```

（4）通过指定字段名的方式在学生表中添加"学号"为"1001"、"性别"为"女"、"姓名"为"梁丹"、"出生年月"为"2002-08-12"、"总学分"为"96"的记录。

```
INSERT INTO student (num,name,gender,birth,tc) VALUES (1001,'梁丹','女','2002-08-12',96);
```

（5）通过不指定字段名的方式在学生表中添加一条记录（1002, '王小', '男', '2001-12-23', 90）：

```
INSERT INTO student VALUES (1002,'王小','男','2001-12-23',90);
```

（6）在学生表中添加一条记录，添加"学号"为"1003"、"性别"为"女"、"姓名"为"刘玉"、"出生年月"为"2002-05-06"、"总学分"为空值的记录：

```
INSERT INTO student SET num=1003, name='刘玉', gender='女', birth='2002-05-06';
```

（7）使用 SELECT 语句查看插入信息的结果：

```
mysql> SELECT * FROM student;
+------+------+--------+------------+------+
| num  | name | gender | birth      | tc   |
+------+------+--------+------------+------+
| 1001 | 梁丹 | 女     | 2002-08-12 | 96   |
| 1002 | 王小 | 男     | 2001-12-23 | 90   |
| 1003 | 刘玉 | 女     | 2002-05-06 | NULL |
+------+------+--------+------------+------+
```

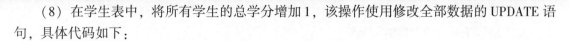

（8）在学生表中，将所有学生的总学分增加 1，该操作使用修改全部数据的 UPDATE 语句，具体代码如下：

```
UPDATE student SET tc=tc+1;
```

（9）在学生表中，将学生"梁丹"的"出生年月"修改为"2002-09-12"，该操作使用修改部分数据的 UPDATE 语句，具体代码如下：

```
UPDATE student SET birth='2002-09-12' WHERE name='梁丹';
```

（10）使用 SELECT 语句查看是否修改成功：

```
mysql> SELECT * FROM student;
+-------+------+--------+------------+------+
| num   | name | gender | birth      | tc   |
+-------+------+--------+------------+------+
| 1001  | 梁丹 | 女     | 2002-09-12 | 97   |
| 1002  | 王小 | 男     | 2001-12-23 | 91   |
| 1003  | 刘玉 | 女     | 2002-05-06 | NULL |
+-------+------+--------+------------+------+
```

🌀 项目考核

一、填空题

1. 使用＿＿＿＿语句可为数据表添加数据。

2. 删除数据的语句包括 DELETE 语句和＿＿＿＿语句。

3. 使用＿＿＿＿语句可更新数据表中的数据。

4. 在 INSERT 语句中可以使用＿＿＿＿子句为表中指定的字段或者全部字段添加数据。

5. 使用 UPDATE 更新部分数据时，需要使用＿＿＿＿子句指定更新数据的条件。

二、选择题

1. MySQL 中，添加数据使用的语句是（　　）。

A. INSERT   B. DROP

C. UPDATE   D. DELETE

2. MySQL 中，删除全部数据使用的语句是（　　）。

A. UPDATE   B. INSERT

C. TRUNCATE   D. DROP

3. 下列选项中，向 stu 数据表中添加 id 为 5、name 为"小红"的 SQL 语句，正确的是（　　）。

A. INSERT INTO stu ('id', 'name') VALUES (5, '小红');

B. INSERT INTO stu (id, name) VALUES (5, '小红');

C. INSERT INTO stu VALUES (5, 小红);

D. INSERT INTO stu (id, 'name') VALUES (5, '小红');

4. 下列选项中，删除 stu 数据表中 id 为 5 的学生的 SQL 语句，正确的是（　　）。

A. DELETE stu，WHERE id=5；

B. DELETE FROM stu WHERE id=5；

C. DELETE INTO stu WHERE id=5；

D. DELETE stu WHERE id=5；

5. 下列选项中，关于 UPDATE 语句的描述，正确的是（　　）。

A. UPDATE 只能更新表中的部分数据

B. UPDATE 只能更新表中的全部数据

C. UPDATE 语句更新数据时可以有条件的更新数据

D. 以上说法都不对

三、简答题

1. 简述添加数据时指定字段名与省略字段名的区别。

2. 简述修改部分数据和修改全部数据的区别。

3. 简述删除部分数据和删除全部数据的区别。

项目 7
单表数据记录查询

【项目导读】

数据查询是 MySQL 数据库管理系统的一个最重要功能，它不仅可以将数据库中的数据查询出来，还可以根据特定条件对数据进行筛选，并确定查询结果的显示格式。简单来说，可以将数据查询分为单表查询和多表查询两大类。本项目主要讲解如何灵活使用功能强大的 SELECT 查询语句实现单表数据记录查询。

【学习目标】

知识目标：

- 掌握算术运算符的应用；
- 掌握比较运算符的应用；
- 掌握逻辑运算符的应用；
- 了解基本查询语句；
- 掌握查询所有字段和指定字段的方法；
- 掌握使用常用关键字实现简单查询的方法；
- 掌握使用聚合函数结合 GROUP BY 实现分组查询的方法。

能力目标：

- 能够熟练使用各类运算符操作各种类型的数据；
- 能够使用查询语句在单表中筛选想要的数据；
- 能够使用聚合函数和分组数据记录查询实现复杂的单表查询。

素质目标：

- 培养做事要了解全貌的习惯；
- 了解数据库的发展及主流国产数据库的应用，增强民族自豪感；
- 了解我国文学名著，培养文化自信；
- 懂得做事应脚踏实地、认真负责。

任务 7.1 算术运算符

算术运算符是 MySQL 中最基本的运算符，主要用于执行数值运算。表 7-1 列出了算术运算符及其作用。

表 7-1 算术运算符及其作用

运算符	作用
+	执行加法运算，用于获得一个或多个值的和
-	执行减法运算，用于从一个值减去另一个值
*	执行乘法运算，得到两个或多个值的乘积
/（DIV）	执行除法运算，用一个值除以另一个值得到商
%（MOD）	执行求余运算，用一个值除以另一个值得到余数

MySQL 中运算符的运算法则与数学中的运算法则完全相同。下面通过实例简单介绍算术运算符的用法。

【案例 7-1】执行 SQL 语句，获取各种算术运算结果，执行结果如下：

```
mysql> SELECT 4+2,4-2,4*2,4/2,4%3;
+----------+----------+------+----------+------+
| 4+2      | 4-2      | 4*2  | 4/2      | 4%3  |
+----------+----------+------+----------+------+
| 6        | 2        | 8    | 2.0000   | 1    |
+----------+----------+------+----------+------+
1 row in set (0.00 sec)
```

在除法运算和求余运算中，如果除数为 0，将是非法运算，返回结果为 NULL，执行结果如下：

```
mysql> SELECT 6/0,9%0;
+--------+--------+
| 6/0    | 9%0    |
+--------+--------+
| NULL   | NULL   |
+--------+--------+
1 row in set (0.00 sec)
```

运算符不仅可以直接操作数值，还可以操作表中的字段，下面通过案例加以介绍。

【案例 7-2】执行 SQL 语句，根据月薪值，计算创建的 staff 表中员工的年薪。

步骤 1：执行以下 SQL 语句，选择数据库 staff：

```
USE staff;
```

步骤 2：执行 SQL 语句，根据月薪值计算 staff 表中员工的年薪值。执行结果如下：

```
mysql> SELECT name AS 员工姓名, money AS 薪资, money * 12 AS 年薪 FROM staff;
+--------------+--------------+-----------------+
| 员工姓名     | 薪资         | 年薪            |
+--------------+--------------+-----------------+
| 刘长生       | 20000.00     | 240000.00       |
| 赵霞         | 10000.00     | 120000.00       |
| 季庆奇       | 15000.00     | 180000.00       |
| 李星宇       | 15000.00     | 180000.00       |
| 张向阳       | 15000.00     | 180000.00       |
| 张旭         | 10000.00     | 120000.00       |
+--------------+--------------+-----------------+
6 rows in set (0.03 sec)
```

任务 7.2 比较运算符

比较运算符的作用是将表达式中的两个操作数进行比较，若比较结果为真，则返回 1，否则返回 0，结果不确定则返回 NULL。表 7-2 显示了 MySQL 中的比较运算符及其作用。

表 7-2 比较运算符及其作用

运算符	作　用
=	等于
<	小于
>	大于
<=	小于等于
>=	大于等于
<> (!=)	不等于
BETWEEN AND	判断一个值是否在两个值之间
IN	判断一个值是否在某个集合中
IS NULL	判断一个值是否为 NULL
LIKE	通配符匹配，判断一个值是否包含某个字符
REGEXP	正则表达式匹配

7.2.1 常用比较运算符

常用比较运算符包括：实现相等比较的运算符 "=" 和 "<=>"；实现不相等比较的运算符 "<>" 和 "!="；实现大于和大于等于比较的运算符 ">" 和 ">="；实现小于和小于等于比较的运算符 "<" 和 "<="。下面通过案例分别介绍。

1. 等于运算符

【案例 7-3】执行使用 "=" 和 "<=>" 比较运算符的 SQL 语句，了解这些运算符的作用。

具体 SQL 语句及其执行结果如下：

```
mysql> SELECT 0=1,1=1,0.1=1,1='1', 'a'='a',(1+2)=(2+1),
NULL=NULL,NULL<=>NULL;
+-----+-----+-------+-------+-------+-----------+-----------+-------------+
| 0=1 | 1=1 | 0.1=1 | 1='1' |'a'='a'|(1+2)=(2+1)| NULL=NULL | NULL<=>NULL |
+-----+-----+-------+-------+-------+-----------+-----------+-------------+
|0    | 1   | 0     | 1     | 1     | 1         | NULL      | 1           |
+-----+-----+-------+-------+-------+-----------+-----------+-------------+
1 row in set (0.07 sec)
```

由执行结果可以看出，"="和"<=>"用于判断数字、字符串和表达式是否相等，"<=>"还可以用于 NULL（空值）之间的比较。

提　示

如果两个操作数中有一个或两个值为 NULL（空值），则结果为空；如果两个操作数分别为字符串和数值，则系统会首先将字符串转换成数值，然后再进行比较。

2. 不等于运算符

"<>"和"!="用于判断数字、字符串和表达式是否不相等，如果不相等则返回 1；否则返回 0。其用法与等于运算符用法相同，但不能操作 NULL（空值）。下面通过案例加以介绍。

【案例 7-4】执行使用"<>"和"!="比较运算符的 SQL 语句，了解这些运算符的作用。

具体 SQL 语句及其执行结果如下：

```
mysql> SELECT 1<>2,2!=2,1.5<>1,'abc'<>'ab',(1+2)!=(1+1);
+----------+----------+----------+------------+-------------------+
| 1<>2     | 2!=2     | 1.5<>1   | 'abc'<>'ab'| (1+2)!=(1+1)      |
+----------+----------+----------+------------+-------------------+
| 1        | 0        | 1        | 1          | 1                 |
+----------+----------+----------+------------+-------------------+
1 row in set (0.00 sec)
```

3. 其他常用比较运算符

"<"">""<="和">="这 4 种运算符用于比较数字、字符串和表达式，如果比较结果为真，则返回 1；否则返回 0。这些运算符也不能操作 NULL（空值）。

【案例 7-5】执行使用"<"">""<="和">="比较运算符的 SQL 语句，了解这些运算符的作用。

具体 SQL 语句及其执行结果如下：

```
mysql> SELECT 1<1,2>1,1.5<2,'a'<'aaa',(1+2)<=(1+2);
+----------+----------+----------+------------+-------------------+
| 1<1      | 2>1      | 1.5<2    |'a'<'aaa'   | (1+2)<=(1+2)      |
+----------+----------+----------+------------+-------------------+
| 0        | 1        | 1        | 1          | 1                 |
+----------+----------+----------+------------+-------------------+
```

提 示

如果使用上述 4 种运算符进行比较的两个操作数为字符串，系统会比较两个字符串的长度，但两个操作数不能一个为数值，一个为字符串。

7.2.2 实现特殊功能的比较运算符

实现特殊功能的比较运算符主要包括"BETWEEN AND""IN""IS NULL""LIKE"和"REGEXP"，前面几种已经在前面章节进行了介绍，本节主要介绍实现正则表达式匹配的REGEXP 运算符的应用。表 7-3 显示了 MySQL 中可以使用的正则通配符及其作用。

表 7-3 REGEXP 通配符及其作用

通配符	作用
^	匹配字符串的开始部分，如^b 匹配以字母 b 开始的字符串
$	匹配字符串的结束部分，如 st $ 匹配以 st 结束的字符串
.	匹配除换行符'm'之外的任何单个字符，如 b. t 匹配 bit、bat、but 等
［…］	匹配方括号中（字符集合）所包含的任意一个字符，如［a-z］匹配字母表 26 个字母中的任意一个字母
［^…］	匹配字符集合未包含的任意一个字符，如'[^a] '可以匹配除'a'之外的任意一个字符
p1｜p2	匹配 p1 或 p2，如'k｜cat'能匹配'k'或'cat'、'(k｜c) at'可以匹配'kat'或'cat'
*	匹配符号＊前面的零个或多个字符，如'ao＊'能匹配'a'及'aoo'、［0-9］＊匹配任意数量的数字
+	匹配符号+前面的字符一次或多次，如'ao+'能匹配'ao'及'aoo'
｛n｝	匹配符号前面的字符至少 n 次，如'o ｛2｝'能匹配'food'，但不能匹配'dog'
｛n，m｝	匹配符号前面的字符至少 n 次，至多 m 次，如 b ｛2，4｝匹配包含至少 2 个、至多 4 个 b 的字符串

下面通过案例介绍 REGEXP 运算符的应用。

【案例 7-6】使用运算符 REGEXP 进行字符串匹配运算，执行结果如下：

```
mysql> SELECT 'abc'REGEXP'^a','abc'REGEXP'c $ ','abc'REGEXP'.bc','abc'REGEXP'［xy］';
+-----------------+-----------------+-----------------+-----------------+
| 'abc'REGEXP'^a' | 'abc'REGEXP'c $ ' | 'abc'REGEXP'.bc' | 'abc'REGEXP'［xy］' |
+-----------------+-----------------+-----------------+-----------------+
| 1               | 1               | 1               | 0               |
+-----------------+-----------------+-----------------+-----------------+
1 row in set (0.00 sec)
```

由执行结果可知，指定匹配字符串为 abc，"^a"表示匹配任意以字母 a 开头的字符串，因此满足匹配条件，返回 1；"c $"表示匹配任意以字母 c 结尾的字符串，因此满足匹配条件返回 1；".bc"表示匹配任意以字母 bc 结尾、长度为 3 的字符串，因此满足匹配条件，返回 1；"［xy］"表示匹配任意包含字母 x 或 y 的字符串，指定字符串中没有字母 x，也没有字母 y，因此不满足匹配条件，返回 0。

【案例 7-7】 使用通配符"∗"和"+"匹配符号前面的字母出现的次数，SQL 语句及其执行结果如下：

```
mysql> SELECT 'bcd'REGEXP'a ∗ d','bcd'REGEXP'cc ∗ d','bcd'REGEXP'c+d','bcd'REGEXP'b+d';
+----------------+----------------+----------------+----------------+
| 'bcd'regexp'a ∗ d' | 'bcd'regexp'cc ∗ d' | 'bcd'regexp'c+d' | 'bcd'regexp'b+d' |
+----------------+----------------+----------------+----------------+
| 1              | 1              | 1              | 0              |
+----------------+----------------+----------------+----------------+
1 row in set (0.00 sec)
```

由执行结果可知，指定匹配字符串为 bcd，"a ∗ d"表示匹配或不匹配字母 a 的字符串，因此满足匹配条件，返回 1；"cc ∗ d"表示匹配或不匹配字母 cc 的字符串，因此满足匹配条件，返回 1；"c+d"表示匹配字母 c 一次或多次的字符串，因此满足匹配条件，返回 1；"b+d"表示匹配字母 b 一次或多次的字符串，因此不满足匹配条件，返回 0。

提 示

正则表达式的功能非常强大，读者可以参考相关书籍深入学习。正则表达式在 MySQL 中通常用于查询和替换，如查找文章中的关键字和替换用户添加数据时输入的敏感词等。

修身笃学

虽然计算机中的一些运算符与数学中的运算符用法相同，但不能因此就以为这些运算符不重要、不需要了解，更不能想当然地类推其他运算符的功能。在生活与学习中，无论是多么简单的小事，也要认真了解全貌，不能仅凭个人经验盲目判断；否则很容易在细节上功亏一篑。

任务 7.3 逻辑运算符

逻辑运算符又称为布尔运算符，用于确定表达式的真和假。表 7-4 列出了 MySQL 中可以使用的逻辑运算符。

表 7-4 逻辑运算符

运算符	作用
&&（AND）	逻辑与
‖（OR）	逻辑或
!（NOT）	逻辑非
XOR	逻辑异或

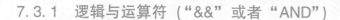

7.3.1 逻辑与运算符（"&&"或者"AND"）

"&&"和"AND"表示逻辑与运算，当所有操作数均为非零值，并且不为 NULL 时，返回值为 1；当一个或多个操作数为 0 时，返回值为 0；当任何一个操作数为 NULL，其他操作数为非零值时，返回值为 NULL。

【案例 7-8】使用"&&"或者"AND"运算符进行逻辑判断，理解其应用。SQL 语句及其执行结果如下：

```
mysql> SELECT 1 && 1,1 AND 0,1 AND NULL,0 AND NULL;
+----------+----------+--------------+--------------+
| 1 && 1   | 1 AND 0  | 1 AND NULL   | 0 AND NULL   |
+----------+----------+--------------+--------------+
| 1        | 0        | NULL         | 0            |
+----------+----------+--------------+--------------+
```

提　示

使用"&&"和"AND"运算符可以有多个操作数同时进行与运算，如 1&&2&&3。

7.3.2 逻辑或运算符（"‖"或者"OR"）

"‖"和"OR"表示逻辑或运算，当所有操作数均为非 NULL 值时，如有任意一个操作数为非零值，返回值为 1；当一个操作数为非零值，另外的操作数为 NULL 时，返回值为 1；当所有操作数为 NULL 时，返回值为 NULL；当所有操作数均为 0 时，返回值为 0。

【案例 7-9】使用"‖"或者"OR"运算符进行逻辑判断，理解其应用。SQL 语句及其执行结果如下：

```
mysql> SELECT 1 ‖ 1,1 OR 0,0 OR 0,1 OR NULL,0 OR NULL,NULL OR NULL;
+--------+--------+--------+------------+------------+--------------+
| 1 ‖ 1  | 1 OR 0 | 0 OR 0 | 1 OR NULL  | 0 OR NULL  | NULL OR NULL |
+--------+--------+--------+------------+------------+--------------+
| 1      | 1      | 0      | 1          | NULL       | NULL         |
+--------+--------+--------+------------+------------+--------------+
```

7.3.3 逻辑非运算符（"!"或者"NOT"）

"!"和"NOT"表示逻辑非运算，返回与操作数相反的结果。当操作数为 0 时，返回值为 1；当操作数为非零值时，返回值为 0；当操作数为 NULL 时，返回值为 NULL。

【案例 7-10】使用"!"或者"NOT"运算符进行逻辑判断，理解其应用。SQL 语句及其执行结果如下：

```
mysql> SELECT ! 0,NOT 1,NOT NULL;
+-----+----------+----------------+
| ! 0 | NOT 1    | NOT NULL       |
+-----+----------+----------------+
| 1   | 0        | NULL           |
+-----+----------+----------------+
```

7.3.4　逻辑异或运算符（XOR）

"XOR"表示逻辑异或运算，当两个操作数同为 0 或者同为非零值时，返回值为 0；当两个操作数一个为非零值，一个为 0 时，返回值为 1；当任意一个操作数为 NULL 时，返回值为 NULL。

【案例 7-11】使用"XOR"运算符进行逻辑判断，理解其应用。SQL 语句及其执行结果如下：

```
mysql> SELECT 1 XOR 1,0 XOR 0,1 XOR 0,1 XOR NULL;
+---------------+-------------+-----------+--------------------+
| 1 XOR 1       | 0 XOR 0     | 1 XOR 0   | 1 XOR NULL         |
+---------------+-------------+-----------+--------------------+
| 0             | 0           | 1         | NULL               |
+---------------+-------------+-----------+--------------------+
```

由执行结果可以看出，对于非 NULL 的操作数，如果两个操作数的逻辑值相异，则返回 1，否则返回 0。

任务 7.4　运算符的优先级

在实际应用中，经常会使用多个运算符进行混合运算，那么应该先执行哪些运算符的操作呢？MySQL 制定的运算符优先级决定了运算符在表达式中执行的先后顺序。表 7-5 按照优先级由低到高的顺序列出了所有的运算符，同一级别中的运算符优先级相同。

表 7-5　比较运算符及其作用

优先级	运算符
1	: =
2	‖，OR
3	XOR
4	&&，AND
5	NOT
6	BETWEEN AND，CASE，WHEN，THEN，ELSE
7	=（比较运算），<=>，<，>，<=，>=，<>,! =，IN，IS NULL，LIKE，REGEXP
8	|
9	&

续表

优先级	运算符
10	<<，>>
11	–（减法运算），+
12	*，/，%
13	^
14	–（负号），~
15	!

在计算过程中，优先级高的运算符先计算，如果级别相同，MySQL 会按照表达式的顺序从左到右依次计算。在无法确定优先级的情况下，一般会使用圆括号 "( )" 来改变优先级，这样会使计算过程更加清晰，也更易于理解。

任务7.5　基本查询语句

单表查询是指从一张数据表中查询所需要的数据。本任务首先简单介绍一下基本查询语句。

在 MySQL 中查询数据的基本语句是 SELECT 语句，其基本语法格式如下：

```
SELECT
    { * | <字段列表>}
    [
        FROM<表 1>,<表 2…>
        [ WHERE<表达式>]
        [ GROUP BY<group by definition>]
        [ HAVING<expression>[ {<operator><expression>}…]]
        [ ORDER BY<order by definition>]
        [ LIMIT[ <offset>,]<row count>]
    ];
```

上述各条子句的含义如下。

（1）{ * | <字段列表>}：使用星号通配符或者字段列表表示要查询的字段，其上述各条子句的含义如下。其中 "字段列表" 至少要包含一个字段名称，如果要查询多个字段，字段之间用逗号隔开，最后一个字段后不加逗号。

（2）FROM<表 1>，<表 2>…：“表 1” 和 “表 2” 表示查询数据的来源，可以是单个或者多个。

（3）WHERE 子句：可选，用于限定查询行必须满足的查询条件。

（4）GROUP BY<字段>：该子句表示按照指定的字段对查询结果进行分组。

（5）ORDER BY<字段>：该子句表示按照什么样的顺序显示查询结果，有两种情况，分别为升序（ASC）和降序（DESC）。

（6）[LIMIT [<offset>，] <row count>]：表示每次显示的查询结果的数据条数。

SELECT 可选参数比较多，读者开始时可能无法完全理解，接下来将从最简单的语句开始，逐步深入学习。

任务 7.6 简单数据记录查询

简单数据记录查询主要包括查询所有字段、查询指定字段、查询指定记录、多条件查询、排序查询等。本任务将以下创建的 goods 表（见表 7-6）为操作对象，讲解简单数据记录查询的具体实现方法，如果表内还没有数据，执行以下语句在其中插入数据：

INSERT INTO goods(id,type,name,price,num,add_time)
VALUES(1,'书籍', '西游记', 50.4,20, '2024-01-01 13:40:40'),
(2, '糖类', '牛奶糖', 7.5,200, '2024-02-02 13:40:40'),
(3, '糖类', '水果糖', 2.5, 100, null),
(4, '服饰', '休闲西服',800,null, '2024-04-04 13:40:40'),
(5, '饮品', '果汁', 3,70, '2024-05-05 13:40:40');

表 7-6 goods 表

字段	数据类型	约束	注释
id	INT(11)	主键	商品编号
type	VARCHAR(30)	非空	商品类别
name	VARCHAR(30)	唯一	商品名称
price	DECIMAL(7,2)	无符号	商品价格
num	INT(11)	默认值为 0	商品库存
add_time	DATETIME		添加时间

7.6.1 查询所有字段

查询所有字段是指从一张表中检索出所有记录。查询方式有两种：一种是使用通配符 "*"，另一种是列出所有字段名。语法形式如下：

SELECT{ * |col_list} FROM table_name;

上述语句中，"col_list" 表示数据表中的字段列表，如果表中字段有多个，字段之间需要使用逗号隔开，最后一个字段不加逗号。

正如项目 1 所述，SQL 语言是高级的非过程化编程语言，用户使用查询语句时，应至少指明两点，一是查询什么，二是在什么位置查询。语句中的通配符 "*" 或 "col_list" 指明了需要查询的是数据表中的所有字段，而表名指明了查询位置。

【案例 7-12】使用通配符 "*" 查询 goods 表中所有数据，SQL 语句及其执行结果如下：

```
mysql> SELECT * FROM goods;
+----+--------+-----------+--------+--------+---------------------+
|id  | type   | name      | price  | num    | add_time            |
+----+--------+-----------+--------+--------+---------------------+
| 1  | 书籍   | 西游记    | 50.40  | 20     | 2024-01-01  13:40:40 |
| 2  | 糖类   | 牛奶糖    | 7.50   | 200    | 2024-02-02  13:40:40 |
| 3  | 糖类   | 水果糖    | 2.50   | 100    | NULL                |
| 4  | 服饰   | 休闲西服  | 800.00 | NULL   | 2024-04-04 13:40:40 |
| 5  | 饮品   | 果汁      | 3.00   | 70     | 2024-05-05 13:40:40 |
+----+--------+-----------+--------+--------+---------------------+
5 rows in set (0.00 sec)
```

可以看出,使用通配符"*"可以返回数据表中所有列数据。

通过在 SELECT 关键字后面列出所有字段名,也可以查询所有列数据,SQL 语句如下(其查询结果与案例 7-12 的结果相同):

```
SELECT id,type,name,price,num,add_time FROM goods;
```

知识库

一般使用通配符查询表中所有字段数据;而使用列出字段名的方式查询部分字段数据,具体方法将在 7.6.2 节介绍。

7.6.2 查询指定字段

使用 SELECT 关键字也可以查询指定字段的数据,语法格式如下:

```
SELECT col_name1[,col_name2,...,col_namen] FROM table_name;
```

上述语句可以查询单个字段,也可以查询多个字段。当查询多个字段时,各个字段之间使用逗号隔开,最后一个字段不加逗号。查询一个字段时也不需要加逗号。

【案例 7-13】从 goods 表中查询单个字段。

执行 SQL 语句,查询 goods 表中的 name 字段数据,执行结果如下:

```
mysql> SELECT name FROM goods;
+--------------+
| name         |
+--------------+
| 休闲西服     |
| 果汁         |
| 水果糖       |
| 牛奶糖       |
| 西游记       |
+--------------+
5 rows in set (0.00 sec)
```

【案例 7-14】从 goods 表中查询多个字段。

执行 SQL 语句，查询 goods 表中的 id 和 name 字段数据，执行结果如下：

```
mysql> SELECT id,name FROM goods;
+----+--------------+
| id | name         |
+----+--------------+
| 4  | 休闲西服      |
| 5  | 果汁         |
| 3  | 水果糖        |
| 2  | 牛奶糖        |
| 1  | 西游记        |
+----+--------------+
5 rows in set (0.00 sec)
```

7.6.3 查询指定记录

当用户需要查询数据库中符合一定条件的数据时，可以使用 WHERE 子句对表中的记录进行筛选，语法格式如下：

```
SELECT{ * |col_list} FROM table_name WHERE condition;
```

WHERE 子句中可以使用多种条件判断符，如表 7-7 所示。

表 7-7　WHERE 子句中可用的条件判断符

条件判断符	说　明
=	相等
<	小于
>	大于
<> （!=）	不相等
<=	小于等于
>=	大于等于

下面以其中的两个符号为例，简单介绍 WHERE 子句的应用。

1. 使用 "=" 符号查询

【案例 7-15】从 goods 表中查询 id 值为 3 的记录。SQL 语句及其执行结果如下：

```
mysql> SELECT * FROM goods WHERE id=3;
+----+----------+----------+----------+----------+------------------+
| id | type     | name     | price    | num      | add_time         |
+----+----------+----------+----------+----------+------------------+
| 3  | 糖类      | 水果糖    | 2.50     | 100      | NULL             |
+----+----------+----------+----------+----------+------------------+
1 row in set (0.06 sec)
```

判断符既可以用于比较数值，也可以用于比较字符串。

【案例 7-16】从 goods 表中查询 type 值为"糖类"的记录。SQL 语句及其执行结果
如下：

```
mysql> SELECT * FROM goods WHERE type='糖类';
+----+--------+--------+-------+------+---------------------+
| id | type   | name   | price | num  | add_time            |
+----+--------+--------+-------+------+---------------------+
| 2  | 糖类   | 牛奶糖 | 7.50  | 200  | 2024-02-02 13:40:40 |
| 3  | 糖类   | 水果糖 | 2.50  | 100  | NULL                |
+----+--------+--------+-------+------+---------------------+
2 rows in set (0.00 sec)
```

可以看出，表中"type"值为"糖类"的记录全被查询出来了。

2. 使用">="符号查询

【案例 7-17】从 goods 表中查询 num 值大于等于 100 的记录。SQL 语句及其执行结果
如下：

```
mysql> SELECT * FROM goods WHERE num>=100;
+----+--------+--------+-------+------+---------------------+
| id | type   | name   | price | num  | add_time            |
+----+--------+--------+-------+------+---------------------+
| 2  | 糖类   | 牛奶糖 | 7.50  | 200  | 2024-02-02 13:40:40 |
| 3  | 糖类   | 水果糖 | 2.50  | 100  | NULL                |
+----+--------+--------+-------+------+---------------------+
2 rows in set (0.00 sec)
```

可以看出，表中"num"值大于等于 100 的记录全被查询出来了。

7.6.4 多条件查询

1. 使用 AND 关键字查询

MySQL 支持多条件查询，如果条件之间使用 AND 关键字连接，那么只有符合所有条件
的记录才会被返回。

【案例 7-18】从 goods 表中查询 price 值大于 50，并且 id 值大于 3 的记录。SQL 语句及
其执行结果如下：

```
mysql> SELECT * FROM goods WHERE price>50 AND id>3;
+----+--------+--------+--------+------+---------------------+
| id | type   | name   | price  | num  | add_time            |
+----+--------+--------+--------+------+---------------------+
| 4  | 服饰   | 休闲西服 | 800.00 | NULL | 2024-04-04 13:40:40 |
+----+--------+--------+--------+------+---------------------+
1 row in set (0.06 sec)
```

提 示

　　案例 7-18 中的 WHERE 子句中只包含了一个 AND 关键字，实际上可以添加多个筛选条件，增加一个条件的同时需要增加一个 AND 关键字。

2. 使用 OR 关键字查询

　　如果多条件查询中的条件使用 OR 关键字连接，表示只需要符合所有条件中的一个条件，此记录就会被返回。

【案例 7-19】从 goods 表中查询 type 值为"糖类"或者"书籍"的记录。SQL 语句及其执行结果如下。

```
mysql> SELECT * FROM goods WHERE type='糖类' OR type='书籍';
+----+--------+----------+--------+-------+---------------------+
| id | type   | name     | price  | num   | add_time            |
+----+--------+----------+--------+-------+---------------------+
| 1  | 书籍   | 西游记   | 50.40  | 20    | 2024-01-01 13:40:40 |
| 2  | 糖类   | 牛奶糖   | 7.50   | 200   | 2024-02-02 13:40:40 |
| 3  | 糖类   | 水果糖   | 2.50   | 100   | NULL                |
+----+--------+----------+--------+-------+---------------------+
3 rows in set (0.00 sec)
```

提 示

　　AND 关键字可以使用符号"&&"代替；OR 关键字可以使用符号"‖"代替。

3. 使用 IN 关键字查询

　　使用 IN 关键字可以查询字段值等于指定集合中任意一个值的记录，语法格式如下：

```
SELECT {*|col_list} FROM table_name WHERE col_name IN (value1, value2,…,valuen);
```

上述语句中，指定集合包含在括号中，值之间使用逗号隔开。

【案例 7-20】执行 SQL 语句，查询 goods 表中 id 值为 1 和 3 的记录，执行结果如下：

```
mysql> SELECT * FROM goods WHERE id IN (1,3);
+----+--------+----------+--------+-------+---------------------+
| id | type   | name     | price  | num   | add_time            |
+----+--------+----------+--------+-------+---------------------+
| 1  | 书籍   | 西游记   | 50.40  | 20    | 2024-01-01 13:40:40 |
| 3  | 糖类   | 水果糖   | 2.50   | 100   | NULL                |
+----+--------+----------+--------+-------+---------------------+
2 rows in set (0.01 sec)
```

此类操作也可以使用 OR 关键字实现，SQL 语句如下：

```
SELECT * FROM goods WHERE id=1 OR id=3;
```

OR 关键字和 IN 关键字可以实现相同的功能，但 IN 关键字可以使查询语句更加简洁，并且 IN 关键字的执行速度比 OR 关键字快。

另外，IN 关键字还可以与 NOT 关键字配合使用，作用是查询字段值不在指定集合中的记录。

【案例 7-21】执行 SQL 语句，查询 goods 表中 id 值不为 1 和 3 的记录，执行结果如下：

```
mysql> SELECT * FROM goods WHERE id NOT IN (1,3);
+----+----------+-------------+--------+--------+---------------------+
| id | type     | name        | price  | num    | add_time            |
+----+----------+-------------+--------+--------+---------------------+
| 2  | 糖类     | 牛奶糖      | 7.50   | 200    | 2024-02-02 13:40:40 |
| 4  | 服饰     | 休闲西服    | 800.00 | NULL   | 2024-04-04 13:40:40 |
| 5  | 饮品     | 果汁        | 3.00   | 70     | 2024-05-05 13:40:40 |
+----+----------+-------------+--------+--------+---------------------+
3 rows in set (0.01 sec)
```

7.6.5 查询空值

MySQL 提供了 IS NULL 关键字，用于查询字段值为 NULL 的记录，语法格式如下：

SELECT { * |col_list} FROM table_name WHERE col_name IS NULL;

【案例 7-22】执行 SQL 语句，查询 goods 表中 num 值为 NULL 的记录，执行结果如下：

```
mysql> SELECT * FROM goods WHERE num IS NULL;
+----+----------+-------------+--------+--------+---------------------+
| id | type     | name        | price  | num    | add_time            |
+----+----------+-------------+--------+--------+---------------------+
| 4  | 服饰     | 休闲西服    | 800.00 | NULL   | 2024-04-04 13:40:40 |
+----+----------+-------------+--------+--------+---------------------+
1 row in set (0.06 sec)
```

IS NULL 也可以和 NOT 关键字配合使用，用于查询字段值不为 NULL 的记录。

【案例 7-23】执行 SQL 语句，查询 goods 表中 num 值不为 NULL 的记录，执行结果如下：

```
mysql> SELECT * FROM goods WHERE num IS NOT NULL;
+----+----------+-------------+--------+--------+---------------------+
| id | type     | name        | price  | num    | add_time            |
+----+----------+-------------+--------+--------+---------------------+
| 1  | 书籍     | 西游记      | 50.40  | 20     | 2024-01-01 13:40:40 |
| 2  | 糖类     | 牛奶糖      | 7.50   | 200    | 2024-02-02 13:40:40 |
| 3  | 糖类     | 水果糖      | 2.50   | 100    | NULL                |
| 5  | 饮品     | 果汁        | 3.00   | 70     | 2024-05-05 13:40:40 |
+----+----------+-------------+--------+--------+---------------------+
4 rows in set (0.00 sec)
```

需要注意的是，如果某些字段值为 NULL，在将这些字段与其他值进行比较时，就会返回不准确的数据。

【案例 7-24】执行 SQL 语句，查询 goods 表中 num 值不等于 100 的记录，查询结果如下：

```
mysql> SELECT * FROM goods WHERE num<>100;
+------+----------+----------+----------+----------+---------------------------+
| id   | type     | name     | price    | num      | add_time                  |
+------+----------+----------+----------+----------+---------------------------+
| 1    | 书籍     | 西游记   | 50.40    | 20       | 2024-01-01  13:40:40      |
| 2    | 糖类     | 牛奶糖   | 7.50     | 200      | 2024-02-02  13:40:40      |
| 5    | 饮品     | 果汁     | 3.00     | 70       | 2024-05-05  13:40:40      |
+------+----------+----------+----------+----------+---------------------------+
3 rows in set (0.00 sec)
```

按照平常的理解，字段值为 NULL 时，也符合不等于 100 的条件，但是在 MySQL 中，值为 NULL 就表示该字段还没有进行任何赋值操作，它的值是未知的，所以无法与其他类型的值进行比较。

7.6.6 查询结果不重复

通过前面的学习可以知道，如果要查询 goods 表中商品的种类，直接查询表示"种类"的字段即可。

【案例 7-25】执行 SQL 语句，查询 goods 表中字段 type 的值，查询结果如下：

```
mysql> SELECT type FROM goods;
+----------+
| type     |
+----------+
| 书籍     |
| 糖类     |
| 糖类     |
| 服饰     |
| 饮品     |
+----------+
5 rows in set (0.00 sec)
```

可以看到，查询结果返回了 5 条记录，其中有重复的值。为了更方便地分析商品种类，最好能将重复的值去掉。为此，MySQL 提供了 DISTINCT 关键字，使查询结果不重复。其语法格式如下：

```
SELECT DISTINCT col_list FROM table_name;
```

【案例 7-26】执行 SQL 语句，查询 goods 表中字段 type 不重复的值，查询结果如下：

```
mysql> SELECT DISTICT FROM goods;
+-----------+
| type      |
+-----------+
| 书籍      |
| 糖类      |
| 服饰      |
| 饮品      |
+-----------+
4 rows in set (0.00 sec)
```

可以看到，此次查询结果只返回了 4 条记录的 type 值，且没有重复值。

7.6.7   范围查询

MySQL 提供 BETWEEN AND 关键字，用于查询字段值在某个范围内的记录，其语法格式如下：

SELECT { * |col_list} FROM table_name WHERE col_namea BETWEEN value1 AND value2;

上述语句中，"col_namea" 为要限定值范围的字段，"value1" 为开始值，"value2" 为结束值。

【案例 7-27】执行 SQL 语句，查询 goods 表中 price 值为 2.5~50 的商品名称和价格，查询结果如下：

```
mysql> SELECT name,price FROM goods WHERE price BETWEEN 2.5 AND 50;
+-----------+-----------+
| name      | price     |
+-----------+-----------+
| 牛奶糖    | 7.50      |
| 水果糖    | 2.50      |
| 果汁      | 3.00      |
+-----------+-----------+
3 rows in set (0.00 sec)
```

BETWEEN AND 关键字可以配合 NOT 关键字，用于查询字段值不在某个范围内的记录。

【案例 7-28】执行 SQL 语句，查询 goods 表中 price 值不在 2.5~50 的商品名称和价格，查询结果如下：

```
mysql> SELECT,name price FROM goods WHERE price NOT BETWEEN 2.5 AND 50;
+-----------------+-----------+
| name            | price     |
+-----------------+-----------+
| 西游记          | 50.40     |
| 休闲西服        | 800.00    |
+-----------------+-----------+
2 rows in set (0.00 sec)
```

由案例 7-27 和案例 7-28 的查询结果可以看出，使用 BETWEEN AND 关键字进行查询，查询结果包括范围内的所有值，也包括开始值和结束值。使用 BETWEEN AND 关键字和 NOT 关键字进行查询，查询结果不包括开始值和结束值。

7.6.8　字符匹配查询

使用 LIKE 关键字的查询又称为模糊查询，通常用于查询字段值包含某些字符的记录，其语法格式如下：

SELECT { * |col_list} FROM table_name WHERE col_namea LIKE valueb;

上述语句中，"valueb"表示要匹配的字符。LIKE 关键字一般与通配符"%"或者"_"配合使用，如果字段"col_namea"中的值包含"valueb"，此条记录就会被返回。通配符可以放在字符前，也可以放在字符后，还可以同时放在字符前后。

1. 通配符"%"

通配符"%"可以匹配任意长度的字符，可以是 0 个，也可以是 1 个或多个。

【案例 7-29】执行 SQL 语句，查询 goods 表中 name 值以"果"开头的记录，查询结果如下：

```
mysql> SELECT * FROM goods WHERE name LIKE '果%';
+----+--------+-------+---------+------+-----------------------+
| id | type   | name  | price   | num  | add_time              |
+----+--------+-------+---------+------+-----------------------+
| 5  | 饮品   | 果汁  | 3.00    | 70   | 2024-05-05  13:40:40  |
+----+--------+-------+---------+------+-----------------------+
5 rows in set (0.00 sec)
```

查询 goods 表中 name 值以"糖"结尾的记录，执行以下语句：

SELECT * FROM goods WHERE name LIKE '%糖';

查询 goods 表中 name 值包含"游"的记录，执行以下语句：

SELECT * FROM goods WHERE name LIKE '%游%';

查询 goods 表中 name 值以"休"开头、以"服"结尾的记录，执行以下语句：

SELECT * FROM goods WHERE name LIKE '休%服';

通过以上多个语句可以看出，通配符"%"可以出现在匹配字符的任意位置，并且可以匹配任意数目的字符。

2. 通配符"_"

通配符"_"的使用方法与通配符"%"类似，都可以出现在匹配字符的任意位置，但通配符"_"只能匹配一个字符。

【案例 7-30】执行 SQL 语句，查询 goods 表中 name 值以"西"开头、"西"后有两个字符的记录，执行结果如下：

```
mysql> SELECT * FROM goods WHERE name LIKE '西%';
+----+--------+------------+-------+------+---------------------+
| id | type   | name       | price | num  | add_time            |
+----+--------+------------+-------+------+---------------------+
| 1  | 书籍   | 西游记     | 50.40 | 20   | 2024-01-01  13:40:40 |
+----+--------+------------+-------+------+---------------------+
1 row in set (0.00 sec)
```

如果要查询 goods 表中 name 值以"西"开头、"西"后有一个字符的记录，则执行以下语句：

```
mysql> SELECT * FROM goods WHERE name LIKE '西_';
```

> **提　示**
>
> 可以在表中插入一个 name 值为"西瓜"的记录，再进行查询并查看结果。

7.6.9　排序查询

使用前面的方法查询到的结果是按照记录在表中的默认顺序进行排列的。如果需要将查询结果按照指定的顺序排列，可以使用 ORDER BY 关键字。其语法格式如下：

```
SELECT { * |col_list} FROM table_name ORDER BY col_namea［ASC|DESC］;
```

上述语句的意义是，按照字段"col_namea"对查询记录进行排序，"col_namea"可以为一个或多个字段，当有多个字段时，各字段之间用逗号隔开。字段后的参数"ASC"代表按照升序进行排序，"DESC"代表按照降序进行排序，如果没有 ASC 或者 DESC，默认按照升序排序。

1. 单字段排序

在排序之前最好将有空值的记录补充完整；否则，空值记录将被排在最前面。

【案例 7-31】执行 SQL 语句，查询 goods 表中 id、name 和 add_time 字段的数据，并按照 add_time 字段值升序排序，执行结果如下：

```
mysql> SELECT id,name,add_time FROM goods ORDER BY add_time;
+----+------------+---------------------+
| id | name       | add_time            |
+----+------------+---------------------+
| 1  | 西游记     | 2024-01-01 13:40:40 |
| 2  | 牛奶糖     | 2024-02-02 13:40:40 |
| 4  | 休闲西服   | 2024-04-04 13:40:40 |
| 5  | 果汁       | 2024-05-05 13:40:40 |
| 3  | 水果糖     | 2024-06-06 11:20:55 |
+----+------------+---------------------+
5 rows in set (0.00 sec)
```

2. 多字段排序

有些情况下，可能需要使用多个字段作为排序条件对查询结果进行排序。为查看查询结果，此处将第 5 条记录的 price 值改为 2.5（与第 3 条记录值相同）。

【案例 7-32】执行 SQL 语句，查询 goods 表中所有记录，并按照 price 和 num 字段值升序排序，执行结果如下：

```
mysql> SELECT * FROM goods ORDER BY price,num;
+----+--------+-------------+--------+------+---------------------+
| id | type   | name        | price  | num  | add_time            |
+----+--------+-------------+--------+------+---------------------+
| 5  | 饮品   | 果汁        | 2.50   | 70   | 2024-05-05 13:40:40 |
| 3  | 糖类   | 水果糖      | 2.50   | 100  | 2024-06-06 11:20:55 |
| 2  | 糖类   | 牛奶糖      | 7.50   | 200  | 2024-02-02 13:40:40 |
| 1  | 书籍   | 西游记      | 50.40  | 20   | 2024-01-01 13:40:40 |
| 4  | 服饰   | 休闲西服    | 800.00 | 10   | 2024-04-04 13:40:40 |
+----+--------+-------------+--------+------+---------------------+
5 rows in set (0.00 sec)
```

由查询结果可以看出，系统会首先按照 price 字段值升序排序，对于 price 字段值相同的记录，再按照 num 字段值升序排序。

3. 降序排序

如果需要对查询结果进行降序排序，可以使用 DESC 关键字。

【案例 7-33】执行 SQL 语句，查询 goods 表中所有记录，并按照 price 字段降序排序，执行结果如下：

```
mysql> SELECT * FROM goods ORDER BY price DESC;
+----+--------+-------------+--------+------+---------------------+
| id | type   | name        | price  | num  | add_time            |
+----+--------+-------------+--------+------+---------------------+
| 4  | 服饰   | 休闲西服    | 800.00 | 10   | 2024-04-04 13:40:40 |
| 1  | 书籍   | 西游记      | 50.40  | 20   | 2024-01-01  13:40:40 |
| 2  | 糖类   | 牛奶糖      | 7.50   | 200  | 2024-02-02  13:40:40 |
| 3  | 糖类   | 水果糖      | 2.50   | 100  | 2024-06-06 11:20:55 |
| 5  | 饮品   | 果汁        | 3.00   | 70   | 2024-05-05  13:40:40 |
+----+--------+-------------+--------+------+---------------------+
5 rows in set (0.00 sec)
```

在按照多字段排序时，也可以使用 DESC 关键字进行降序排序。

【案例 7-34】执行 SQL 语句，查询 goods 表中所有记录，并按照 price 字段和 num 字段先降序后升序排序，执行结果如下：

```
mysql> SELECT * FROM goods ORDER BY price DESC,num;
+----+------+--------+--------+------+---------------------+
| id | type | name   | price  | num  | add_time            |
+----+------+--------+--------+------+---------------------+
| 4  | 服饰 | 休闲西服 | 800.00 | 10   | 2024-04-04 13:40:40 |
| 1  | 书籍 | 西游记  | 50.40  | 20   | 2024-01-01 13:40:40 |
| 2  | 糖类 | 牛奶糖  | 7.50   | 200  | 2024-02-02 13:40:40 |
| 5  | 饮品 | 果汁    | 3.00   | 70   | 2024-05-05 13:40:40 |
| 3  | 糖类 | 水果糖  | 2.50   | 100  | 2024-06-06 11:20:55 |
+----+------+--------+--------+------+---------------------+
5 rows in set (0.00 sec)
```

由以上查询结果可以看出，执行结果按照 price 字段进行了降序排序，而按照 num 字段进行了升序排序。也就是说，如果需要按照多个字段进行降序排序，必须在每个字段后加上 DESC 关键字。

7.6.10　限制查询结果的数量

实际应用中，数据库中的数据量通常是很大的，一般不会一次性将所有数据查询出来，此时就需要使用 LIMIT 关键字来限制查询结果的数量。其语法格式如下：

SELECT {*|col_list} FROM table_name LIMIT [offset_start,]row_count;

上述语句中，"offset_start" 表示起始位置，用于指定查询从哪一行开始，如果不指定"LIMIT [offset_start,] row_count;"，默认为 0，即从表的第一行记录开始查询；"row_count" 表示查询结果的记录条数。接下来通过案例了解一下不指定起始位置、直接限制查询结果数量的情况。

【案例 7-35】执行 SQL 语句，查询 goods 表中的前 3 条记录，执行结果如下：

```
mysql> SELECT * FROM goods LIMIT 3;
+----+------+--------+--------+------+---------------------+
| id | type | name   | price  | num  | add_time            |
+----+------+--------+--------+------+---------------------+
| 1  | 书籍 | 西游记  | 50.40  | 20   | 2024-01-01 13:40:40 |
| 2  | 糖类 | 牛奶糖  | 7.50   | 200  | 2024-02-02 13:40:40 |
| 3  | 糖类 | 水果糖  | 2.50   | 100  | 2024-06-06 11:20:55 |
+----+------+--------+--------+------+---------------------+
3 rows in set (0.00 sec)
```

如果指定起始位置，则系统会从起始位置开始查询，返回总条数为显示条数的记录。

【案例 7-36】执行 SQL 语句，返回 goods 表中从第 3 条记录开始、总条数为 3 的记录，执行结果如下：

```
mysql> SELECT * FROM goods LIMIT 2,3;
+----+--------+----------+--------+-------+---------------------+
| id | type   | name     | price  | num   | add_time            |
+----+--------+----------+--------+-------+---------------------+
| 3  | 糖类   | 水果糖   | 2.50   | 100   | 2024-06-06 11:20:55 |
| 4  | 服饰   | 休闲西服 | 800.00 | 10    | 2024-04-04 13:40:40 |
| 5  | 饮品   | 果汁     | 2.50   | 70    | 2024-05-05 13:40:40 |
+----+--------+----------+--------+-------+---------------------+
3 rows in set (0.00 sec)
```

由查询结果可以看出，当起始位置为"2"时，MySQL 会从表的第 3 条记录开始查询。

任务 7.7 聚合函数和分组数据记录查询

在数据库中，通常需要进行一些数据汇总操作。比如，要统计汇总商品种类或者统计整个公司的员工数等，此时就用到了聚合函数。MySQL 所支持的聚合函数共有以下 5 种。

① COUNT( )函数：计算表中记录的条数。

② SUM( )函数：计算字段值的总和。

③ AVG( )函数：计算字段值的平均值。

④ MAX( )函数：查询表中字段值的最大值。

⑤ MIN( )函数：查询表中字段值的最小值。

实际应用中，聚合函数通常与分组查询一起使用。分组查询就是按照某个字段对数据记录进行分组，比如前面用到的 goods 表，可以按照商品类别对记录进行分组，然后使用聚合函数统计每个类别下的商品数量。

7.7.1 使用聚合函数查询

使用聚合函数查询的基本语法格式如下：

SELECT fuction(* |col_num) FROM table_name WHERE condition

本节依然以 db_shop 数据库中的 goods 表为例进行操作，在操作之前，先执行以下语句，向数据表中追加 5 条记录：

```
INSERT INTO goods(id,type,name,price,num,add_time)
VALUES(6,'书籍','论语',109,50,'2024-01-03 13:40:40')
(7,'水果','西瓜',1.5,null,'2024-02-05 13:40:40'),
(8,'水果','苹果',3,100,'2024-03-05 13:40:40'),
(9,'服饰','牛仔裤',120,10,'2024-05-04 13:40:40'),
(10,'书籍','红楼梦',50.5,15,'2024-05-06 13:40:40');
```

1. COUNT( )函数

COUNT( )函数用于统计数据记录条数，返回表中总的记录条数或符合特定条件的记录条数。其使用方法有以下两种。

① COUNT(*)：计算表中总的记录数，无论表字段中是否包含 NULL 值。

② COUNT(col_name)：计算表中指定字段的记录数，在具体统计时将忽略 NULL 值。下面通过具体案例说明 COUNT( )函数的应用。

【案例 7–37】执行 SQL 语句，查询 goods 表中总的记录条数，执行结果如下：

```
mysql> SELECT COUNT( * ) AS goods_num FROM goods;
+---------------+
| goods_num     |
+---------------+
| 10            |
+---------------+
1 row in set (0.06 sec)
```

由查询结果可以看出，COUNT(*)函数返回 goods 表中总的记录条数，返回的总数名称为"goods_num"。

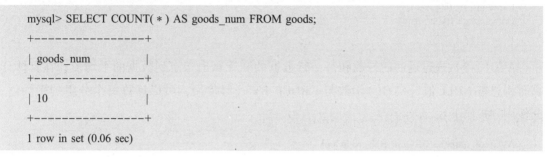

提　示

上述语句中使用 AS 关键字为查询结果取别名为 goods_num，使查询结果简单明了，AS 关键字可省略。使用 AS 关键字不仅可以为字段取别名，还可以为表取别名，其用法非常灵活。后面将多处用到该关键字。

【案例 7–38】执行 SQL 语句，查询 goods 表中有库存（num 值不为 NULL）的记录条数，执行结果如下：

```
mysql> SELECT COUNT(num) AS goods_num FROM goods;
+---------------+
| goods_num     |
+---------------+
| 9             |
+---------------+
1 row in set (0.06 sec)
```

由查询结果可以看出，表中有 9 条记录还有库存，num 值为空的记录被忽略。

2. SUM( )函数

SUM( )函数是一个求总和的函数，用于返回指定字段值的总和，或符合特定条件的指定字段值总和，在具体计算时将忽略 NULL 值。其使用方法如下：

```
SUM(col_name)
```

下面通过具体实例说明 SUM( )函数的应用。

【案例 7-39】执行 SQL 语句，查询 goods 表中商品库存的总和，执行结果如下：

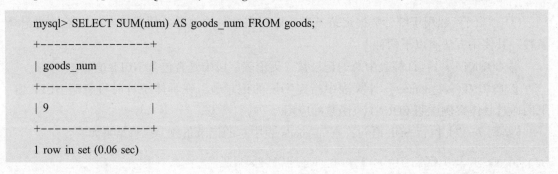

```
mysql> SELECT SUM(num) AS goods_num FROM goods;
+----------------+
| goods_num      |
+----------------+
| 9              |
+----------------+
1 row in set (0.06 sec)
```

3. AVG( ) 函数

AVG( ) 函数通过返回的行数和每一行数据的和计算出指定列数据的平均值，在具体计算时将忽略 NULL 值。AVG( ) 函数与 GROUP BY 一起使用，可以计算每个分组的平均值。其使用方式如下：

AVG(col_name)…GROUP BY group_col

【案例 7-40】执行 SQL 语句，查询 goods 表中每个商品类别的平均价格，执行结果如下：

```
mysql> SELECT type,AVG(price) FROM goods GROUP BY type;
+------+----------------+
| type | AVG(price)     |
+------+----------------+
| 书籍 | 69.966667      |
| 服饰 | 460.000000     |
| 水果 | 2.250000       |
| 糖类 | 5.000000       |
| 饮品 | 2.500000       |
+------+----------------+
5 rows in set (0.03 sec)
```

其中，"GROUP BY" 用于分组查询，7.7.2 节将会详细介绍其用法。

4. MAX( ) 函数和 MIN( ) 函数

MAX( ) 函数和 MIN( ) 函数是用于求最大值和最小值的函数，可返回指定字段中的最大值和最小值，或者符合特定条件的指定字段值中的最大值和最小值。其使用方法如下：

① MAX（col_name）：该方法可以实现计算指定字段值中的最大值，在具体计算时将忽略 NULL 值。

② MIN（col_name）：该方法可以实现计算指定字段值中的最小值，在具体计算时将忽略 NULL 值。

下面通过具体案例说明这两个函数的应用。

【案例7-41】执行 SQL 语句，查询 goods 表中商品的最高价格和最低价格，执行结果如下：

```
mysql> SELECT MAX(price) maxpri,MIN(price) minpri FROM goods;
+----------+----------+
| maxpri   | minpri   |
+----------+----------+
| 800.00   | 1.50     |
+----------+----------+
1 row in set (0.03 sec)
```

由查询结果可以看出，goods 表中商品的最高价格和最低价格分别是 800 和 1.5。

7.7.2 分组查询

分组查询是将查询结果按照某个或多个字段进行分组，MySQL 使用 GROUP BY 语句对数据进行分组。GROUP BY 从字面上理解是"根据（BY）一定的规则进行分组（GROUP）"。它的工作原理是按照一定的规则将一个数据集合划分成若干个小的区域，然后针对这些区域的数据进行处理，其语法格式如下：

```
mysql> SELECT { * |col_list} aggregate_func FROM table_name
GROUP BY col_namea[ HAVING condition];
```

上述语句中，"aggregate_func"表示聚合函数，GROUP BY 关键字通常与聚合函数一起使用；"col_namea"表示按照字段 col_namea 对数据进行分组。

1. 简单分组查询

将 GROUP BY 关键字与聚合函数 COUNT( )一起使用，可以查询每组的数量。

【案例7-42】执行 SQL 语句，将 goods 表中的记录按照 type 字段（商品类别）进行分组，并统计每组的数量，执行结果如下：

```
mysql> SELECT type,count( * ) FROM goods GROUP BY type;
+------+--------------+
| type | count( * )   |
+------+--------------+
| 书籍 | 3            |
| 服饰 | 2            |
| 水果 | 2            |
| 糖类 | 2            |
| 饮品 | 1            |
+------+--------------+
5 rows in set (0.03 sec)
```

如果需要将每种类型中包含的商品名称显示出来，可以使用 group_concat( )函数。

【案例7-43】执行 SQL 语句，将 goods 表中的记录按照 type 字段进行分组，并显示每组中的商品名称，执行结果如下：

```
mysql> SELECT type,group_concat(name) FROM goods GROUP BY type;
+--------+------------------------------------+
| type   | group_concat(name)                 |
+--------+------------------------------------+
| 书籍   | 西游记, 论语, 红楼梦               |
| 服饰   | 休闲西服, 牛仔裤                   |
| 水果   | 西瓜, 苹果                         |
| 糖类   | 牛奶糖, 水果糖                     |
| 饮品   | 果汁                               |
+--------+------------------------------------+
5 rows in set (0.03 sec)
```

2. 使用 HAVING 过滤分组后数据

GROUP BY 和 HAVING 一起使用，可以指定显示记录所需满足的条件，只有满足条件的分组才会被显示。

【案例 7-44】执行 SQL 语句，将 goods 表中的记录按照 type 字段分组并统计每组的数量，然后只取商品数量大于 1 的分组，执行结果如下：

```
mysql> SELECT type,count( * ) FROM goods GROUP BY type HAVING COUNT( * )>1;
+--------+------------+
| type   | count( * ) |
+--------+------------+
| 书籍   | 3          |
| 服饰   | 2          |
| 水果   | 2          |
| 糖类   | 2          |
+--------+------------+
4 rows in set (0.03 sec)
```

WHERE 子句和 HAVING 子句都具有按照条件筛选数据的功能，两者的区别主要有以下几点。

（1）WHERE 子句在进行分组操作之前用来选择记录，而 HAVING 子句在进行分组操作之后通过过滤来选择分组。

（2）HAVING 子句中的每个字段必须被包含在 SELECT 关键字后的字段列表中。

（3）HAVING 子句可以包含聚合函数，但 WHERE 子句不能。

3. 使用多个字段进行分组

使用 GROUP BY 不仅可以按照一个字段进行分组，还可以按多个字段进行分组。分组层次从左到右，即先按第一个字段进行分组，然后对第一个字段值相同的记录，再根据第二个字段进行分组，以此类推。

【案例 7-45】执行 SQL 语句，将 goods 表中的记录按照 type 和 num 字段进行分组并统计，显示每个分组中的商品类别、库存、商品名称和商品数量，执行结果如下：

```
mysql> SELECT type,num,group_concat(name),count(name) FROM goods GROUP BY type,num;
+--------+--------+---------------------------+--------------+
| type   | num    | group_concat(name)        | count(name)  |
+--------+--------+---------------------------+--------------+
| 书籍    | 15     | 红楼梦                     | 1            |
| 书籍    | 20     | 西游记                     | 1            |
| 书籍    | 50     | 论语                       | 1            |
| 服饰    | 10     | 休闲西服,牛仔裤             | 2            |
| 水果    | NULL   | 西瓜                       | 1            |
| 水果    | 100    | 苹果                       | 1            |
| 糖类    | 100    | 水果糖                     | 1            |
| 糖类    | 200    | 牛奶糖                     | 1            |
| 饮品    | 70     | 果汁                       | 1            |
+--------+--------+---------------------------+--------------+
9 rows in set (0.03 sec)
```

由执行结果可以看出，查询记录首先按照 type 分成 5 组，然后针对每组按照字段 num 进行分组，书籍被分为 3 组，服饰被分为 1 组，水果被分为 2 组，糖类被分为 2 组，饮品被分为 1 组。

华彩流光

《红楼梦》是曹雪芹所著的中国古代章回体长篇小说，是中国古典四大名著之一。小说以贾、王、史、薛四大家族的兴衰为背景，以贾宝玉与林黛玉、薛宝钗的爱情悲剧为主线，描绘了封建社会末期的人情世态。《红楼梦》也是一部具有世界影响力的人情小说，是举世公认的中国古典小说巅峰之作、中国封建社会的百科全书、传统文化的集大成者。

拓展阅读

数据库发展经历了 3 个时代，成就了 3 种商业形态。首先是 2011 年前后以 Oracle 为代表的商业数据库时代；其次是 2016 年以 MySQL 为代表的开源时代；最后是如今商业和开源、SQL 和 NewSQL 相互交融而成就的云和数字化时代。

在这期间，国产数据库从未缺席，特别是当下这个云数据库时代，阿里云的 PolarDB、蚂蚁的 OceanBase、腾讯的 TDSQL、华为的 GaussDB、PingCAP 的 TiDB、中兴的 GoldenDB 等都有着出色的表现。在中国邮政，云原生分布式数据库 PolarDB-X 高效支撑了"双十一"的订单业务，其峰值超过 1 亿件；中国工商银行使用华为云承载了关键的金融数据业务；北京银行使用 PingCAP 公司的 TiDB 承担了包括核心网联支付/银联无卡支付业务、支付对账、核心批量作业等一批核心交易应用。这些都充分说明了国产数据库正在全国各地落地开花。

项目考核

填空题

1. 表达式 1+2＊3 的运算结果为＿＿＿＿＿＿＿。

2. 表达式（1+2）>（2+3）的运算结果为＿＿＿＿＿＿＿。

3. 表达式 2&&2 的运算结果为＿＿＿＿＿＿＿。

4. 表达式 2&3<<1 的运算结果为＿＿＿＿＿＿＿。

5. 查询所有字段数据的语法格式为＿＿＿＿＿＿＿。

6. 查询指定字段数据的语法格式为＿＿＿＿＿＿＿。

7. 使用 IN 关键字查询的语法格式为＿＿＿＿＿＿＿。

8. 使用 IS NULL 关键字查询的语法格式为＿＿＿＿＿＿＿。

9. 使用 DISTINCT 关键字查询的语法格式为＿＿＿＿＿＿＿。

10. 使用 BETWEEN AND 关键字查询的语法格式为＿＿＿＿＿＿＿。

11. 使用 LIKE 关键字查询的语法格式为＿＿＿＿＿＿＿。

12. 使用 ORDER BY 关键字查询的语法格式为＿＿＿＿＿＿＿。

13. 使用 GROUP BY 关键字查询的语法格式为＿＿＿＿＿＿＿。

14. 使用 LIMIT 关键字查询的语法格式为＿＿＿＿＿＿＿。

项目 8
多表数据记录查询

【项目导读】

项目 7 详细介绍了单表查询，即在查询中只涉及一张表。但是实际应用中，经常需要在多张数据表中进行查询，也就是本项目要介绍的多表数据记录查询。多表数据记录查询在数据库管理和应用开发中至关重要，它通过内连接、外连接和子查询等技术实现了从多个相关表中提取数据的灵活性和效率。为便于理解，本项目仅介绍两个表间的连接查询。

【学习目标】

知识目标：
- 掌握多表连接查询的方法；
- 掌握 FROM 子句和 WHERE 子句中子查询的使用方法；
- 掌握使用 UNION 关键字和 UNION ALL 关键字合并查询结果。

能力目标：
- 能够使用连接查询和子查询实现多表数据记录查询；
- 能够使用 UNION 关键字和 UNION ALL 关键字合并查询结果。

素质目标：
- 了解数据库前沿技术，紧跟时代发展。

任务 8.1　连接查询

在关系型数据库管理系统中，一张数据表通常存储一个实体的信息。当两张或多张数据表中存在相同意义的字段时，如果需要同时显示多张数据表中的数据，便可以通过这些意义相同的字段将不同的数据表进行连接，并对连接后的数据表进行查询，这样的查询通常称为连接查询。在 MySQL 中，连接查询包括交叉连接查询、内连接查询、外连接查询和复合条件连接查询，本任务将对这些连接查询进行讲解。

8.1.1　内连接查询

内连接查询（INNER JOIN）是使用比较运算符对多个表间的某些列数据进行比较，并列出这些表中与连接条件相匹配的数据行，组合成新的记录。表之间的连接条件由表中具有相同意义的字段组成。

1. 普通内连接查询

内连接查询的基本语法格式如下：

SELECT 查询字段 FROM 数据表 1 INNER JOIN 数据表 2 ON 匹配条件;

在上述语法格式中，INNER JOIN 用于连接两张数据表，ON 用于指定查询的匹配条件，即同时匹配两张数据表的条件。由于内连接查询是对两张数据表进行操作，因此需要在匹配条件中指定所操作的字段来源于哪一张数据表，如果为数据表设置了别名，也可以通过别名指定数据表。

为便于讲解，首先需要创建一个数据库（staff），并在其中创建两个数据表（staff 和 section），两个表的结构信息分别如表 8-1 和表 8-2 所示。

表 8-1　staff 表结构信息

字段名	数据类型	约束	注释
staff_id	INT（10）	无符号、主键、自增、非空	员工 ID
section_id	INT（10）	无符号、非空	部门 ID
positions_id	INT（10）	非空	职位 ID
name	VARCHAR（10）	非空	姓名
sex	ENUM（'男', '女'）	非空	性别
phone_number	CHAR（11）	非空	手机号码
money	DECIMAL（10, 2）	无符号，非空，默认值	薪资
entry_date	DATETIME	非空	入职时间

表 8-2　section 表结构信息

字段名	数据类型	约束	注释
section_id	INT（10）	无符号、主键、自增、非空	部门 ID
section_title	VARCHAR（20）	非空	部门名称

【案例 8-1】本案例首先创建数据库 staff，然后参照表 8-1 和表 8-2 创建数据表 staff 及 section，并在其中插入数据。

（1）登录 MySQL 后执行以下语句，创建数据库 staff：

```
CREATE DATABASE staff;
```

（2）选择数据库 staff，并执行以下语句创建数据表 staff：

```
CREATE TABLE staff
    (
    staff_id INT(10) UNSIGNED NOT NULL AUTO_INCREMENT,
    section_id INT(10) UNSIGNED NOT NULL,
    position_id INT(10) NOT NULL,
    name VARCHAR(10) NOT NULL,
    sex ENUM('男','女') NOT NULL,
    phone_number CHAR(11) NOT NULL,
    money DECIMAL(10,2) UNSIGNED NOT NULL DEFAULT '0.00',
    entry_date DATETIME NOT NULL,
    PRIMARY KEY(staff_id)
    );
```

（3）向 staff 表中插入数据，执行以下 SQL 语句：

```
INSERT INTO staff(staff_id,section_id,positions_id,name,sex,phone_number,
money,entry_date)
VALUES(1,'1','1','小刘','男','13753697300',20000,'2024-04-02 14:35:35'),
(2,'4','2','小赵','女','13753697301',20000,'2024-04-02 14:36:35'),
(3,'2','3','小梅','女','13753697302',15000,'2024-04-03 14:37:25'),
(4,'3','3','小李','男','13753697303',15000,'2024-04-03 14:38:32'),
(5,'1','3','小张','男','13753697304',12000,'2024-04-03 14:39:37'),
(6,'4','8','小王','男','13753697305',10000,'2024-04-03 14:40:55');
```

（4）创建数据表 section，执行以下 SQL 语句：

```
CREATE TABLE section(
    section_id INT(10) UNSIGNED NOT NULL AUTO_INCREMENT,
    section_title VARCHAR(20) NOT NULL,
    PRIMARY KEY(section_id)
    );
```

（5）向数据表 section 中插入数据，执行以下 SQL 语句：

```
INSERT INTO section(section_id,section_title)
VALUES(1,'总经办'),
(2,'财务部'),
(3,'销售部'),
(4,'研发部'),
(5,'运营部'),
```

(6,'人力资源部'),
(7,'售后服务部');

【案例8-2】 在 staff 表和 section 表之间使用内连接查询，从 staff 表中查询 staff_id（员工 ID）、name（姓名）、sex（性别）和 phone_number（手机号码），从 section 表中查询 section_title（部门名称）。

由表8-1和表8-2的表结构信息可知，两个表都由相同数据类型的字段建立联系。为此，首先选择数据库 staff，然后执行内连接查询语句，查询结果如下：

```
mysql> SELECT staff_id,name,sex,section_title,phone_number
    -> FROM staff INNER JOIN section
    -> ON staff.section_id=section.section_id;
+----------+--------+------+---------------+----------------+
| staff_id | name   | sex  | section_title | phone_number   |
+----------+--------+------+---------------+----------------+
| 1        | 小刘   | 男   | 总经办        | 13753697300    |
| 2        | 小赵   | 女   | 研发部        | 13753697301    |
| 3        | 小梅   | 女   | 财务部        | 13753697302    |
| 4        | 小李   | 男   | 销售部        | 13753697303    |
| 5        | 小张   | 男   | 总经办        | 13753697304    |
| 6        | 小王   | 男   | 研发部        | 13753697305    |
+----------+--------+------+---------------+----------------+
6 rows in set (0.01 sec)
```

提 · 示

上述 SQL 语句中，使用符号"."将表名和字段名拼接起来，作用是明确指定字段所属的数据表，不会因为字段重名而造成系统无法识别。

内连接查询语句中 SELECT 语句与前面单表查询最大的区别在于以下几点：

（1）SELECT 后面指定的列分别属于两个不同的表；

（2）FROM 子句列出了两个表，两个表之间通过 INNER JOIN 指定；

（3）连接条件使用 ON 子句给出。

此外，使用 WHERE 子句也可以给出连接条件，从而达到与使用 INNER JOIN 相同的结果，语句如下：

```
SELECT staff_id,name,sex,section_title,phone_number
FROM staff,section
WHERE staff. section_id=section. section_id;
```

使用 WHERE 子句定义连接条件简单明了，但是在某些时候会影响查询性能，而 INNER JOIN 语法能够确保不会忘记连接条件。因为 WHERE 子句通常用于条件过滤，而 INNER JOIN 通常用于建立表之间的关联关系并检索关联数据。

2. 自连接查询

内连接查询中有一种特殊的查询，称为自连接查询，它是指连接查询中涉及的两张表在物理上是同一张表，但逻辑上可以看成两张表，语法格式如下：

> SELECT table_1. *, table_2. * FROM table _name AS table_1
> INNER JOIN table name AS table _2 ON condition;

上述语句的意义是，将一张表分别命名为 table_1 和 table_2，然后使用这两个表名进行自连接查询。

【案例 8-3】使用内连接查询语句，从 staff 表中查询薪资低于 15 000 的员工的 staff_id（员工 ID）、name（姓名）和 money（薪资）。

首先选择数据库 staff，然后执行内连接查询语句，查询结果如下：

```
mysql> SELECT s1.staff_id,s1.name,s1.money FROM staff AS s1
    -> INNER JOIN staff AS s2 ON s1.staff_id=s2.staff_id AND s2.money<15000;
+----------+------------+-------------+
| staff_id | name       | money       |
+----------+------------+-------------+
| 5        | 小张       | 12000.00    |
| 6        | 小王       | 10000.00    |
+----------+------------+-------------+
2 rows in set (0.00 sec)
```

此处查询的两个表是同一个表 staff，为防止产生二义性，使用 AS 关键字为表起了别名，staff 表第 1 次以 s1 为别名出现，第 2 次以 s2 为别名出现。INNER JOIN 连接两个表，并按照第 2 个表的 money 值对数据进行连接。

8.1.2　外连接查询

内连接的查询结果是符合连接条件的记录，然而有时在查询时，除了要查询出符合条件的数据外，还需要查询出其中一张数据表中符合条件之外的其他数据，此时就需要使用外连接查询。外连接查询（OUTER JOIN）是以一张表为基表，根据连接条件，与另一张表的每一行进行匹配，如果没有匹配上，则在相关联的结果行中，另一张表的所有选择列均返回空值。

外连接查询通常分为两种，即左连接查询（LEFT JOIN）和右连接查询（RIGHT JOIN）。其基本语法格式如下：

> SELECT 所查字段 FROM 数据表 1
> LEFT |RIGHT [OUTER] JOIN 数据表 2 ON 匹配条件；

一般上述语法中数据表 1 被称为左表，数据表 2 被称为右表。使用左连接和右连接查询的区别如下。

（1）LEFT JOIN：返回左表中所有的记录和右表中符合连接条件的记录。

（2）RIGHT JOIN：返回右表中所有的记录和左表中符合连接条件的记录。

1. 左连接查询

在外连接查询语句中，左连接查询会以左表为基表，与另一张表的每一行进行匹配，如果符合连接条件，则返回两张表相对应的行；如果不符合连接条件，则只返回左表中的行，并且其对应字段的值显示为 NULL。

【案例 8-4】 执行左连接查询语句，查询所有部门名称及部门对应员工的姓名。因为要查询出所有部门的名称，将 section 表作为查询中的左表，staff 表作为右表。执行结果如下：

```
mysql> SELECT section.section_title,staff.name FROM section
    ->LEFT JOIN staff ON section.section_id = staff.section_id;
+-----------------+-----------+
| section_title   | name      |
+-----------------+-----------+
| 总经办          | 小刘      |
| 总经办          | 小张      |
| 财务部          | 小梅      |
| 销售部          | 小李      |
| 研发部          | 小赵      |
| 研发部          | 小王      |
| 运营部          | NULL      |
| 人力资源部      | NULL      |
| 售后服务部      | NULL      |
+-----------------+-----------+
9 rows in set (0.00 sec)
```

由结果可以看出，section 表中的 section_title 为运营部、人力资源部和售后服务部的 name 值都是空，说明还没有员工是这些部门的。

2. 右连接查询

在外连接查询语句中，RIGHT JOIN 关键字之后的表称为右表，右连接查询会以右表为基表，与另一张表的每一行进行匹配，如果符合连接条件，则返回两张表相对应的行；如果不符合，则只返回右表中的行，并且其对应字段的值显示为 NULL。

【案例 8-5】 执行右连接查询语句，查询所有员工的姓名及姓名对应部门名称。因为要查询出所有员工的姓名，所以查询时可以使用右连接查询，将 staff 表作为查询中的右表。执行结果如下：

```
mysql> SELECT section.section_title,staff.name FROM section
    ->RIGHT JOIN staff ON section.section_id = staff.section_id;
+-----------------+-----------+
| section_title   | name      |
+-----------------+-----------+
| 总经办          | 小刘      |
| 研发部          | 小赵      |
| 财务部          | 小梅      |
| 销售部          | 小李      |
| 总经办          | 小张      |
| 研发部          | 小王      |
+-----------------+-----------+
6 rows in set (0.00 sec)
```

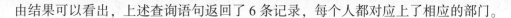

由结果可以看出，上述查询语句返回了 6 条记录，每个人都对应上了相应的部门。

8.1.3　复合条件连接查询

复合条件连接查询是通过在连接查询中添加过滤条件，以达到限制查询结果和筛选数据的目的，下面通过案例进行介绍。

【案例 8-6】在 staff 表和 section 表中，执行内连接查询语句，查询 section 表中部门名称为"总经办"的员工 ID、姓名、性别和电话号码等信息。

（1）登录 MySQL 后执行以下语句，打开 staff 数据库：

```
USE staff;
```

（2）执行以下 SQL 语句，在 staff 表和 section 表中查询部门名称为"总经办"的员工 ID、姓名、性别和电话号码，执行结果如下：

```
mysql> SELECT staff_id,name,sex,section_title,phone_number
    -> FROM staff INNER JOIN section
    -> ON staff.section_id=section.section_id;
    -> WHERE section.section_title='总经办';
+----------+----------+-------+---------------+--------------------+
| staff_id | name     | sex   | section_title | phone_number       |
+----------+----------+-------+---------------+--------------------+
| 1        | 小刘     | 男    | 总经办        | 13753697300        |
| 2        | 小张     | 男    | 总经办        | 13753697304        |
+----------+----------+-------+---------------+--------------------+
2 rows in set (0.01 sec)
```

可以看出，在限制了部门名称为"总经办"后，此处只返回了在总经办任职的员工信息。可以将该结果与案例 8-2 的查询结果进行比较。

任务 8.2　子查询

如果一个查询语句中嵌套了一个或若干个其他的查询语句，那么在整个语句中，外层查询称为主查询，内层查询称为子查询或者嵌套查询。该类查询可以基于一个表或多个表。在此类查询中，系统会先执行子查询，将子查询的结果作为主查询的过滤条件。

子查询可以应用在 SELECT、UPDATE 和 DELETE 语句中，并且大多数子查询会包含在 FROM 子句或 WHERE 子句中，在 WHERE 子句中通常与 IN、ANY、ALL 和 EXISTS 关键字搭配使用，也可以使用条件判断符。本任务主要讲解 SELECT 语句中的子查询。

8.2.1　FROM 子句中的子查询

FROM 子句中的子查询会生成一个临时表，由于 FROM 子句中的每个表都必须有一个名称，因此应该为临时表取一个别名，语法格式如下：

```
SELECT 字段名 FROM(SELECT * FROM 表名) AS table_alias [WHERE condition];
```

上述语句中，table_alias 表示表别名，下面通过案例介绍上述语句的应用。

【案例 8-7】查询 goods 表中 id 值大于 7 且 num 值大于 10 的商品的 id 和 name 值。

（1）登录 MySQL 后执行以下语句，打开 db_shop 数据库：

```
USE db_shop;
```

（2）执行以下语句，查询 goods 表中 id 值大于 7 的数据记录，查询结果如下：

```
mysql> SELECT * FROM goods WHERE id>7;
+------+--------+----------+----------+------------+---------------------+
| id   | type   | name     | price    | num        | add_time            |
+------+--------+----------+----------+------------+---------------------+
| 8    | 水果   | 苹果     | 3.00     | 100        | 2024-03-05 13:40:40 |
| 9    | 服饰   | 牛仔裤   | 120.00   | 10         | 2024-05-04 13:40:40 |
| 10   | 书籍   | 红楼梦   | 50.50    | 15         | 2024-05-06 13:40:40 |
+------+--------+----------+----------+------------+---------------------+
3 rows in set (0.00 sec)
```

（3）执行嵌套查询，将上述语句作为子查询，在其生成的临时表 g1 中查询 num 值大于 10 的商品的 id 和 name 值，查询结果如下：

```
mysql> SELECT id,name FROM (SELECT * FROM goods WHERE id>7) AS g1;
    ->WHERE num>10;
+------+-----------+
| id   | name      |
+------+-----------+
| 8    | 苹果      |
| 10   | 红楼梦    |
+------+-----------+
2 rows in set (0.00 sec)
```

8.2.2　WHERE 子句中的子查询

包含在 WHERE 子句中的子查询，其查询结果通常是单列数据，系统执行子查询后，子查询的结果会作为主查询的筛选条件。

1. 使用 IN 关键字的子查询

当子查询返回的是一个数据集合，主查询需要返回符合集合中条件的记录时，可以使用 IN 关键字，语法格式如下：

```
SELECT 字段名 FROM 表 1
WHERE col_name1 IN (SELECT col_name2 FROM 表 2 [WHERE condition]);
```

上述语句中"col_name1"为表 1 中的字段，"col_name2"为表 2 中的字段。

接下来的任务，将结合以下创建的 orders 表（见表 8-3）为操作对象，讲解多表数据记录查询的具体实现方式，如果表内还没有数据，执行以下语句在其中插入语句：

```
INSERT INTO orders(o_id, add_time, goods_id)
VALUES (1, '2024-04-02 14:35:52', 6),
(2, '2024-04-03 14:40:52', 1),
(3, '2024-04-03 14:43:52', 5),
(4, '2024-04-03 14:45:52', 1),
(5, '2024-04-03 14:47:24', 15),
(6, '2024-04-03 14:50:52', 4);
```

表 8-3　orders 表结构信息

字段	数据类型	约束	注释
o_id	INT（11）	主键	订单编号
add_time	DATETIME		添加时间
goods_id	INT（11）	外键	商品编号

执行 orders 表插入语句后，实现效果如下所示：

```
+-----+---------------------+----------+
| o_id | add_time            | goods_id |
+-----+---------------------+----------+
| 1    | 2024-04-02 14:35:52 | 6        |
| 2    | 2024-04-03 14:40:52 | 1        |
| 3    | 2024-04-03 14:43:52 | 5        |
| 4    | 2024-04-03 14:45:52 | 1        |
| 5    | 2024-04-03 14:47:24 | 15       |
| 6    | 2024-04-03 14:50:52 | 4        |
+-----+---------------------+----------+
6 rows in set (0.06 sec)
```

【案例 8-8】查询表 8-3 所示的 orders 表中字段 goods_id 的所有值，然后使用子查询结果拼接 WHERE 条件，查询 goods_id 值对应的所有商品的详细信息。

（1）登录 MySQL，打开 db_shop 数据库，执行以下语句：

```
USE db_shop;
```

（2）执行 SQL 语句，查询 orders 表中字段 goods_id 的所有值，执行结果如下：

```
mysql>SELECT goods_id FROM orders;
+----------+
|goods_id  |
+----------+
|1         |
|1         |
|4         |
|5         |
|6         |
|15        |
+----------+
6 rows in set (0.00 sec)
```

（3）执行 SQL 语句，使用上述查询结果作为子查询，在 goods 表中查询 goods_id 值对应商品的详细信息，执行结果如下：

```
mysql>SELECT * FROM goods WHERE id IN (SELECT goods_id FROM orders);
+-----+--------+-----------+--------+-------+---------------------+
| id  | type   | name      | price  | num   | add_time            |
+-----+--------+-----------+--------+-------+---------------------+
| 1   | 书籍   | 西游记    | 50.40  | 20    | 2024-01-01 13:40:40 |
| 4   | 服饰   | 休闲西服  | 800.00 | 10    | 2024-04-04 13:40:40 |
| 5   | 饮品   | 果汁      | 2.50   | 70    | 2024-05-05 13:40:40 |
| 6   | 书籍   | 论语      | 109.00 | 50    | 2024-01-03 13:40:40 |
+-----+--------+-----------+--------+-------+---------------------+
4 rows in set (0.00 sec)
```

执行结果成功显示出订单中商品的详细信息，但由于 goods_id 为 15 的商品不在 goods 表中，所以没有显示出该商品的信息。

另外，子查询还可以和 NOT IN 配合使用，下面通过案例进行介绍。

【案例 8-9】依然以前面的查询结果作为子查询，在 goods 表中查询没有订单商品的详细信息，执行结果如下：

```
mysql>SELECT * FROM goods
WHERE id NOT IN (SELECT goods_ id FROM orders);
+-----+--------+-----------+--------+-------+---------------------+
| id  | type   | name      | price  | num   | add_time            |
+-----+--------+-----------+--------+-------+---------------------+
| 2   | 糖类   | 牛奶糖    | 7.50   | 200   | 2024-02-02 13:40:40 |
| 3   | 糖类   | 水果糖    | 2.50   | 100   | 2024-06-06 11:20:55 |
| 7   | 水果   | 西瓜      | 1.50   | NULL  | 2024-02-05 13:40:40 |
| 8   | 水果   | 苹果      | 3.00   | 100   | 2024-03-05 13:40:40 |
| 9   | 服饰   | 牛仔裤    | 120.00 | 10    | 2024-05-04 13:40:40 |
| 10  | 书籍   | 红楼梦    | 50.50  | 15    | 2024-05-06 13:40:40 |
+-----+--------+-----------+--------+-------+---------------------+
6 rows in set (0.00 sec)
```

2. 使用 ANY、SOME 关键字的子查询

ANY 和 SOME 是同义词，表示满足其中一个条件。该类型查询会创建一个表达式对子查询的返回值列表进行比较，只要满足子查询中的任一个比较条件，就返回一个结果。其语法格式如下：

```
SELECT 字段名 FROM 表 1
WHERE col_name1 <ANY (SELECT col_name2 FROM 表 2 [WHERE condition]);
```

【案例 8-10】在 goods 表中查询 2024 年 4 月 2 日以后订单中的商品信息。

（1）登录 MySQL，打开 db_shop 数据库，执行以下语句：

```
USE db_shop;
```

（2）执行 SQL 语句，查询 orders 表中 2024 年 4 月 2 日以后订单中的 goods_id 的所有值，查询结果如下：

```
mysql> SELECT goods_id FROM orders WHERE add_time>'2024-04-02';
+------------+
| goods_id   |
+------------+
| 6          |
| 1          |
| 5          |
| 1          |
| 15         |
| 4          |
+------------+
6 rows in set (0.00 sec)
```

（3）执行 SQL 语句，使用上述查询结果作为子查询，在 goods 表中查询 goods_id 值对应商品的详细信息，查询结果如下：

```
mysql> SELECT * FROM goods
    ->WHERE id=ANY (SELECT goods_id FROM orders WHERE add_time>'2024-04-02');
+------+---------+-----------+----------+------------+---------------------+
| id   | type    | name      | price    | num        | add_time            |
+------+---------+-----------+----------+------------+---------------------+
| 6    | 书籍    | 论语      | 109.00   | 50         | 2024-01-03 13:40:40 |
| 1    | 书籍    | 西游记    | 50.40    | 20         | 2024-01-01 13:40:40 |
| 5    | 饮品    | 果汁      | 2.50     | 70         | 2024-05-05 13:40:40 |
| 4    | 服饰    | 休闲西服  | 800.00   | 10         | 2024-04-04 13:40:40 |
+------+---------+-----------+----------+------------+---------------------+
4 rows in set (0.00 sec)
```

> **提　示**
>
> 由上述查询结果可以看出，使用"=ANY"与使用关键字 IN 的效果实际上是相同的，除"="外，ANY 关键字前面可以使用的条件判断符还有"<""＞""<="和"＞=",读者可根据需要进行选择。

3. 使用 ALL 关键字的子查询

与 ANY 和 SOME 不同，使用 ALL 关键字的子查询，表示当一条记录符合子查询结果中所有的条件时，才会返回记录。其语法格式如下：

```
SELECT 字段名 FROM 表 1
WHERE col_name1 >ALL
(SELECT col_name2 FROM 表 2 [WHERE condition]);
```

【案例 8-11】 在 goods 表中查询 id 值比子查询结果中的最大数据还要大的记录。

（1）登录 MySQL，打开 db_shop 数据库，执行以下语句：

```
USE db_shop;
```

（2）执行 SQL 语句，查询 orders 表中 2024 年 4 月 3 日之前的订单中的 goods_id 的所有值，执行结果如下：

```
mysql> SELECT goods_id FROM orders WHERE add_time<'2024-04-03';
+------------+
| goods_id   |
+------------+
| 6          |
| 4          |
+------------+
2 rows in set (0.00 sec)
```

> **提　示**
>
> 为验证查询结果，此处事先将 orders 表中第 6 条记录的添加时间改为了 2024-04-01 14:47:24。

（3）执行 SQL 语句，使用上述查询结果作为子查询，在 goods 表中查询 goods_id 值对应商品的详细信息，执行结果如下：

```
mysql> SELECT * FROM goods
    ->WHERE id>ALL (SELECT goods_id FROM orders WHERE add_time<'2024-04-03');
+------+-------+----------+----------+---------+---------------------+
| id   | type  | name     | price    | num     | add_time            |
+------+-------+----------+----------+---------+---------------------+
| 7    | 水果  | 西瓜     | 1.50     | NULL    | 2024-02-05 13:40:40 |
| 8    | 水果  | 苹果     | 3.00     | 100     | 2024-03-05 13:40:40 |
| 9    | 服饰  | 牛仔裤   | 120.00   | 10      | 2024-05-04 13:40:40 |
| 10   | 书籍  | 红楼梦   | 50.50    | 15      | 2024-05-06 13:40:40 |
+------+-------+----------+----------+---------+---------------------+
4 rows in set (0.00 sec)
```

可以看出，查询结果中所有记录的 id 值都同时大于子查询结果中的 4 和 6。

> **提　示**
>
> ALL 关键字之前可以使用的条件判断符有"<"">""<="和">="，但一般不会使用"="。

4. 使用 EXISTS 关键字的子查询

使用 EXISTS 关键字，系统会对子查询的返回结果进行判断，如果子查询至少返回一行

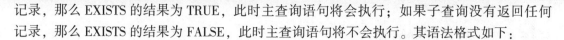

记录，那么 EXISTS 的结果为 TRUE，此时主查询语句将会执行；如果子查询没有返回任何记录，那么 EXISTS 的结果为 FALSE，此时主查询语句将不会执行。其语法格式如下：

```
SELECT 字段名 FROM 表 1 WHERE EXISTS (SELECT * FROM 表 2);
```

【案例 8-12】查询 orders 表中是否存在 goods_id 值为 5 的记录，如果存在，则查询 goods 表中 id 值小于 5 的记录。

在打开数据库 db_shop 后，执行 SQL 语句，使用 EXISTS 关键字查询 goods 表中 id 值小于 5 的记录，执行结果如下：

```
mysql> SELECT * FROM goods
    ->WHERE id<'5'AND
    ->EXISTS(SELECT o_id FROM orders WHERE goods_id<'5');
+------+---------+-----------+----------+---------+---------------------+
| id   | type    | name      | price    | num     | add_time            |
+------+---------+-----------+----------+---------+---------------------+
| 1    | 书籍    | 西游记    | 50.40    | 20      | 2024-01-01 13:40:40 |
| 2    | 糖类    | 牛奶糖    | 7.50     | 200     | 2024-02-02 13:40:40 |
| 3    | 糖类    | 水果糖    | 2.50     | 100     | 2024-06-06 13:40:40 |
| 4    | 服饰    | 休闲西服  | 800.00   | 10      | 2024-04-04 13:40:40 |
+------+---------+-----------+----------+---------+---------------------+
4 rows in set (0.00 sec)
```

由查询结果可知，子查询结果表明 orders 表中存在 goods_id='5'的记录，因此 EXISTS 表达式返回 TRUE；主查询语句接收 TRUE 之后，根据查询条件 id<'5'对 goods 表进行查询，返回 4 条符合条件的记录。NOT EXISTS 与 EXISTS 的使用方法相同，返回的结果相反，可自行尝试。

5. 使用条件判断符的子查询

在子查询中，还可以单独使用条件判断符。其语法格式如下：

```
SELECT 字段名 FROM 表 1
WHERE col_name1 operators (SELECT col_name2 FROM 表 2);
```

上述语句中，operators 表示条件判断符。

【案例 8-13】查询 goods 表中 id 值等于 3 的商品详细信息。

在打开数据库 db_shop 后，执行 SQL 语句，使用条件判断符查询 goods 表中 id 值等于 3 的商品的详细信息，执行结果如下：

```
mysql> SELECT * FROM goods
    ->WHERE id=(SELECT goods_id FROM orders WHERE id=3);
+------+---------+--------+----------+--------+---------------------+
| id   | type    | name   | price    | num    | add_time            |
+------+---------+--------+----------+--------+---------------------+
| 5    | 饮品    | 果汁   | 2.50     | 70     | 2024-05-05 13:40:40 |
+------+---------+--------+----------+--------+---------------------+
1 row in set (0.06 sec)
```

任务8.3　合并查询结果

合并查询结果就是使用 UNION 关键字，将多条查询语句的结果合并在一起显示。UNION 有两种使用方法：一种是查询结果不重复（过滤掉重复的记录）；另一种是保留所有查询结果。

为便于讲解，首先创建两张表，分别为喜欢音乐的学生表（music）和喜欢舞蹈的学生表（dance）。

【案例8-14】参照表8-4创建两张结构相同的表，分别命名为 music 和 dance，之后为各个表插入数据。

表 8-4　music 和 dance 表结构信息

字段名	数据类型	约束	注释
id	INT（10）	无符号、主键、自增、非空	学生 ID
name	VARCHAR（20）	非空	学生姓名

（1）登录 MySQL，创建数据库 school，执行以下 SQL 语句：

```
CREATE DATABASE school;
```

（2）登录 MySQL，打开 school 数据库，执行以下语句：

```
USE school;
```

（3）在数据库 school 中创建数据表 music，并按照同样方法创建数据表 dance。执行以下 SQL 语句：

```
CREATE TABLE music(
    INT(10) UNSIGNED NOT NULL AUTO_INCREMENT,
    name VARCHAR(20) NOT NULL,
    PRIMARY KEY(id)
    );
```

（4）向数据表 music 中插入数据，执行以下 SQL 语句：

```
INSERT INTO music(id,name)
VALUES(1,'小张'),
(2,'小刘'),
(3,'小宋');
```

（5）向数据表 dance 中插入数据，执行以下 SQL 语句：

```
INSERT INTO dance(id,name)
VALUES(1,'小李'),
(2,'小刘'),
(3,'小孙');
```

8.3.1　使用 UNION 关键字的合并操作

单独使用 UNION 关键字的合并操作，查询结果集会合并在一起，并将重复的记录删除。其语法格式如下：

```
SELECT 字段名 FROM 表 1 UNION SELECT 字段名 FROM 表 2;
```

下面通过具体的案例说明 UNION 关键字的使用。

【案例 8-15】在数据库 school 中，使用 UNION 关键字合并数据表 music 和 dance 的数据记录。

（1）登录 MySQL，打开 school 数据库，执行以下 SQL 语句：

```
USE school;
```

（2）执行 SQL 语句，使用 UNION 关键字合并数据表 music 和 dance 的数据记录，执行结果如下：

```
mysql> SELECT * FROM music UNION ALL SELECT * FROM dance;
+-----+-------+
| id  | name  |
+-----+-------+
| 1   | 小张  |
| 2   | 小刘  |
| 3   | 小宋  |
| 1   | 小李  |
| 3   | 小孙  |
+-----+-------+
5 rows in set (0.06 sec)
```

从结果可以看出，执行结果成功合并了数据记录，同时去掉了重复的数据记录"小刘"。

8.3.2　使用 UNION ALL 关键字的合并操作

使用 UNION ALL 关键字的合并操作，查询结果集会直接合并在一起，并不会删除重复的记录。其语法格式如下：

```
SELECT 字段名 FROM 表 1 UNION ALL SELECT 字段名 FROM 表 2;
```

下面通过具体的案例说明 UNION ALL 关键字的使用。

【案例 8-16】在数据库 school 中使用 UNION ALL 关键字合并数据表 music 和 dance 的数据记录。

（1）登录 MySQL，打开 school 数据库，执行以下 SQL 语句：

```
USE school;
```

（2）执行 SQL 语句，使用 UNION ALL 关键字合并数据表 music 和 dance 的数据记录，

执行结果如下:

```
mysql> SELECT * FROM music UNION ALL SELECT * FROM dance;
+-----+-------+
| id  | name  |
+-----+-------+
| 1   | 小张  |
| 2   | 小刘  |
| 3   | 小宋  |
| 1   | 小李  |
| 2   | 小刘  |
| 3   | 小孙  |
+-----+-------+
6 rows in set (0.06 sec)
```

执行结果成功合并数据记录,并没有删除重复的数据记录"小刘"。

提 示

在使用 UNION 关键字合并查询结果时,两个语句查询的字段数量必须相同;否则系统会报错。

项目实训

根据表 8-5 所列的信息创建 tb_department 表,并插入数据,然后结合表 8-6 所示的 tb_worker 表,执行数据查询操作。

表 8-5 部门表结构信息

字段名	数据类型	约束	注释
id	INT (11)	主键、自增	部门 ID
d_name	VARCHAR (30)	非空	部门名称
manager	VARCHAR (30)	非空	部门主管
work_num	INT (11)		部门员工人数

表 8-6 tb_worker 表结构信息

字段	数据类型	约束	注释
id	INT (11)	主键、自增	员工编号
name	VARCHAR (30)	非空	姓名
sex	ENUM ('w' , 'm')	默认值'm'	m 为男,w 为女
hobby	SET ('football' , 'basketball' , 'volleyball')		爱好
score	FLOAT (3,1)	无符号	绩效评分

续表

字段	数据类型	约束	注释
mobile	VARCHAR（11）	唯一，非空	手机号
intro	TEXT		简介
entry_time	DATE		入职时间

（1）登录 MySQL，打开 company 数据库，执行以下 SQL 语句：

```
USE company;
```

（2）参照表 8-5 所列的信息，创建部门表 tb_department，执行以下语句：

```
CREATE TABLE tb_department(
    id INT(11) AUTO_INCREMENT,
    d_name VARCHAR(30) NOT NULL,
    manager VARCHAR(30) NOT NULL,
    work_num INT(11),
    PRIMARY KEY(id)
);
```

（3）向 tb_department 表中插入数据，执行以下 SQL 语句：

```
INSERT INTO tb_department(id,d_name,manager,work_num)
VALUSE(1,'人事部','马莉','5'),
(2,'财务部','李超','3'),
(3,'技术部','刘浩','9'),
(4,'销售部','赵宁','12');
```

（4）由于需要执行连接查询操作，所以在 tb_worker 表的最后一列添加部门 ID 字段 d_id，SQL 语句如下：

```
ALTER TABLE tb_worker ADD d_id INT(11);
```

（5）在可视化工具中修改 tb_worker 表中 d_id 字段的数据，然后查看表中数据。

（6）执行 SQL 语句，对 tb_department 表和 tb_worker 表执行左连接查询，并用 AS 关键字重命名表，查询员工表中员工姓名及所在部门，执行结果如下：

```
mysql> SELECT w.id,w.name,d.d_name FROM tb_worker AS w
    ->LEFT JOIN tb_department AS d ON w.d_id=d.id;
+-----+-------+-----------+
| id  | name  | d_name    |
+-----+-------+-----------+
| 2   | 小钱  | 人事部    |
| 4   | 小李  | 财务部    |
| 1   | 小赵  | 技术部    |
| 6   | 小吴  | 销售部    |
+-----+-------+-----------+
4 rows in set (0.06 sec)
```

（7）使用子查询，在员工表中查询部门主管为"马莉"的员工信息，执行结果如下：

```
mysql> SELECT * FROM tb_worker WHERE d_id=
    ->(SELECT id FROM tb_department WHERE manager='马莉');
+----+------+-----+---------------------+-------+-------------+-------+------------+-----+
| id | name | sex | hobby               | score | mobile      | intro | entry_time | d_id|
+----+------+-----+---------------------+-------+-------------+-------+------------+-----+
| 2  | 小钱 | m   | basketball,volleyball| 9.6  | 13899992222 | NULL  | 2008-06-08 | 1   |
+----+------+-----+---------------------+-------+-------------+-------+------------+-----+
1 row in set (0.06 sec)
```

拓展阅读

随着计算机技术的进步，云数据库和分布式数据库已经成为数据库领域的两大新兴趋势。

（1）云数据库（Cloud Database）利用云计算的优势，将数据库部署在虚拟化的云环境中。用户无须购买和维护昂贵的硬件设施，就可以按需使用计算资源。这种模式不仅降低了成本，还提供了高可用性、弹性扩展和全球化服务，使企业能够更加灵活地管理和访问数据。

（2）分布式数据库（Distributed Database）通过将数据分散存储在多个地理位置不同的计算机上，实现数据的分布式处理。这种系统的设计使其具备更好的可扩展性和容错能力。分布式数据库系统能够有效地处理海量数据，同时保证数据的一致性和可用性，使其特别适合大规模应用场景，如互联网服务、大数据处理等。

项目考核

一、填空题

1. 使用内连接查询的语法格式为_____。
2. 使用外连接查询的语法格式为_____。
3. 在 FROM 子句中使用子查询的语法格式为_____。
4. 在 WHERE 子句中使用子查询的语法格式为_____。
5. 合并查询结果使用_____或_____关键字来进行合并操作。

二、简答题

合并查询中使用 UNION 关键字和 UNION ALL 关键字的区别是什么？

第3部分
进 阶 篇

项目 9
索引的基本操作

【项目导读】

随着数据表中记录的逐渐增多，MySQL 执行查询操作的效率也会越来越低，但可以为数据表创建索引来解决这个问题，通过使用索引可以快速找出表中某个列中的特定行。本项目将介绍与索引相关的概念及基本操作，主要内容包括索引的分类和设计原则，以及如何创建、查看和删除索引。

【学习目标】

知识目标：

- 了解索引的概念，能够说出索引的作用；
- 了解索引的分类和设计原则；
- 掌握创建和查看索引的方法；
- 掌握删除索引的方法。

能力目标：

- 能够说出索引的概念和作用；
- 能够在创建和修改数据表的同时创建索引，在已有的数据表上创建索引；
- 能够通过 SHOW 语句查看数据表中索引的信息；
- 能够使用 ALTER TABLE 和 DROP INDEX 语句删除索引。

素质目标：

- 了解索引的来源，增强民族自信心和自豪感。

任务 9.1 索引概述

在关系型数据库中，索引主要用于对数据表中一列或多列的值进行排序，使用它可以有效提高数据库中特定数据的查询速度。

9.1.1 索引的概念和特点

索引是一种单独的、存储在磁盘上的数据库对象（数据结构），它包含对数据表中所有记录的引用指针，就好比《新华字典》的音序表，使用它可以快速找出在某个或多个列中有一特定值的行。MySQL 中的所有列都可以被索引，对相关列使用索引是提高数据查询速度的最佳途径。例如，数据表中有 1 万条记录，要查询第 8 000 条记录时，SQL 语句为 SELECT * FROM table WHERE id = 8000。如果没有索引，必须遍历整个表，直到第 8 000 条记录被找到；如果在 id 列上创建索引，MySQL 直接在索引中定位 8 000，就可以得到该行的位置。

索引是在存储引擎中实现的，每种存储引擎支持的索引结构有所不同，应根据数据所应用的存储引擎，定义每个表的最大索引数和最大索引长度。MySQL 目前支持 BTREE 和 HASH 两种索引结构。MyISAM 和 InnoDB 存储引擎默认只支持 BTREE；MEMORY 存储引擎默认创建的是 HASH，但也支持 BTREE。每种存储引擎对每个表至少支持 16 个索引，总索引长度至少为 256 字节。大多数存储引擎有更高的限制。

1. 创建索引的优点

总体来说，索引具有以下优点。

（1）可以大大加快数据的检索速度，这也是创建索引最主要的原因。

（2）创建唯一索引，可以保证数据库表中每行数据的唯一性。

（3）加速表和表之间的连接。

（4）在使用分组和排序子句进行数据检索时，可以显著减少查询中分组和排字的时间。

2. 创建索引的缺点

创建索引也有许多不利的方面，具体表现在以下几点。

（1）创建和维护索引要耗费时间，并且随着数据量增加所耗费的时间也会增加。

（2）除数据表要占用数据空间外，索引也要占据一定的物理空间。如果索引过多，可能使数据文件更快达到最大文件尺寸。

（3）当对表中数据执行增加、删除和修改等操作时，索引也要动态地维护，这无形中降低了数据维护的速度。

9.1.2 索引的分类

根据索引的实现语法不同，MySQL 中常见的索引大致分为 5 种，具体描述如下。

1. 普通索引

普通索引是 MySQL 中的基本索引类型，使用 KEY 或 INDEX 定义，不需要添加任何限制条件。

2. 唯一性索引

创建唯一性索引的字段允许有 NULL 值，但需要保证索引对应字段中的值是唯一的。例如，在员工表 emp 的 ename 字段上建立唯一性索引，那么 ename 字段的值必须是唯一的。

3. 主键索引

主键索引是一种特殊的唯一性索引，用于根据主键自身的唯一性标识每一条记录。主键索引的字段不允许有 NULL 值。

4. 全文索引

全文索引主要用于提高在数据量较大的字段中的查询效率。全文索引和 SQL 中的 LIKE 模糊查询类似，不同的是 LIKE 模糊查询适用于在内容较少的文本中进行模糊匹配，全文索引更擅长在大量的文本中进行数据检索。全文索引只能创建在 CHAR、VARCHAR 或 TEXT 类型的字段上。

5. 空间索引

空间索引只能创建在空间数据类型的字段上，其中空间数据类型存储的空间数据是指含有位置、大小、形状以及自身分布特征等多方面信息的数据。MySQL 中的空间数据类型有 4 种，分别是 GEOMETRY、POINT、LINESTRING 和 POLYGON。需要注意的是，对于创建空间索引的字段，必须将其声明为 NOT NULL。

上述 5 种索引可以在一列或多列字段上进行创建。根据创建索引的字段个数，可以将索引分为单列索引和复合索引，具体介绍如下。

（1）单列索引。单列索引指的是在表中单个字段上创建索引，它可以是普通索引、唯一性索引或全文索引，只要保证该索引只对应表中一个字段即可。

（2）复合索引。复合索引指的是在表中多个字段上创建一个索引，并且只有在查询条件中使用了这些字段中的第一个字段时，该索引才会被使用。例如，在员工表 emp 的 ename 和 deptno 字段上创建一个复合索引，那么只有查询条件中使用了 ename 和 deptno 字段时，该索引才会被使用。

9.1.3　索引的设计原则

创建索引可以提高数据查询的速度，但设计不合理的索引反而会降低 MySQL 的性能。所以，在创建索引时最好能遵循以下原则。

（1）数据量很小的表最好不要使用索引，否则通过索引查询记录可能比直接扫描整张表还要慢。

（2）索引并非越多越好。过多的索引会占用大量磁盘空间，并且会影响插入、修改和删除等语句的性能。

（3）对于经常执行修改操作的表不要创建过多索引，并且索引中的列应尽可能少。而对于经常执行查询操作的字段，应该创建索引。

（4）在条件表达式中经常会用到的不同值较多的列上创建索引，不同值较少的列不要创建索引。比如，员工表中的"性别"字段，只有"男"和"女"两个不同值，因此无须创建索引。因为这样不仅不会提高查询效率，反而会严重降低更新速度。

（5）在频繁进行排序或分组（即进行 GROUP BY 或 ORDER BY 操作）的列上创建索引。如果待排序的列有多个，可以在这些列上创建组合索引。

任务9.2　创建和查看索引

要想使用索引提高数据表的访问速度，首先必须创建索引。MySQL 提供了 3 种创建索引的方式，分别是创建数据表的同时创建索引、在已有的数据表上创建索引、修改数据表的同时创建索引。接下来对这 3 种创建方式进行讲解。

9.2.1　创建数据表的同时创建索引

创建数据表的同时创建索引的基本语法格式如下：

```
CREATE TABLE 表名 (
    字段名 1 数据类型 [ 完整性约束条件 ],
              …
    {INDEX | KEY } [ 索引名 ] [ 索引类型 ]( 字段列表 )
    | UNIQUE [ INDEX | KEY] [ 索引名 ] ( 字段列表 )
    | PRIMARY KEY ( 字段列表 )
    | FULLTEXT [ INDEX | KEY ] [ 索引名 ] ( 字段列表 )
    | SPATIAL [ INDEX | KEY ] [ 索引名 ] ( 字段列表 )
              …
);
```

上述语法格式中各选项的含义如下。

（1）｛INDEX ｜ KEY｝：INDEX 和 KEY 为同义词，表示索引，两者选一即可。

（2）索引名：可选项，表示为创建索引定义的名称。不使用该选项时，默认使用建立索引的字段表示，复合索引则使用第一个字段的名称作为索引名称。

（3）索引类型：可选项，某些存储引擎允许在创建索引时指定索引类型，使用的语法是 USING ｛ BTREE ｜ HASH ｝。不同的存储引擎支持的索引类型也不同。例如，存储引擎 InnoDB 和 MyISAM 支持 BTREE，而 MEMORY 则同时支持 BTREE 和 HASH。

（4）UNIQUE：表示唯一性索引。

（5）FULLTEXT：表示全文索引。

（6）SPATIAL：表示空间索引。

创建索引时，如果字段列表中为单个字段，则设定的索引为单列索引；如果字段列表中为多个字段，则同时在多个字段上创建一个索引，即创建复合索引。下面根据 CREATE TABLE 语句的基本语法格式分别演示单列索引和复合索引的创建，具体如下。

1. 创建单列索引

为方便读者更好地理解索引的创建，下面通过案例进行演示。

【案例 9-1】在创建数据表 dept_index 时创建单列的普通索引、唯一性索引、主键索引、全文索引和空间索引。

```
mysql> CREATE TABLE dept_index(
    -> id INT,
    -> deptno INT ,
    -> dname VARCHAR(20),
    -> introduction VARCHAR(200),
    -> address GEOMETRY NOT NULL SRID 4326,        -- 创建空间数据库类型字段
    -> PRIMARY KEY(id),                            -- 创建主键索引
    -> UNIQUE INDEX (deptno),                      -- 创建唯一性索引
    -> INDEX (dname),                              -- 创建普通索引
    -> FULLTEXT (introduction),                    -- 创建全文索引
    -> SPATIAL INDEX (address)                     -- 创建空间索引
    -> ) ;
Query OK, 0 rows affected (0. 06 sec)
```

数据表创建完成后，可以通过 SHOW CREATE TABLE 语句显示创建数据表 dept_index 的语句。具体 SQL 语句及执行结果如下：

```
1  mysql> SHOW CREATE TABLE dept_index \G
2  * * * * * * * * * * * * * * * * * * * 1. row * * * * * * * * * * * * * * * * * * * * *
3          Table: dept_index
4    Create Table: CREATE TABLE 'dept_index'(
5     'id' int NOT NULL,
6     'deptno' int DEFAULT NULL,
7     'dname' varchar(20) DEFAULT NULL,
8     'introduction' varchar(200) DEFAULT NULL,
9     'address' geometry NOT NULL / * ! 80003 SRID 4326 * /,
10     PRIMARY KEY ('id'),
11     UNIQUE KEY 'deptno'('deptno'),
12     KEY 'dname'('dname'),
13     SPATIAL KEY 'address'('address'),
14     FULLTEXT KEY 'introduction'('introduction')
) ENGINE=InnoDB DEFAULT CHARSET=utf8mb4 COLLATE=utf8mb4_0900_ai_ci
    1 row in set (0.00 sec)
```

在上述执行结果中，第 9 行的 "address" 字段是空间数据库类型；第 10 行的 "id" 字段是主键索引；第 11 行的 "deptno" 字段是唯一性索引；第 12 行的 "dname" 字段是普通索引；第 13 行的 "address" 字段是空间索引；第 14 行的 "introduction" 字段是全文索引。

提　示

上述案例只是为了演示创建数据表时创建单列索引，真实开发中一般不会为字段添加索引。应该避免过度使用索引，因为索引不仅会占用一定的物理空间，而且当对数据表中的数据进行增加、删除和修改时，也需要动态维护索引，会导致数据库的写性能降低和减缓数据表的修改速度。

2. 创建复合索引

上面创建的索引都是对数据表中的单个字段设定的索引，即所谓的单列索引。下面对创建数据表的同时创建复合索引进行案例演示。

【案例9-2】执行 SQL 语句，创建数据表 index_comp（index_compound），在数据表中的 id 和 name 字段上建立索引名为 comp 的普通索引。执行结果如下：

```
mysql> CREATE TABLE index_comp(
    ->    id INT NOT NULL,
    ->    name VARCHAR(20) NOT NULL,
    ->    score FLOAT,
    ->    INDEX comp(id,name)
    -> );
Query OK, 0 rows affected (0. 01 sec)
```

数据表成功创建完成后，就可以通过 SHOW CREATE TABLE 语句显示创建数据表 dept_comp 的信息，来证明多列字段的普通索引 comp 是否创建成功。具体的 SQL 语句及执行结果如下：

```
1  mysql> SHOW CREATE TABLE index_comp \G
2  * * * * * * * * * * * * * * * * * * * * * 1. row * * * * * * * * * * * * * * * * * * * * *
3          Table: index_comp
4  Create Table: CREATE TABLE 'index_comp'(
5   'id' int NOT NULL,
6   'name' varchar(20) NOT NULL,
7   'score' float DEFAULT NULL,
8   KEY 'comp'('id','name')
) ENGINE=InnoDB DEFAULT CHARSET=utf8mb4 COLLATE=utf8mb4_0900_ai_ci
1 row in set (0.00 sec)
```

从上述结果中的第 8 行可以得出，在 id 字段和 name 字段上共同创建了一个名称为 comp 的普通索引。

> **提 示**
>
> 需要注意的是，在复合索引中，多个字段的设置顺序要遵守"最左前缀原则"。也就是在创建索引时，把使用最频繁的字段放在索引字段列表的最左边，使用次频繁的字段放在索引字段列表的第二位，依此类推。

9.2.2 在已有的数据表上创建索引

若想在一个已经存在的数据表上创建索引，可以使用 CREATE INDEX 语句。CREATE INDEX 语句创建索引的具体语法格式如下：

```
CREATE  [ UNIQUE | FULLTEXT | SPATIAL ]  INDEX 索引名 ON 数据表名( 字段列表 );
```

在上述语法格式中，"UNIQUE""FULLTEXT"和"SPATIAL"都是可选参数，分别用于表示唯一性索引、全文索引和空间索引。

为了便于更好地观察 CREATE INDEX 语句在已经存在的数据表上创建索引的结果，先创建一个新数据表 tb_index02。创建的 SQL 语句如下：

```
mysql> CREATE TABLE tb_index02(
    -> id INT,
    -> deptno INT ,
    -> dname VARCHAR(20),
    -> introduction VARCHAR(200)
    -> );
Query OK, 0 rows affected (0. 01 sec)
```

根据 CREATE INDEX 语句中出现的字段列表个数，可将创建的索引分为单列索引和复合索引，下面针对这两种情况分别进行讲解。

1. 创建单列索引

通过 CREATE INDEX 语句可以创建普通索引、唯一性索引、全文索引和空间索引。由于创建索引的格式都一样，此处以创建唯一性索引为例，演示单列索引的创建。

【案例 9-3】执行 SQL 语句，在数据表 tb_index02 中的 id 字段上创建一个名为 unique_id 的唯一性索引。具体 SQL 语句及执行结果如下：

```
mysql> CREATE UNIQUE INDEX unique_id ON tb_index02(id);
Query OK, 0 rows affected (0. 01 sec)
Records: 0   Duplicates: 0   Warnings: 0
```

从上述执行结果可以看出，创建索引的语句成功执行。

下面通过 SHOW CREATE TABLE 语句查看数据表 tb_index02 的创建信息，以验证 id 字段上是否成功创建索引，具体 SQL 语句及执行结果如下：

```
1   mysql> SHOW CREATE TABLE tb_index02\G
2   * * * * * * * * * * * * * * * * * * * * 1. row * * * * * * * * * * * * * * * * * * * *
3           Table: tb_index02
4     Create Table: CREATE TABLE 'tb_index02'(
5     'id' int DEFAULT NULL,
6     'deptno' int DEFAULT NULL,
7     'dname' varchar(20) DEFAULT NULL,
8     'introduction' varchar(200) DEFAULT NULL,
9   UNIQUE KEY 'unique_id'('id')
) ENGINE=InnoDB DEFAULT CHARSET=utf8mb4 COLLATE=utf8mb4_0900_ai_ci
1 row in set (0.00 sec)
```

从上述结果中的第 9 行可以得出，id 字段上新增了一个名称为 unique_id 的唯一性索引。

2. 创建复合索引

【案例 9-4】执行 SQL 语句，在数据表 tb_index02 中的 deptno 字段和 dname 字段上创建一个名为 comp_index 的复合索引。

具体 SQL 语句和执行结果如下：

```
mysql> CREATE INDEX comp_index ON tb_index02(deptno,dname);
Query OK, 0 rows affected (0. 01 sec)
Records: 0   Duplicates: 0   Warnings: 0
```

从上述执行结果可以得出，创建索引的语句成功执行。下面通过 SHOW CREATE TABLE 语句查看数据表 tb_index02 的创建信息，以验证 deptno 字段和 dname 字段上是否成功创建索引，具体 SQL 语句及执行结果如下：

```
1  mysql> SHOW CREATE TABLE tb_index02\G
2  * * * * * * * * * * * * * * * * * * 1. row * * * * * * * * * * * * * * * * * * * *
3          Table: tb_index02
4   Create Table: CREATE TABLE 'tb_index02'(
5    'id' int DEFAULT NULL,
6    'deptno' int DEFAULT NULL,
7    'dname' varchar(20) DEFAULT NULL,
8    'introduction' varchar(200) DEFAULT NULL,
9    UNIQUE KEY 'unique_id'('id'),
10     KEY 'comp_index'('deptno','dname')
) ENGINE=InnoDB DEFAULT CHARSET=utf8mb4 COLLATE=utf8mb4_0900_ai_ci
1 row in set (0.00 sec)
```

从上述结果中的第 10 行可以得出，deptno 字段和 dname 字段上新增了一个名为 comp_index 的复合索引。

9.2.3　修改数据表的同时创建索引

要在已经存在的数据表中创建索引，除了可以使用 CREATE INDEX 语句外，还可以使用 ALTER TABLE 语句。使用 ALTER TABLE 语句可以在修改数据表的同时创建索引，其基本语法格式如下：

```
ALTER TABLE 数据表名
      ADD { INDEX | KEY } [ 索引名 ] [ 索引类型 ] ( 字段列表 )
    | ADD UNIQUE [ INDEX | KEY ] [ 索引名 ] ( 字段列表 )
    | ADD PRIMARY KEY( 字段列表 )
    | ADD{FULLTEXT|SPATIAL}[INDEX|KEY][索引名](字段列表)
```

为便于读者更好地查看 ALTER TABLE 语句创建索引的结果，下面创建一个新的数据表 tb_dept03。创建数据表 tb_dept03 的 SQL 语句如下：

```
mysql> CREATE TABLE tb_dept03(
    -> id INT,
    -> deptno INT,
    -> dname VARCHAR(20)
    -> );
Query OK, 0 rows affected (0. 01 sec)
```

根据 ALTER TABLE 语句中索引作用的字段列表的个数，可将创建的索引分为单列索引和复合索引，下面针对这两种情况分别进行讲解。

1. 创建单列索引

下面以创建唯一性索引为例，演示使用 ALTER TABLE 语句创建单列索引。

【案例 9-5】执行 SQL 语句，在数据表 tb_dept03 中的 id 字段上创建名为 index_uni 的唯一性索引。具体 SQL 语句及执行结果如下：

```
mysql> ALTER TABLE tb_dept03 ADD UNIQUE INDEX index_uni(id);
Query OK, 0 rows affected (0. 01 sec)
Records: 0   Duplicates: 0   Warnings: 0
```

从上述执行结果可以得出，ALTER TABLE 语句成功执行。

下面通过 SHOW CREATE TABLE 语句查看数据表 tb_dept03 的创建信息，以验证 id 字段上是否成功创建唯一性索引，具体 SQL 语句及执行结果如下：

```
1  mysql> SHOW CREATE TABLE tb_dept03 \G
2  * * * * * * * * * * * * * * * * * * * 1. row * * * * * * * * * * * * * * * * * * * *
3           Table: tb_dept03
4   Create Table: CREATE TABLE 'tb_dept03'(
5    'id' int DEFAULT NULL,
6    'deptno' int DEFAULT NULL,
7    'dname' varchar(20) DEFAULT NULL,
8     UNIQUE KEY 'index_uni'('id')
) ENGINE＝InnoDB DEFAULT CHARSET＝utf8mb4 COLLATE＝utf8mb4_0900_ai_ci
1 row in set (0.00 sec)
```

从上述结果中的第 8 行可以得出，id 字段上新增了一个名为 index_uni 的索引。需要注意的是，创建唯一性索引时，需要确保数据表中的数据不存在重复的值，否则会出错。

2. 创建复合索引

上面使用 ALTER TABLE 语句创建的普通索引、唯一性索引、全文索引和空间索引都是对数据表中的单列字段设定的索引。下面使用 ALTER TABLE 语句演示复合索引的创建。

【案例 9-6】执行 SQL 语句，在 tb_dept03 表中的 deptno 字段和 dname 字段上创建一个名为 index_comp 的复合唯一性索引。具体 SQL 语句和执行结果如下：

```
mysql> ALTER TABLE tb_dept03 ADD UNIQUE INDEX index_comp(deptno,dname);
Query OK, 0 rows affected (0. 01 sec)
Records: 0   Duplicates: 0   Warnings: 0
```

从上述执行结果可以得出，ALTER TABLE 语句成功执行。

下面通过 SHOW CREATE TABLE 语句查看数据表 tb_dept03 创建的信息，以验证 deptno 字段和 dname 字段上是否成功创建索引，具体 SQL 语句及执行结果如下：

```
1  mysql> SHOW CREATE TABLE tb_dept03 \G
2  * * * * * * * * * * * * * * * * * * * 1. row * * * * * * * * * * * * * * * * * * * *
3           Table: tb_dept03
4   Create Table: CREATE TABLE 'tb_dept03'(
```

```
5    'id' int DEFAULT NULL,
6    'deptno' int DEFAULT NULL,
7    'dname' varchar(20) DEFAULT NULL,
8    UNIQUE KEY 'index_uni'('id'),
9    UNIQUE KEY 'index_comp'('deptno','dname')
10   ) ENGINE=InnoDB DEFAULT CHARSET=utf8mb4 COLLATE=utf8mb4_0900_ai_ci
11   1 row in set (0.00 sec)
```

从上述结果中的第 9 行可以得出，在 deptno 字段和 dname 字段上新增了一个名为 index_comp 的复合唯一性索引。

9.2.4　索引的查看

如果需要查看数据表中已经创建的索引信息，除使用 SHOW CREATE TABLE 语句查看外，还可以通过以下语法格式的语句进行查看：

```
SHOW { INDEXES | INDEX | KEYS } FROM 数据表名;
```

在上述语法格式中，使用 INDEXES、INDEX、KEYS 的含义都一样，都可以查询出数据表中所有的索引信息。

下面通过案例演示使用 SHOW 语句查看索引的操作方法。

【案例 9-7】查看数据表 dept_index 中的索引。具体 SQL 语句及执行结果如下：

```
mysql> SHOW INDEX FROM dept_index \G
*********************** 1. row ***********************
        Table: dept_index
   Non_unique: 0
     Key_name: PRIMARY
 Seq_in_index: 1
  Column_name: id
    Collation: A
  Cardinality: 0
     Sub_part: NULL
       Packed: NULL
         Null:
   Index_type: BTREE
      Comment:
Index_comment:
      Visible: YES
   Expression: NULL
*********************** 2. row ***********************
        Table: dept_index
   Non_unique: 0
     Key_name: deptno
 Seq_in_index: 1
  Column_name: deptno
```

```
        Collation: A
      Cardinality: 0
         Sub_part: NULL
           Packed: NULL
             Null: YES
       Index_type: BTREE
          Comment:
    Index_comment:
          Visible: YES
       Expression: NULL
* * * * * * * * * * * * * * * * * * * 3. row * * * * * * * * * * * * * * * * * * * * * * *
            Table: dept_index
       Non_unique: 1
         Key_name: dname
     Seq_in_index: 1
      Column_name: dname
        Collation: A
      Cardinality: 0
         Sub_part: NULL
           Packed: NULL
             Null: YES
       Index_type: BTREE
          Comment:
    Index_comment:
          Visible: YES
       Expression: NULL
* * * * * * * * * * * * * * * * * * * 4. row * * * * * * * * * * * * * * * * * * * * * * *
            Table: dept_index
       Non_unique: 1
         Key_name: address
     Seq_in_index: 1
      Column_name: address
        Collation: A
      Cardinality: 0
         Sub_part: 32
           Packed: NULL
             Null:
       Index_type: SPATIAL
          Comment:
    Index_comment:
          Visible: YES
       Expression: NULL
```

```
* * * * * * * * * * * * * * * * * * * * * 5. row * * * * * * * * * * * * * * * * * * * * *
        Table: dept_index
   Non_unique: 1
     Key_name: introduction
  Seq_in_index: 1
  Column_name: introduction
    Collation: NULL
  Cardinality: 0
     Sub_part: NULL
       Packed: NULL
         Null: YES
   Index_type: FULLTEXT
      Comment:
Index_comment:
      Visible: YES
   Expression: NULL
5 rows in set (0. 00 sec)
```

由上述执行结果可以得出，查询出 5 条索引信息，说明数据表 dept_index 创建了 5 个索引，其中展示的索引信息字段描述的含义如表 9-1 所示。

表 9-1　索引信息字段的含义

字段名	表述的含义
Table	索引所在的数据表的名称
Non_unique	索引是否可以重复，0 表示不可以，1 表示可以
Key_name	索引名称，如果索引是主键索引，则它的名称为 PRIMARY
Seq_in_index	创建索引的字段序号值，默认从 1 开始
Column_name	创建索引的字段
Collation	索引字段是否有排序，A 表示有排序，NULL 表示没有排序
Cardinality	MySQL 连接时使用索引的可能性（精确度不高），值越大可能性越高
Sub_part	前缀索引的长度，如字段值都被索引，则 Sub_part 为 NULL
Packed	关键词如何被压缩，如果没有被压缩，则为 NULL
Null	索引字段是否含有 NULL 值，YES 表示含有，NO 表示不含有
Index_type	索引方式，可选值有 FULLTEXT、HASH、BTREE、RTREE
Comment	索引字段的注释信息
Index_comment	创建索引时添加的注释信息
Visible	索引对查询优化器是否可见，YES 表示可见，NO 表示不可见
Expression	使用什么表达式作为创建索引的字段，NULL 表示没有

结合表 9-1 所列字段的含义表述可知，数据表 dept_index 在 id 字段上创建了一个主键索引。

在 MySQL 中，除了可以查看数据表中的索引信息外，还可以通过 EXPLAIN 关键字分析

SQL 语句的执行情况，如分析 SQL 语句执行时是否使用了索引。EXPLAIN 可以分析的语句有 SELECT、UPDATE、DELETE、INSERT 和 REPLACE，下面以查询数据表 dept_index 中 id 为 1 的部门信息为例分析语句的执行情况，具体如下。

（1）索引是为了提高对数据的查询效率，由于数据表 dept_index 中还不存在任何数据，此时对查询语句进行分析没有太大的意义，因此先向数据表 dept_index 中插入数据，具体 SQL 语句和执行结果如下：

```
mysql> INSERT INTO dept_index VALUES
    -> (1,'10','总裁办','决定公司发展的部门',
       ST_GeometryFromText('point(88 34)',4326)),
    -> (2,'20','研究院','研发公司核心产品的部门',
       ST_GeometryFromText('point(88 34)',4326));
Query OK, 2 rows affected (0.01 sec)
Records: 2   Duplicates: 0   Warnings: 0
```

（2）使用 EXPLAIN 关键字查看查询语句的执行情况，具体 SQL 语句及执行结果如下：

```
mysql> EXPLAIN SELECT id FROM emps. dept_index WHERE id=1 \G
*********************** 1. row ***********************
           id: 1
  select_type: SIMPLE
        table: dept_index
   partitions: NULL
         type: const
possible_keys: PRIMARY
          key: PRIMARY
      key_len: 4
          ref: const
         rows: 1
     filtered: 100. 00
        Extra: Using index
1 row in set, 1 warning (0. 00 sec)
```

在上述执行结果中，"possible_keys" 表示查询可能用到的索引，"key" 表示实际查询用到的索引，可以得出此次查询用到的索引为主键索引。分析执行语句的其余相关字段描述信息如表 9-2 所示。

表 9-2 分析执行语句的字段

字段名	描述的含义
id	查询标识符，默认从 1 开始，如果使用了联合查询，则该值依次递增
select_type	查询类型，它的值包含多种，如 SIMPLE 表示简单查询，不使用 UNION 或子查询
table	输出行所引用的数据表名称
partitions	匹配的分区

续表

字段名	描述的含义
type	连接类型，它的值有多种，如 ref 表示使用前缀索引或条件中含有运算符 "＝"或 "＜＝＞"等
possible_keys	显示可能应用在这张表中的索引，一个或多个
key	实际使用的索引，如果为 NULL，则没有使用索引
key_len	表示索引中使用的字节数，即索引字段的长度
ref	表示哪些字段或常量与索引进行了比较
rows	预计需要检索的记录数
filtered	按条件过滤的百分比
Extra	附加信息，如 Using index 表示使用了索引覆盖

任务 9.3 删除索引

由于索引会占用一定的磁盘空间，因此为避免影响数据库性能，应该及时删除不再使用的索引。在 MySQL 中，可以使用 ALTER TABLE 语句或 DROP INDEX 语句删除索引。下面分别讲解这两种索引删除的方法。

9.3.1 使用 ALTER TABLE 删除索引

使用 ALTER TABLE 删除索引的基本语法格式如下：

```
ALTER TABLE 表名 { DROP { INDEX | KEY } index_name
                | DROP PRIMARY KEY};
```

上述语法格式中，"index_name"是索引名称，依据上述语法格式，可以删除普通索引和主键索引，其中删除主键索引时不需要指定索引名称。

下面以案例的方式演示删除普通索引的方法。

【案例 9-8】 执行 SQL 语句，删除数据表 dept_index 中名为 introduction 的全文索引。

在删除索引之前，首先通过 SHOW CREATE TABLE 语句查看数据表 dept_index 的建表语句，具体 SQL 语句及执行结果如下：

```
1   mysql> SHOW CREATE TABLE dept_index \G
2   * * * * * * * * * * * * * * * * * * * * 1. row * * * * * * * * * * * * * * * * * * * *
3          Table: dept_index
4   Create Table: CREATE TABLE 'dept_index'(
5    'id' int NOT NULL,
6    'deptno' int DEFAULT NULL,
7    'dname' varchar(20) DEFAULT NULL,
8    'introduction' varchar(200) DEFAULT NULL,
9    'address' geometry NOT NULL /* ! 80003 SRID 4326 * /,
10   PRIMARY KEY ('id'),
11   UNIQUE KEY 'deptno'('deptno'),
```

```
12   KEY 'dname'('dname'),
13   SPATIAL KEY 'address'('address'),
14   FULLTEXT KEY 'introduction'('introduction')
15   ) ENGINE=InnoDB DEFAULT CHARSET=utf8mb4 COLLATE=utf8mb4_0900_ai_ci
16   1 row in set (0.00 sec)
```

从上述结果的第 14 行可以得出，introduction 字段上创建了一个名为 introduction 的全文索引。下面通过 ALTER TABLE 语句删除该索引，具体 SQL 语句及执行结果如下：

```
mysql> ALTER TABLE dept_index DROP INDEX introduction;
Query OK, 0 rows affected (0. 02 sec)
Records: 0   Duplicates: 0   Warnings: 0
```

从上述执行结果可以得出，ALTER TABLE 语句成功执行。下面通过查看建表语句，展示数据表 dept_index 的具体结构，以验证 introduction 索引是否成功删除，具体 SQL 语句及执行结果如下：

```
mysql> SHOW CREATE TABLE dept_index \G
* * * * * * * * * * * * * * * * * * * * * * 1. row * * * * * * * * * * * * * * * * * * * * * *
        Table: dept_index
 Create Table: CREATE TABLE 'dept_index'(
   'id' int NOT NULL,
   'deptno' int DEFAULT NULL,
   'dname' varchar(20) DEFAULT NULL,
   'introduction' varchar(200) DEFAULT NULL,
   'address' geometry NOT NULL / * ! 80003 SRID 4326 * /,
   PRIMARY KEY ('id'),
   UNIQUE KEY 'deptno'('deptno'),
   KEY 'dname'('dname'),
   SPATIAL KEY 'address'('address')
 ) ENGINE=InnoDB DEFAULT CHARSET=utf8mb4 COLLATE=utf8mb4_0900_ai_ci
 1 row in set (0.00 sec)
```

从上述代码中可以看出，introduction 索引已经成功删除。

9.3.2　使用 DROP INDEX 删除索引

使用 DROP INDEX 语句删除索引的基本语法格式如下：

```
DROP INDEX 索引名 ON 数据表名;
```

下面根据 DROP INDEX 语句删除索引的语法格式演示索引的删除。

【案例 9-9】删除数据表 dept_index 中名为 dname 的索引。具体 SQL 语句及执行结果如下：

```
mysql> DROP INDEX dname ON dept_index;
Query OK, 0 rows affected (0. 01 sec)
Records: 0   Duplicates: 0   Warnings: 0
```

从上述执行结果可以得出，DROP INDEX 语句成功执行。下面通过查看建表语句，展示数据表 dep_index 的具体结构，以验证 dname 索引是否成功删除，具体 SQL 语句及执行结果如下：

```
mysql> SHOW CREATE TABLE dept_index \G
*********************** 1. row ***********************
       Table: dept_index
Create Table: CREATE TABLE 'dept_index'(
  'id' int NOT NULL,
  'deptno' int DEFAULT NULL,
  'dname' varchar(20) DEFAULT NULL,
  'introduction' varchar(200) DEFAULT NULL,
  'address' geometry NOT NULL /*! 80003 SRID 4326 */,
  PRIMARY KEY ('id'),
  UNIQUE KEY 'deptno'('deptno'),
  SPATIAL KEY 'address'('address')
) ENGINE=InnoDB DEFAULT CHARSET=utf8mb4 COLLATE=utf8mb4_0900_ai_ci
1 row in set (0.00 sec)
```

从上述代码可以看出，dname 索引已经删除成功。

需要注意的是，删除主键索引时，索引名固定为 PRIMARY。因为 PRIMARY 是保留字，所以必须将其指定为带引号的标识符，示例如下：

```
mysql> DROP INDEX 'PRIMARY' ON dept_index;
```

项目实训

前面主要讲解了索引的概念、特点、分类、设计原则以及各种索引的创建、查看和删除方法，下面通过实训让学生巩固创建、查看和删除索引的各种操作方法，重温本项目的重点知识。

1. 实训目的

（1）理解索引的基础知识。
（2）掌握创建索引的各种方法。
（3）掌握查看索引的各种方法。
（4）掌握删除索引的各种方法。

2. 实训内容

创建数据库 company，并在 company 下创建数据表 tb_worker，作为项目实训的基础。数据表 tb_worker 的表结构信息如表 9-3 所示。

表 9-3 tb_worker 表结构信息

字段名	数据类型	主键	外键	非空	唯一	自增
id	INT（8）	是	否	是	是	是
deptno	INT（8）	否	否	是	否	否
name	VARCHAR（20）	否	否	是	是	否
mobile	VARCHAR（11）	否	否	是	否	否
intro	TEXT	否	否	否	否	否

（1）创建数据表 tb_worker 的同时，为 id 字段创建主键索引。

（2）使用 CREATE INDEX 语句在已经存在的数据表 tb_worker 中为 mobile 字段创建唯一性索引。

（3）使用 ALTER TABLE 语句在修改数据表 tb_worker 的同时为字段 deptno 和字段 name 创建一个名为 multi_index 的复合唯一性索引。

（4）使用 SHOW CREATE TABLE 语句查看数据表 tb_worker 的索引信息。

（5）使用 SHOW｜INDEXS｜INDEX｜KEYS｜FROM 语句查看数据表 tb_worker 的索引信息。

（6）使用 ALTER TABLE 语句删除 id 字段上的关键索引。

（7）使用 DROP INDEX 语句删除 mobile 字段上的唯一性索引。

（8）使用 SHOW｜INDEXS｜INDEX｜KEYS｜FROM 语句查看数据表 tb_worker 的索引信息，以验证删除索引操作的结果。

拓展阅读

索引其实就是一种"目录"，这种思想早在唐朝时期就有所体现。唐王朝统一后，政治清明、社会稳定，社会经济得到空前发展，文化教育事业受到高度重视。官方政策也在这一时期向图书事业倾斜，一时之间，图书出版呈现快速发展与兴盛态势，官方与非官方的图书馆大量涌现，为当时的文人墨客提供了丰富的文献资源。

起初，客人来图书馆借书时，往往需要等待许久。因为图书馆中图书数量众多，每次找书都需要花费很长时间。后来有人想到了方便的办法，为图书挨个编号并依次摆放，客人来时只需要说出编号，图书馆很快就能将其找到。但是这种方法也有弊端，客人如果只记得书名不记得编号，这种方法就失效了。最后图书馆选择了两全其美的方式，做一部《图书目录》，记录所有图书的编号与书名，这样客人再来时上前对照即可快速找到图书。

项目考核

一、填空题

1. 索引是一种单独的、存储在磁盘上的_____包含对数据表中所有记录的_____。

2. 普通索引使用关键字 KEY 或_____定义。

3. MySQL 中常见的索引大致分为普通索引、_____、_____、全文索引、空间索引。

4. 单列索引是指索引中只包含_____，组合索引是指在表的_____的组合上创建的索引。

5. 创建唯一性索引的字段需要保证索引对应字段中的值是_____。

二、判断题

1. 索引不会占用一定的磁盘空间，数据表中索引越多查询效率越高。　　　　（　　）

2. 在使用复合索引时，要遵循"最左前缀"的原则。　　　　　　　　　　（　　）

3. 为避免影响数据库性能，应该及时删除不再使用的索引。　　　　　　　（　　）

4. 删除主键索引时，索引名固定为 PRIMARY，在命令语句中不必为其指定为带引号的

标识符。 （　　　）

三、选择题

1. 在以下语句中，index_name 表示（　　　）。

```
ALTER TABLE goods ADD INDEX index_name(name);
```

A. 索引类型　　　　　　　　　B. 索引名称

C. 索引方式　　　　　　　　　D. 索引字段

2. 下列选项中，用于定义全文索引的是（　　　）。

A. 由 KEY 定义的索引　　　　B. 由 FULLTEXT 定义的索引

C. 由 UNIQUE 定义的索引　　D. 由 INDEX 定义的索引

3. 下列选项中，不属于 MySQL 中索引的是（　　　）。

A. 普通索引　　　　　　　　　B. 主键索引

C. 唯一性索引　　　　　　　　D. 外键索引

项目 10
视图的基本操作

【项目导读】

　　数据库中的视图是一种虚拟的表。同正常表一样，视图中包含一系列动态生成的行和列数据。其中的行、列数据来自定义视图所引用的表。定义视图后，让使用视图的用户只能访问被允许访问的结果集，从而提高数据的安全性。除了安全性外，视图还具备简化查询语句和逻辑数据独立性等优点。本项目将介绍视图的概念和作用以及视图的创建、修改、更新和删除等相关知识。

【学习目标】

知识目标：

- 了解视图的概念和优点；
- 掌握创建和查看视图的方法；
- 掌握修改和删除视图的方法；
- 掌握操作视图中数据的方法。

能力目标：

- 能够说出视图的优点；
- 能够创建、查看、修改和删除视图；
- 能够通过视图添加、修改和删除基本表中的数据。

素质目标：

- 认识我国优秀数据库产品，增强民族自豪感。

任务 10.1 视图概述

在实际开发中，有时为了保障数据的安全性和提高查询效率，希望创建一个只包含指定字段数据的虚拟表给用户使用，此时可以使用视图。视图在数据库中的作用类似于窗口，用户通过这个窗口只能看到指定的数据。

视图是从数据库中的一张表或多张表中导出的表。创建视图时所引用的表称为基本表。视图中的数据并不像表中的数据那样存储在数据库中，它只是读取基表中的数据。对视图的操作与对表的操作一样，可以对其进行查询、修改和删除等操作。在对视图中的数据进行修改时，相应的基本表中的数据也会发生变化；同时，若基本表的数据发生变化，则这种变化也会反映到视图中。

假设有 worker 和 work_info 两个表，worker 表中包含员工的 id 号和姓名，work_info 表中包含员工的 id 号、所在部门、手机号和薪资。现在要公布员工所在部门和手机号码，只需要 id 号、姓名、所在部门和手机号码，这就用到了视图。使用视图获取表的部分信息，这样既满足了要求，又不会破坏原表的结构。

与直接操作数据表相比，视图具有以下优点。

1. 简化查询语句

视图不仅可以简化用户对数据的理解，也可以简化对数据的操作。例如，日常开发需要经常使用一个比较复杂的语句进行查询，此时就可以将该查询语句定义为视图，从而避免大量重复且复杂的操作。

2. 安全性

数据库授权命令可以将每个用户对数据库的检索限制到特定的数据库对象上，但不能授权到数据库特定行和特定列上。通过视图，可以更加方便地进行权限控制，使特定用户只能查询和修改指定的数据，而无法查看和修改数据库中的其他数据。

3. 逻辑数据独立性

视图可以帮助用户屏蔽数据表结构变化带来的影响，如数据表增加字段不会影响基于该数据表查询出数据的视图。

任务 10.2 创建视图

在 MySQL 中，可以使用 CREATE VIEW 语句创建视图。创建视图的基本语法格式如下：

```
CREATE [ OR REPLACE ] VIEW 视图名 [( 字段列表 )] AS select_statement
```

关于上述语法格式的具体介绍如下。

（1）[OR REPLACE]：可选参数，表示若数据库中已经存在这个名称的视图，就替换原有的视图，若不存在则创建视图。

（2）视图名：表示要创建的视图名称，该名称在数据库中必须是唯一的，不能与其数据表或视图同名。

（3）select_statement：指一个完整的 SELECT 语句，表示从某个数据表或视图中查出满足条件的记录，将这些记录导入视图中。一般将 SELECT 语句所涉及的数据表称为视图的基本表（简称基表）。

创建视图时需要注意以下几点。

（1）定义中引用的任何表或视图都必须存在。如果在创建视图后，删除定义时引用的表或视图，则使用视图时将导致错误。

（2）创建视图不能引用临时表。

（3）SELECT 语句中最大列名长度为 64 个字符。

视图的基本表可以是一张数据表，也可以是多张数据表。下面分别以视图的基本表为单表和多表这两种情况，通过案例演示如何创建视图。

10.2.1　在单表上创建视图

【案例 10-1】公司想要组建一个开发小组，开发一个资源管理系统，供各部门上传共享资源。该系统需要根据员工工号（empno）、员工姓名（ename）、职位（job）和部门编号（deptno）进行账户管理和权限授予。如果将操作员工表的权限直接交给该开发小组，会造成部分敏感信息泄露。此时，数据库管理员可以将员工工号（empno）、员工姓名（ename）、职位（job）和部门编号（deptno）查询出来创建视图 view_emp，供该开发小组使用。

具体 SQL 语句及执行结果如下：

```
mysql>CREATE VIEW view_emp AS SELECT empno,ename,job,deptno FROM tb_emp;
Query OK, 0 rows affected (0. 00 sec)
```

由上述 SQL 语句执行结果可以看出，CREATE VIEW 语句成功执行。默认情况下创建的视图中的字段名称和基于查询的数据表的字段名称是一样的。下面使用 SELECT 语句查看 view_emp 视图，查询语句及执行结果如下：

```
mysql> SELECT  *  FROM view_emp;
+--------+---------+---------+---------+
| empno  | ename   | job     | deptno  |
+--------+---------+---------+---------+
| 9369   | 张三    | 保洁    | 20      |
| 9499   | 孙七    | 销售    | 30      |
| 9521   | 周八    | 销售    | 30      |
| 9566   | 李四    | 经理    | 20      |
| 9654   | 吴九    | 销售    | 30      |
| 9839   | 刘一    | 董事长  | 10      |
| 9844   | 郑十    | 销售    | 30      |
| 9900   | 萧十一  | 保洁    | 30      |
| 9902   | 赵六    | 分析员  | 20      |
| 9936   | 张开    | 保洁    | 20      |
| 9966   | 尹力    | 运营专员| 10      |
| 9982   | 陈二    | 经理    | 10      |
| 9988   | 王五    | 分析员  | 20      |
+--------+---------+---------+---------+
13 rows in set (0.00 sec)
```

从执行结果可以看出，创建的视图 view_emp 的字段名称和数据表 tb_emp 的字段名称是一样的。

视图的字段名称可以使用基本表的字段名称，但也可以根据实际需求自定义视图名称。

【案例 10-2】数据库管理员觉得将数据表的真实字段名称在视图中暴露不太安全，想要创建一个新的视图 view_emp2 给开发小组使用。

说明：视图 view_emp2 中包含的字段和视图 view_emp 相同，但视图 view_emp2 中的字段名称和员工表中的字段名称不一致，具体创建语句及执行结果如下：

```
mysql> CREATE VIEW view_emp2(eno,name,position,bmno)
              AS SELECT empno,ename, job,deptno FROM tb_emp;
Query OK, 0 rows affected (0.00 sec)
```

由上述 SQL 语句执行结果可以看出，CREATE VIEW 语句成功执行。下面使用 SELECT 语句查看视图 view_emp2，查询语句及执行结果如下：

```
mysql> SELECT * FROM view_emp2;
+-------+----------+-----------+-------+
| eno   | name     | position  | bmno  |
+-------+----------+-----------+-------+
| 9369  | 张三     | 保洁      | 20    |
| 9499  | 孙七     | 销售      | 30    |
| 9521  | 周八     | 销售      | 30    |
| 9566  | 李四     | 经理      | 20    |
| 9654  | 吴九     | 销售      | 30    |
| 9839  | 刘一     | 董事长    | 10    |
| 9844  | 郑十     | 销售      | 30    |
| 9900  | 萧十一   | 保洁      | 30    |
| 9902  | 赵六     | 分析员    | 20    |
| 9936  | 张开     | 保洁      | 20    |
| 9966  | 尹力     | 运营专员  | 10    |
| 9982  | 陈二     | 经理      | 10    |
| 9988  | 王五     | 分析员    | 20    |
+-------+----------+-----------+-------+
13 rows in set (0.00 sec)
```

从执行结果可以看出，虽然 view_emp 和 view_emp2 两个视图中的字段名称不同，但数据却是相同的，这是因为这两个视图引用的是同一个数据表中的数据。在实际开发中，用户可以根据自己的需要，通过视图获取基本表中需要的数据，这样既能满足用户的需求，也不需要破坏基本表原来的结构，从而保证了基本表中数据的安全性。

10.2.2 在多表上创建视图

在 MySQL 中，除了可以在单表上创建视图外，还可以在两个或两个以上的数据表上创建视图。

【案例 10-3】经过会议研讨，开发小组开发资源管理系统时，需要使用公司 emps 数据库中员工编号（empno）、员工姓名（ename）、职位（job）、部门编号（deptno）和部门名称（dname）的信息。

下面根据需求创建视图 view_emp_dept，具体创建语句及执行结果如下：

```
mysql> CREATE VIEW view_emp_dept(e_no,e_name,e_job,e_deptno,e_deptname)
    AS SELECT e. empno,e. ename,e. job,e. deptno,d. dname
    FROM tb_emp e LEFT JOIN tb_dept d ON e. deptno=d. deptno;
Query OK, 0 rows affected (0. 00 sec)
```

由上述 SQL 语句执行结果可以看出，创建名为 view_emp_dept 的视图语句成功执行。下面使用 SELECT 语句查看视图 view_emp_dept，查询语句及执行结果如下：

```
mysql> SELECT * FROM view_emp_dept;
+--------+------------+------------+------------+-----------------+
| e_no   | e_name     | e_job      | e_deptno   | e_deptname      |
+--------+------------+------------+------------+-----------------+
| 9369   | 张三       | 保洁       | 20         | 研究院          |
| 9499   | 孙七       | 销售       | 30         | 销售部          |
| 9521   | 周八       | 销售       | 30         | 销售部          |
| 9566   | 李四       | 经理       | 20         | 研究院          |
| 9654   | 吴九       | 销售       | 30         | 销售部          |
| 9839   | 刘一       | 董事长     | 10         | 总裁办          |
| 9844   | 郑十       | 销售       | 30         | 销售部          |
| 9900   | 萧十一     | 保洁       | 30         | 销售部          |
| 9902   | 赵六       | 分析员     | 20         | 研究院          |
| 9936   | 张开       | 保洁       | 20         | 研究院          |
| 9966   | 尹力       | 运营专员   | 10         | 总裁办          |
| 9982   | 陈二       | 经理       | 10         | 总裁办          |
| 9988   | 王五       | 分析员     | 20         | 研究院          |
+--------+------------+------------+------------+-----------------+
13 rows in set (0.00 sec)
```

在上述执行结果中，视图 view_emp_dept 中的字段名称和数据表 tb_emp 及数据表 tb_dept 中的字段名称不一致，但是字段值和数据表中的数据是一致的。

任务 10.3　查看视图

创建好视图后，用户可以查看视图的相关信息。MySQL 中提供了多种方法用于查看视图，接下来讲解 4 种查看视图的方法。

10.3.1　查看视图基本信息

在 MySQL 中，使用 DESCRIBE 语句可以查看视图的字段名、字段类型等字段信息（即视图的基本结构）。DESCRIBE 语句的基本语法格式如下：

```
DESCRIBE 视图名;
```

或者简写为：

```
DESC 视图名;
```

下面根据上述语法格式使用 DESCRIBE 语句查看视图的基本结构。

【案例 10-4】 使用 DESCRIBE 语句查看视图 view_emp 的基本结构。具体的 SQL 语句及其执行结果如下：

```
mysql> DESCRIBE view_emp;
+-------------+-------------+--------+-------+---------+----------+
| Field       | Type        | Null   | Key   | Default | Extra    |
+-------------+-------------+--------+-------+---------+----------+
| empno       | int         | NO     |       | NULL    |          |
| ename       | varchar(20) | NO     |       | NULL    |          |
| job         | varchar(20) | NO     |       | NULL    |          |
| deptno      | int         | YES    |       | NULL    |          |
+-------------+-------------+--------+-------+---------+----------+
4 rows in set (0.00 sec)
```

【案例 10-5】 使用 DESCRIBE 语句查看基本表 tb_emp 的基本结构。具体的 SQL 语句及其执行结果如下：

```
mysql> DESCRIBE tb_emp;
+-------------+-------------------+--------+--------+-----------+----------+
| Field       | Type              | Null   | Key    | Default   | Extra    |
+-------------+-------------------+--------+--------+-----------+----------+
| empno       | int               | NO     | PRI    | NULL      |          |
| ename       | varchar(20)       | NO     | UNI    | NULL      |          |
| job         | varchar(20)       | NO     |        | NULL      |          |
| mgr         | int               | YES    |        | NULL      |          |
| sal         | decimal(7,2)      | YES    |        | NULL      |          |
| comm        | decimal(7,2)      | YES    |        | NULL      |          |
| deptno      | int               | YES    |        | NULL      |          |
+-------------+-------------------+--------+--------+-----------+----------+
7 rows in set (0.00 sec)
```

由结果可以看出，底层表有主键，但是视图中不存在主键，并且也不能在视图上创建索引，因为视图实际上只是一个结果集。

10.3.2　查看视图定义语句

在 MySQL 中，使用 SHOW CREATE VIEW 语句可以查看创建视图时的定义语句。SHOW CREATE VIEW 语句的基本语法格式如下：

```
SHOW CREATE VIEW 视图名;
```

下面通过案例演示使用 SHOW CREATE VIEW 语句查看视图的定义语句。

【案例 10-6】使用 SHOW CREATE VIEW 语句查看视图 view_emp_dept 的定义语句。具体的 SQL 语句及其执行结果如下：

```
mysql> SHOW CREATE VIEW view_emp_dept \G;
*********************** 1. row ***********************
        View: view_emp_dept
 Create View: CREATE ALGORITHM=UNDEFINED DEFINER='root'@'%'SQL SECURITY DEFINER
VIEW 'view_emp_dept'('e_no','e_name','e_job','e_deptno','e_deptname') AS select 'e'.'empno'AS 'empno','e'.'
ename'AS 'ename','e'.'job'AS 'job','e'.'deptno'AS 'deptno','d'.'dname'AS 'dname'from ('tb_emp''e'left join 'tb_dept'
'd'on(('e'.'deptno' = 'd'.'deptno')))
 character_set_client: gbk
 collation_connection: gbk_chinese_ci
1 row in set (0.00 sec)
```

从上述执行结果中可以看出，使用 SHOW CREATE VIEW 语句查询到了视图的名称、创建语句、字符编码等信息。

10.3.3　查看视图状态信息

在 MySQL 中，可以使用 SHOW TABLE STATUS 语句查看视图和数据表的状态信息。SHOW TABLE STATUS 语句的基本语法格式如下：

```
SHOW TABLE STATUS LIKE '视图名 | 表名';
```

在上述格式中，"LIKE"表示后面匹配的是字符串，"视图名"表示要查看的视图名称，视图名称需要使用单引号括起来。

下面根据上述语法格式演示使用 SHOW TABLE STATUS 语句查看视图信息。

【案例 10-7】使用 SHOW TABLE STATUS 语句查看视图 view_emp 的信息，具体 SQL 语句及其执行果如下：

```
mysql> SHOW TABLE STATUS LIKE 'view_emp'\G
*********************** 1. row ***********************
           Name: view_emp
         Engine: NULL
        Version: NULL
     Row_format: NULL
           Rows: NULL
 Avg_row_length: NULL
    Data_length: NULL
Max_data_length: NULL
   Index_length: NULL
      Data_free: NULL
 Auto_increment: NULL
    Create_time: 2024-07-25 19:14:35
    Update_time: NULL
```

```
        Check_ time: NULL
         Collation: NULL
         Checksum: NULL
    Create_ options: NULL
          Comment: VIEW
1 row in set（0. 00 sec）
```

上述执行结果中显示了视图 view_emp 的信息，其中倒数第 2 行的"Comment"表示备注说明，其值为 VIEW，说明所查询的 view_emp 是一个视图。

为了对比 SHOW TABLE STATUS 语句查询视图信息和查询数据表信息的不同，下面通过案例进行演示。

【案例 10-8】 使用 SHOW TABLE STATUS 语句查看数据表 tb_dept 的信息。具体 SQL 语句及其执行结果如下：

```
mysql> SHOW TABLE STATUS LIKE 'tb_dept'\G
* * * * * * * * * * * * * * * * * * * * 1. row * * * * * * * * * * * * * * * * * * * * * *
           Name: tb_dept
          Engine: InnoDB
         Version: 10
      Row_format: Dynamic
            Rows: 4
  Avg_row_length: 4096
     Data_length: 16384
 Max_data_length: 0
    Index_length: 16384
       Data_free: 0
  Auto_increment: NULL
     Create_time: 2024-07-24 18:18:20
     Update_time: NULL
      Check_time: NULL
       Collation: utf8mb4_0900_ai_ci
        Checksum: NULL
   Create_options:
         Comment:
1 row in set (0.00 sec)
```

上述执行结果显示了数据表 tb_dept 的信息，包括存储引擎、创建时间等，但是 Comment 项没有信息，说明所查询的不是视图，这是查询视图信息和数据表信息的最直接区别。

10.3.4 通过 views 表查看视图详细信息

在 MySQL 中，所有视图的详细信息存储在系统数据库 information_schema 下的 views 表中。通过查询 views 表中的数据，可以查看数据库中所有视图的详细信息。

【案例 10-9】 通过 views 表查看数据库中所有视图的详细信息。具体的 SQL 语句及其执行结果如下：

```
mysql> SELECT * FROM information_schema.views \G
* * * * * * * * * * * * * * * * * * * * * 1. row * * * * * * * * * * * * * * * * * * * * * * *
                               ......
* * * * * * * * * * * * * * * * * * * * 108. row * * * * * * * * * * * * * * * * * * * * * *
        TABLE_CATALOG: def
         TABLE_SCHEMA: emps
           TABLE_NAME: view_emp
      VIEW_DEFINITION: select 'emps'.'tb_emp'.'empno'AS 'empno','emps'.'tb_emp'.'ename'AS 'ename','
emps'.'tb_emp'.'job'AS 'job','emps'.'tb_emp'.'deptno'AS 'deptno'from 'emps'.'tb_emp'
         CHECK_OPTION: NONE
         IS_UPDATABLE: YES
              DEFINER: root@%
        SECURITY_TYPE: DEFINER
 CHARACTER_SET_CLIENT: gbk
 COLLATION_CONNECTION: gbk_chinese_ci
* * * * * * * * * * * * * * * * * * * * 109. row * * * * * * * * * * * * * * * * * * * * * *
        TABLE_CATALOG: def
         TABLE_SCHEMA: emps
           TABLE_NAME: view_emp2
      VIEW_DEFINITION: select 'emps'.'tb_emp'.'empno'AS 'empno','emps'.'tb_emp'.'ename'AS 'ename','
emps'.'tb_emp'.'job'AS 'job','emps'.'tb_emp'.'deptno'AS 'deptno'from 'emps'.'tb_emp'
         CHECK_OPTION: NONE
         IS_UPDATABLE: YES
              DEFINER: root@%
        SECURITY_TYPE: DEFINER
 CHARACTER_SET_CLIENT: gbk
 COLLATION_CONNECTION: gbk_chinese_ci
* * * * * * * * * * * * * * * * * * * * 110. row * * * * * * * * * * * * * * * * * * * * * *
        TABLE_CATALOG: def
         TABLE_SCHEMA: emps
           TABLE_NAME: view_emp_dept
      VIEW_DEFINITION: select 'e'.'empno'AS 'empno','e'.'ename'AS 'ename','e'.'job'AS 'job','e'.'deptno'
AS 'deptno','d'.'dname'AS 'dname'from ('emps'.'tb_emp''e'left join 'emps'.'tb_dept''d'on(('e'.'deptno' = 'd'.'
deptno')))
         CHECK_OPTION: NONE
         IS_UPDATABLE: NO
              DEFINER: root@%
        SECURITY_TYPE: DEFINER
 CHARACTER_SET_CLIENT: gbk
 COLLATION_CONNECTION: gbk_chinese_ci
 110 rows in set (0.00 sec)
```

提 示

　　实际执行结果会显示所有视图的详细信息，本案例限于篇幅只截取了其中一部分内容，可以看到任务 10.2 中创建的视图信息。

下面简单介绍查询结果中的主要参数及其意义。

（1）TABLE_CATALOG：表示视图的目录。

（2）TABLE_SCHEMA：表示视图所属的数据库。

（3）TABLE_NAME：表示视图名称。

（4）VIEW_DEFINITION：表示视图定义语句。

（5）IS_UPDATABLE：表示视图是否可以更新。

（6）DEFINER：表示创建视图的用户。

（7）SECURITY_TYPE：表示视图的安全类型。

（8）CHARACTER_SET_CLIENT：表示视图的字符集。

（9）COLLATION_CONNECTION：表示视图的排序规则。

任务 10.4　修改视图

修改视图指的是修改数据库中存在的视图的定义，当创建视图的基本表中的字段发生变化时，需要对视图进行修改以保证查询的正确性。例如，view_emp 视图的基本表 tb_emp 中的员工姓名字段修改了名称，此时再使用视图就会出错。这时，可以通过修改视图结构来保持与基本表的一致性。

10.4.1　使用 CREATE OR REPLACE VIEW 语句修改视图

使用 CREATE OR REPLACE VIEW 语句修改视图的语法格式如下：

```
CREATE OR REPLACE VIEW 视图名[(字段名列表)] AS SELECT 语句;
```

使用 CREATE OR REPLACE VIEW 语句修改视图时，要求被修改的视图在数据库中已经存在，如果视图不存在，那么将创建一个新视图。

下面通过一个案例演示使用 CREATE OR REPLACE VIEW 语句修改视图。

【案例 10-10】开发小组需要在视图 view_emp_dept 原有的基础上新增员工上级工号的字段，以便对上级赋予更多权限。开发小组的申请得到批准后，数据库管理员对视图 view_emp_dept 进行修改。

在修改视图之前，首先使用 DESC 语句查看之前的 view_emp_dept 视图信息，具体 SQL语句及其执行结果如下：

```
mysql> DESC view_emp_dept;
+----------------+-------------+------+-----+---------+-------+
| Field          | Type        | Null | Key | Default | Extra |
+----------------+-------------+------+-----+---------+-------+
| e_no           | int         | NO   |     | NULL    |       |
| e_name         | varchar(20) | NO   |     | NULL    |       |
| e_job          | varchar(20) | NO   |     | NULL    |       |
| e_deptno       | int         | YES  |     | NULL    |       |
| e_deptname     | varchar(20) | YES  |     | NULL    |       |
+----------------+-------------+------+-----+---------+-------+
5 rows in set (0.00 sec)
```

从上述执行结果可以看出，视图 view_emp_dept 中包含了 5 个字段。

使用 CREATE OR REPLACE VIEW 语句修改视图 view_emp_dept，在其原有的基础上新增一个员工表的 mgr 字段，具体 SQL 语句及其执行结果如下：

```
mysql> CREATE OR REPLACE VIEW view_emp_dept(e_no,e_name,e_job,
    -> e_mgr,e_deptno,e_deptname)
    -> AS SELECT e.empno,e.ename,e.job,e.mgr,e.deptno,d.dname
    -> FROM tb_emp e LEFT JOIN tb_dept d ON e.deptno=d.deptno;
Query OK, 0 rows affected (0.00 sec)
```

从上述执行结果可以得出，修改视图的语句成功执行。下面使用 DESC 语句查看修改之后的 view_emp_dept 视图的信息，具体 SQL 语句及其执行结果如下：

```
mysql> DESC view_emp_dept;
+------------+------------+------+-----+---------+-------+
| Field      | Type       | Null | Key | Default | Extra |
+------------+------------+------+-----+---------+-------+
| e_no       | int        | NO   |     | NULL    |       |
| e_name     | varchar(20)| NO   |     | NULL    |       |
| e_job      | varchar(20)| NO   |     | NULL    |       |
| e_mgr      | int        | YES  |     | NULL    |       |
| e_deptno   | int        | YES  |     | NULL    |       |
| e_deptname | varchar(20)| YES  |     | NULL    |       |
+------------+------------+------+-----+---------+-------+
6 rows in set (0.00 sec)
```

从上述执行结果可以看出，视图 view_emp_dept 中包含了 6 个字段。新增了字段 e_mgr，表明视图修改成功。此时使用 SELECT 语句查询视图 view_emp_dept 中的数据，具体 SQL 语句及其执行结果如下：

```
mysql> SELECT * FROM view_emp_dept;
+------+--------+----------+------+----------+------------+
| e_no | e_name | e_job    | e_mgr| e_deptno | e_deptname |
+------+--------+----------+------+----------+------------+
| 9369 | 张三   | 保洁     | 9902 | 20       | 研究院     |
| 9499 | 孙七   | 销售     | 9698 | 30       | 销售部     |
| 9521 | 周八   | 销售     | 9698 | 30       | 销售部     |
| 9566 | 李四   | 经理     | 9839 | 20       | 研究院     |
| 9654 | 吴九   | 销售     | 9698 | 30       | 销售部     |
| 9839 | 刘一   | 董事长   | NULL | 10       | 总裁办     |
| 9844 | 郑十   | 销售     | 9698 | 30       | 销售部     |
| 9900 | 萧十一 | 保洁     | 9698 | 30       | 销售部     |
| 9902 | 赵六   | 分析员   | 9566 | 20       | 研究院     |
| 9936 | 张开   | 保洁     | 9902 | 20       | 研究院     |
| 9966 | 尹力   | 运营专员 | 9839 | 10       | 总裁办     |
| 9982 | 陈二   | 经理     | 9839 | 10       | 总裁办     |
| 9988 | 王五   | 分析员   | 9566 | 20       | 研究院     |
+------+--------+----------+------+----------+------------+
13 rows in set (0.00 sec)
```

从上述执行结果可以看出，通过视图 view_emp_dept 查询到的数据中新增了数据表 tb_emp 中字段 mgr 的数据。

10.4.2 使用 ALTER 语句修改视图

使用 ALTER 语句修改视图的语法格式如下：

```
ALTER VIEW <视图名> AS <SELECT 语句>
```

下面通过一个案例演示使用 ALTER 语句修改视图。

【案例 10-11】数据库管理员认为开发小组只是需要部门名称，没必要将部门的编号返回到视图 view_emp_dept 中，想将视图 view_emp_dept 中的部门编号字段删除。此时使用 ALTER 语句修改视图 view_emp_dept，具体 SQL 语句及其执行结果如下：

```
mysql> ALTER VIEW view_emp_dept(e_no,e_name,e_job,e_mgr,e_deptname)
    -> AS SELECT e. empno,e. ename,e. job,e. mgr,d. dname
    -> FROM tb_emp e LEFT JOIN tb_dept d ON e. deptno=d. deptno;
Query OK, 0 rows affected (0. 01 sec)
```

从上述执行结果可以得出，修改视图的语句成功执行。此时使用 SELECT 语句查询视图 view_emp_dept 中的数据，执行结果如下：

```
mysql> SELECT * FROM view_emp_dept;
+-------+---------+-----------+----------+-------------+
| e_no  | e_name  | e_job     | e_mgr    | e_deptname  |
+-------+---------+-----------+----------+-------------+
| 9369  | 张三    | 保洁      | 9902     | 研究院      |
| 9499  | 孙七    | 销售      | 9698     | 销售部      |
| 9521  | 周八    | 销售      | 9698     | 销售部      |
| 9566  | 李四    | 经理      | 9839     | 研究院      |
| 9654  | 吴九    | 销售      | 9698     | 销售部      |
| 9839  | 刘一    | 董事长    | NULL     | 总裁办      |
| 9844  | 郑十    | 销售      | 9698     | 销售部      |
| 9900  | 萧十一  | 保洁      | 9698     | 销售部      |
| 9902  | 赵六    | 分析员    | 9566     | 研究院      |
| 9936  | 张开    | 保洁      | 9902     | 研究院      |
| 9966  | 尹力    | 运营专员  | 9839     | 总裁办      |
| 9982  | 陈二    | 经理      | 9839     | 总裁办      |
| 9988  | 王五    | 分析员    | 9566     | 研究院      |
+-------+---------+-----------+----------+-------------+
13 rows in set (0.02 sec)
```

从上述执行结果可以看出，视图 view_emp_dept 中不再包含部门编号的信息，说明视图修改成功。

任务 10.5　删除视图

当视图不再使用时，可以将其删除。删除视图时，只会删除所创建的视图，不会删除基本表中的数据。

使用 DROP VIEW 语句可删除一个或多个视图。其基本语法格式如下：

DROP VIEW [IF EXISTS] 视图1,…, 视图 n;

其中，参数 " IF EXISTS" 表示当视图不存在时系统不会报错；后面的视图名可以有多个，各视图名称之间用逗号隔开。删除视图必须拥有 DROP 权限。

【案例 10-12】视图 view_emp 不再需要，数据库管理员想要删除它，此时就可以使用 DROP VIEW 语句实现，具体 SQL 语句及其执行结果如下：

mysql> DROP VIEW view_emp;
Query OK, 0 rows affected (0. 00 sec)

从上述执行结果可以得出，删除视图的语句成功执行。下面使用 SELECT 语句检查视图是否已经被删除，具体 SQL 语句及其执行结果如下：

mysql> SELECT * FROM view_emp;
ERROR 1146 (42S02): Table ' emps.view_emp' doesn' t exist

上述执行结果显示 "Table 'emps. view_emp' doesn't exist"，即 emps 数据库中不存在视图 view_emp，说明视图 view_emp 被成功删除。

任务 10.6　操作视图中的数据

操作视图中的数据就是通过视图来查询、添加、修改和删除基本表中的数据。因为视图是一个虚拟表，不真实保存数据，所以通过视图来操作数据时，实际上操作的是基本表中的数据。

10.6.1　添加数据

通过视图向基本表添加数据可以使用 INSERT 语句。

【案例 10-13】开发小组想要通过视图在部门表中添加一个部门信息。由于此时数据库中还没有部门表对应的视图，因此需要数据库管理员先创建部门表 tb_dept 对应的视图，通过视图可以查询部门表 tb_dept 中的所有数据。具体 SQL 语句及其执行结果如下：

mysql> CREATE VIEW view_dept(d_no,d_name) AS SELECT ＊ FROM tb_dept;
Query OK, 0 rows affected (0. 00 sec)

使用视图 view_dept 添加部门数据之前，要先查看部门表 tb_dept 中现有的数据，具体 SQL 语句及其执行结果如下：

```
mysql> SELECT * FROM view_dept;
+-------+-----------+
| d_no  | d_name    |
+-------+-----------+
| 10    | 总裁办    |
| 20    | 研究院    |
| 40    | 运营部    |
| 30    | 销售部    |
+-------+---------- +
4 rows in set (0.00 sec)
```

通过视图向数据表中添加数据的方式与直接向数据表中添加数据的方式一样，具体 SQL 语句及其执行结果如下：

```
mysql> INSERT INTO view_dept VALUES(50,'人力资源部');
Query OK, 1 row affected (0.00 sec)
```

从上述执行结果可以得出，INSERT 语句成功执行。下面使用 SELECT 语句查询数据表 tb_dept 中的数据，具体 SQL 语句及其执行结果如下：

```
mysql> SELECT * FROM view_dept;
+-------+-----------------+
| d_no  | d_name          |
+-------+-----------------+
| 50    | 人力资源部      |
| 10    | 总裁办          |
| 20    | 研究院          |
| 40    | 运营部          |
| 30    | 销售部          |
+-------+-----------------+
5 rows in set (0.00 sec)
```

从上述执行结果可以看出，数据表 tb_dept 中添加了一行新数据，说明通过视图成功向基本表中添加了数据。

10.6.2　修改数据

通过视图修改基本表的数据可以使用 UPDATE 语句。

【案例 10-14】数据库管理员接到公司的通知，要将"研究院"的部门名称修改为"研究中心"。此时可以使用 UPDATE 语句通过视图 view_dept 对部门名称进行修改，具体 SQL 语句及其执行结果如下：

```
mysql> UPDATE view_dept SET d_name='研究中心' WHERE d_name='研究院';
Query OK, 1 row affected (0.00 sec)
Rows matched: 1   Changed: 1   Warnings: 0
```

从上述执行结果可以得出，UPDATE 语句成功执行。下面使用 SELECT 语句查询数据表 tb_dept 中的数据，具体 SQL 语句及其执行结果如下：

```
mysql> SELECT * FROM   tb_dept;
+-----------+------------------+
| d_no      | d_name           |
+-----------+------------------+
| 50        | 人力资源部        |
| 10        | 总裁办           |
| 20        | 研究中心         |
| 40        | 运营部           |
| 30        | 销售部           |
+-----------+------------------+
5 rows in set (0.00 sec)
```

从上述执行结果可以看出，数据表 tb_dept 的部门名称中没有了研究院，只有研究中心，说明通过视图成功修改了基本表中的数据。

> **提 示**
>
> 当视图中的数据被修改时，其基本表中的数据会同时被修改。同样，当基本表中的数据被修改时，由其创建的视图中的数据也会被修改。

10.6.3 删除数据

通过视图删除基本表中的数据可以使用 DELETE 语句。

【案例 10-15】数据库管理员接到通知，人力资源部被取消了，需要在数据库中将人力资源部从部门表中删除。此时可以通过视图 view_dept 删除部门表 tb_dept 中部门名称为"人力资源部"的记录，具体 SQL 语句及其执行结果如下：

```
mysql> DELETE FROM view_dept WHERE d_name='人力资源部';
Query OK, 1 row affected (0.00 sec)
```

从上述执行结果可以得出，DELETE 语句成功执行。下面使用 SELECT 语句查询数据表 tb_dept 中的数据，具体 SQL 语句及其执行结果如下：

```
mysql> SELECT * FROM   tb_dept;
+-----------+---------------+
| d_no      | d_name        |
+-----------+---------------+
| 10        | 总裁办        |
| 20        | 研究中心      |
| 40        | 运营部        |
| 30        | 销售部        |
+-----------+---------------+
4 rows in set (0.00 sec)
```

从上述执行结果可以看出，数据表 tb_dept 中部门名称为"人力资源部"的记录已经不存在了，说明通过视图成功删除了基本表中的数据。

项目实训

上面讲述了视图的概念，并详细讲解了创建、查看、修改、删除视图的方法以及操作视图中数据的方法，下面通过实训让学生巩固创建、查看、修改和删除视图的方法及操作视图中数据的方法，重温、巩固本项目的重点知识。

1. 实训目的

（1）理解视图的概念及优点。
（2）掌握创建视图的各种方法。
（3）掌握查看视图的各种方法。
（4）掌握删除视图的各种方法。
（5）掌握操作视图中数据的方法。

2. 实训内容

选择数据库 company 作为项目实训使用的数据库。

（1）执行 SQL 语句，以数据表 tb_worker 为基本表，选择基表中的 id、name、score 和 mobile 这 4 个字段的数据创建视图 view_worker。

（2）使用 DESC 语句查看视图 view_worker 的结构。

（3）向视图 view_worker 中插入一条记录，插入的记录数据为（11, '郑和', 9.5, '13804336789'）。

（4）使用 SELECT 语句查看视图 view_worker 中的数据，检验插入数据操作是否成功。

（5）使用 UPDATE 语句修改视图 view_worker 中的数据，把视图中的 3 号记录的人名改成"朱高炽"。

（6）使用 SELECT 语句查看视图 view_worker 中的数据，验证修改视图中的数据是否成功。

拓展阅读

开源（Open Source），全称为开放源代码。很多人可能认为开源软件最明显的特点是免费，但实际上并不是这样的，开源软件最大的特点应该是开放，也就是任何人都可以得到软件的源代码，然后秉承生态开放、架构创新理念，华为云数据库以市场为导向，聚焦全场景云服务，推出了云原生数据库 GaussDB。GaussDB 基于统一的存储计算分离架构，兼容华为自有生态 openGauss 与主流开源数据库生态，支持关系型与非关系型数据库以及一众华为云数据库服务生态工具，面向金融政企客户提供了数据库迁移、管理、运维等一体化上云方案。

云原生 2.0 时代，企业对云数据库生态兼容、架构演进、软硬协同、事务一致、极致扩展等能力的需求愈演愈烈。华为云原生数据库 GaussDB 以存储计算分离架构为依托，支持多生态兼容、层次解耦、数据融合，轻松解决数据库的热点问题，为金融政企客户构筑了高可用、高可靠、高扩展、高安全的企业级能力。

目前，华为云原生数据库 GaussDB 已服务 500 多位客户大规模商用，拥有丰富的行业实践经验。此前，华为云原生数据库 GaussDB 还入选了 Gartner 数据库魔力象限，其核心技术创新论文连续入选 SIGMOD、SSDBM 等国际顶级数据库会议，得到了市场的广泛认可。

项目考核

一、填空题

1. 创建视图的基本语法格式为_____。

2. 使用_____语句可以查看视图的结构，其基本语法格式为_____。

3. 使用_____语句可以查看视图定义语句。

4. 在 MySQL 中，DROP VIEW 语句用于_____。

5. MySQL 中提供_____和_____语句来修改视图。

二、判断题

1. 视图是一个虚拟表，不真实保存数据，通过视图来操作数据时，实际操作的是基本表中的数据。　　　　　　　　　　　　　　　　　　　　　　　　　　（　　）

2. 在 MySQL 中只能基于单表创建视图。　　　　　　　　　　　　　　　（　　）

3. CREATE OR REPLACE VIEW 语句不会替换已经存在的视图。　　　（　　）

4. 视图的基本表可以是一张数据表，也可以是多张数据表。　　　　　　（　　）

5. 定义视图过程中引用的任何表或视图都必须存在。如果在创建视图后，删除定义时引用表或视图，则使用视图时将导致错误。　　　　　　　　　　　　　　（　　）

三、选择题

1. 下列在 student 表上创建 view_stud 视图的语句中，正确的是（　　　）。

A. CREATE VIEW view_stud IS SELECT ＊ FROM student；

B. CREATE VIEW view_stud AS SELECT ＊ FROM student；

C. CREATE VIEW view_stud SELECT ＊ FROM student；

D. CREATE VIEW SELECT ＊ FROM student AS view_stud；

2. 下列关于视图优点的描述，正确的有（　　　）。（多选）

A. 实现了逻辑数据独立性

B. 提高安全性

C. 简化查询语句

D. 屏蔽真实表结构变化带来的影响

项目 **11**

数据库编程

【项目导读】

在 MySQL 中，表是用来存储和操作数据的逻辑结构，而本项目要介绍的数据库编程是为了提高 SQL 语句的重用性。MySQL 可以将频繁使用的业务逻辑封装成程序进行存储，这类程序主要包括存储过程和函数。MySQL 在 SQL 标准的基础上扩展了一些程序设计语言的元素，如变量、流程控制语句等。这些程序设计语言的元素可以让程序更健全，提高数据库系统的性能。本项目将针对数据库编程中的存储过程和函数的创建、调用、查看、修改及删除相关内容进行讲解。

【学习目标】

知识目标：

- 了解存储过程和函数的相关概念及其优点；
- 掌握创建、调用、查看、修改及删除存储过程的方法；
- 掌握创建、调用、查看、修改及删除存储函数的方法；
- 掌握变量、流程控制、错误处理及游标的使用。

能力目标：

- 能够根据需要创建并调用存储过程和函数；
- 能够根据需要查看、修改和删除存储过程和函数；
- 能够对用户变量和局部变量进行定义和赋值；
- 能够正确定义错误触发条件和错误处理程序；
- 能够使用游标检索数据；
- 能够在程序中灵活使用判断语句、循环语句和跳转语句控制程序执行流程。

素质目标：

- 培养学生的探究意识。

任务 11.1　存储过程和存储函数概述

通过前面知识点的学习，学生应该能够编写操作单表或者多表的单条 SQL 语句，但是在数据库程序的开发过程中，针对数据表某一功能的实现，往往不是单条 SQL 语句就能实现的，而是需要一组 SQL 语句才能实现，而且可能经常需要重复使用这一组 SQL 语句。因此，MySQL 引入了存储过程和存储函数。存储过程和存储函数是一组可以完成特定功能的SQL 语句的集合，它可以将常用或复杂的操作封装成一个代码块存储在数据库服务器中，以便重复使用，这样可以大大减少数据库开发人员的工作量。

例如，要完成一个购买商品的订单处理任务，一般需要考虑以下流程：

（1）在生成订单之前，首先需要查看商品库存中是否有相应商品。

（2）如果商品库存中不存在相应商品，需要向供应商订货。

（3）如果商品库存中存在相应商品，需要预定商品并修改库存数量。

对于上述完整操作，显然不是单条 SQL 语句就能实现的。在实际应用中，一个完整的操作会包含多条 SQL 语句，并且在执行过程中还需要根据前面语句的执行结果有选择地执行后面的语句。为此，可将一个完整操作中所包含的多条 SQL 语句创建为存储过程或函数，来提高任务的处理效率。

存储过程和存储函数可以简单地理解为一组经过编译并保存在数据库中的 SQL 语句的集合，可以随时被调用。

存储过程和存储函数具有以下优点。

（1）允许标准组件式编程。存储过程和存储函数在创建后可以在程序中被多次调用，有效提高了 SQL 语句的重用性、共享性和可移植性。

（2）较快的执行速度。如果某一操作包含大量的事务处理代码，并且被多次执行，那么存储过程要比批处理的执行速度快很多。因为存储过程是预编译的，在首次运行一个存储过程时，查询优化器会对其进行分析优化，并将最终执行计划存储在系统中，而批处理的事务处理语句在每次运行时都要进行编译和优化。

（3）减少网络流量。对于大量的 SQL 语句，将其组织成存储过程，会比一条一条地调用 SQL 语句要大大节省网络流量，降低网络负载。

（4）安全。数据库管理员通过设置执行某一存储过程的权限，从而限制相应数据的访问权限，避免非授权用户对数据的访问，保证数据的安全。

除上述优点外，存储过程和存储函数也存在一定的缺陷。首先，存储过程和存储函数的编写比单个 SQL 语句的编写要复杂很多，需要用户具有更高的技能和更丰富的经验；其次，在编写存储过程和存储函数时，需要创建这些数据库对象的权限。

任务 11.2　创建并调用存储过程和存储函数

在 MySQL 中，存储程序可以分为存储过程和存储函数。存储过程和存储函数的操作主要包括创建存储过程和存储函数、调用存储过程和存储函数、查看存储过程和存储函数以及修改和删除存储过程和存储函数。下面将主要讲解创建和调用存储过程和存储函数的知识。

11.2.1　创建存储过程

在 MySQL 中，可以使用 CREATE PROCEDURE 语句创建存储过程。创建存储过程的基本语法格式如下。

```
CREATE PROCEDURE 存储过程名( [ [ IN | OUT | INOUT ] 参数名称 参数类型 ] )
[ characteristic ... ] routine_body
```

上述语法格式中，存储过程的参数是可选的，使用参数时，如果参数有多个，参数之间使用逗号分隔。参数和选项的具体含义如下。

（1）IN：表示输入参数，该参数的值需要在调用存储过程时由调用者传入。

（2）OUT：表示输出参数，初始值为 NULL，它可将存储过程中得到的值保存到 OUT 指定的参数中，然后返回给调用者。

（3）INOUT：表示输入输出参数，既可以作为输入参数，也可以作为输出参数。

（4）characteristic：表示存储过程中可以设置的特征，可用的特征值如表 11-1 所示。

表 11-1　存储过程中可用的特征值

特征值	含义描述
COMMENT '注释信息'	为存储过程的过程体设置注释信息
LANGUAGE SQL	表示编写过程体所使用的语言，默认仅支持 SQL
[NOT] DETERMINISTIC	表示例程的确定性，如果一个例程对于相同的输入参数总是产生相同的结果，那么它就被认为是"确定性的"，否则就是"非确定性的"
CONTAINS SQL	表示过程体中包含 SQL 语句，但不包含读或写数据的语句
NO SQL	表示过程体中不包含 SQL 语句
READS SQL DATA	表示过程体中包含读数据的语句
MODIFIES SQL DATA	表示过程体中包含写数据的语句
SQL SECURITY DEFINER	表示只有定义者才有权执行存储过程
SQL SECURITY INVOKER	表示调用者有权执行存储过程

（5）routine_body：表示存储过程中的过程体，是包含在存储过程中有效的 SQL 过程体语句，以 BEGIN 表示过程体的开始，以 END 表示过程体的结束。如果过程体中只有一条 SQL 语句，则可以省略 BEGIN 和 END 的标志。

为了让读者能更好地理解存储过程，下面通过一个案例演示存储过程的创建。

【案例 11-1】员工管理系统中经常需要查询数据库 emps 的员工表 emp 中工资大于指定金额的员工信息，技术人员决定将这个需求编写成存储过程，以提高数据处理效率。具体 SQL 语句及其执行结果如下：

```
mysql> DELIMITER $$
mysql> CREATE PROCEDURE pro_emp(IN t_money DECIMAL(7,2))
    -> DETERMINISTIC
    -> BEGIN
    -> SELECT * FROM tb_emp WHERE sal > t_money;
    -> END $$
Query OK, 0 rows affected (0. 01 sec)
mysql> DELIMITER ;
```

> "DELIMITER $$" 的作用是将语句的结束符 ";" 修改为 "$$",这样存储过程中的 SQL 语句结束符 ";" 就不会被 MySQL 解释成定义存储过程语句的结束符而提示错误。在存储过程创建完成后,应使用 "DELIMITER;" 语句将结束符修改为默认结束符。

11.2.2 查看存储过程

存储过程创建之后,用户可以使用 SHOW PROCEDURE STATUS 语句和 SHOW CREATE PROCEDURE 语句分别查看存储过程的状态信息和创建信息,也可以在数据库 information_schema 的 Routines 数据表中查询存储过程的信息。下面对查看存储过程的语句进行讲解。

1. 使用 SHOW PROCEDURE STATUS 语句查看存储过程的状态信息

执行 SHOW PROCEDURE STATUS 语句可以查看存储过程的状态信息,如存储过程名称类型、创建者及修改日期。SHOW PROCEDURE STATUS 语句查看存储过程状态信息的基本语法格式如下:

```
SHOW PROCEDURE STATUS [ LIKE 'pattern']
```

在上述语法格式中,"PROCEDURE" 表示存储过程;"LIKE 'pattern'" 表示匹配存储过程的名称。

下面通过案例演示 SHOW PROCEDURE STATUS 语句的使用。

【案例 11-2】查看数据库 emps 下存储过程 pro_emp 的状态信息。具体 SQL 语句及其查询结果如下:

```
mysql> SHOW PROCEDURE STATUS LIKE 'pro_emp'\G
*********************** 1. row ***********************
                  Db: emps
                Name: pro_emp
                Type: PROCEDURE
             Definer: root@%
            Modified: 2024-07-26 18:19:46
             Created: 2024-07-26 18:19:46
       Security_type: DEFINER
             Comment:
 character_set_client: gbk
collation_connection: gbk_chinese_ci
  .Database Collation: utf8mb4_0900_ai_ci
1 row in set (0.00 sec)
```

上述 SHOW PROCEDURE STATUS 语句用于查看数据库 emps 中名称为 pro_emp 的存储过程的状态信息。从查询结果可知,SHOW PROCEDURE STATUS 语句显示了存储过程 pro_ emp 的名称、修改时间、创建时间和字符集等信息。

2. 使用 SHOW CREATE PROCEDURE 语句查看存储过程的创建信息

使用 SHOW CREATE PROCEDURE 语句可以查看存储过程的创建语句信息，其基本语法格式如下：

SHOW CREATE PROCEDURE 存储过程名；

在上述语法格式中，"PROCEDURE" 表示存储过程；"存储过程名" 为被查看创建信息的存储过程名称。

下面通过案例演示 SHOW CREATE PROCEDURE 语句的使用。

【案例 11-3】查看数据库 emps 下存储过程 pro_emp 的创建语句等信息。具体 SQL 语句及查询结果如下：

```
mysql> SHOW CREATE PROCEDURE pro_emp \G
*********************** 1. row ***********************
            Procedure: pro_emp
            sql_mode: ONLY_FULL_GROUP_BY,STRICT_TRANS_TABLES,NO_ZERO_IN_DATE,NO_
ZERO_DATE,ERROR_FOR_DIVISION_BY_ZERO,NO_ENGINE_SUBSTITUTION
       Create Procedure: CREATE DEFINER = ' root' @ '%' PROCEDURE ' pro _emp' (IN t _money
DECIMAL(7,2))
    DETERMINISTIC
    BEGIN
        SELECT * FROM tb_emp WHERE sal > t_money;
    END
     character_set_client: gbk
     collation_connection: gbk_chinese_ci
      Database Collation: utf8mb4_0900_ai_ci
1 row in set (0. 00 sec)
```

上述 SHOW CREATE PROCEDURE 语句用于查看数据库中名称为 pro_emp 的存储过程的创建语句等信息；显示结果中包含了创建 pro_emp 存储过程的具体定义语句和字符集等信息。

3. 在 information_schema. Routines 表中查看存储过程的创建信息

在 MySQL 中，存储过程的信息存储在 information_schema 数据库下的 Routines 表中，可以通过查询该表的记录获取存储过程的信息。

【案例 11-4】在 information_schema 数据库下的 Routines 表中查看名称为'pro_emp'的存储过程。具体 SQL 语句及查询结果如下：

```
mysql> SELECT * FROM information_schema.Routines   WHERE
    -> ROUTINE_NAME='pro_emp' AND ROUTINE_TYPE='PROCEDURE'\G
*********************** 1. row ***********************
            SPECIFIC_NAME: pro_emp
            ROUTINE_CATALOG: def
            ROUTINE_SCHEMA: emps
```

```
                    ROUTINE_NAME: pro_emp
                    ROUTINE_TYPE: PROCEDURE
                       DATA_TYPE:
        CHARACTER_MAXIMUM_LENGTH: NULL
          CHARACTER_OCTET_LENGTH: NULL
               NUMERIC_PRECISION: NULL
                   NUMERIC_SCALE: NULL
              DATETIME_PRECISION: NULL
               CHARACTER_SET_NAME: NULL
                  COLLATION_NAME: NULL
                  DTD_IDENTIFIER: NULL
                    ROUTINE_BODY: SQL
              ROUTINE_DEFINITION: BEGIN
    SELECT  *  FROM tb_emp WHERE sal > t_money;
    END
                   EXTERNAL_NAME: NULL
               EXTERNAL_LANGUAGE: SQL
                 PARAMETER_STYLE: SQL
                IS_DETERMINISTIC: YES
                 SQL_DATA_ACCESS: CONTAINS SQL
                        SQL_PATH: NULL
                   SECURITY_TYPE: DEFINER
                         CREATED: 2024-07-26 18:19:46
                    LAST_ALTERED: 2024-07-26 18:19:46
                        SQL_MODE: ONLY_FULL_GROUP_BY,STRICT_TRANS_TABLES,NO_ZERO_
    IN_DATE,NO_ZERO_DATE,ERROR_FOR_DIVISION_BY_ZERO,NO_ENGINE_SUBSTITUTION
                 ROUTINE_COMMENT:
                         DEFINER: root@%
            CHARACTER_SET_CLIENT: gbk
           COLLATION_CONNECTION: gbk_chinese_ci
             DATABASE_COLLATION: utf8mb4_0900_ai_ci
    1 row in set (0.01 sec)
```

> **提　示**
>
> 　　需要注意的是，information_schema 数据库下的 Routines 表存储着所有存储过程的定义。使用 SELECT 语句查询 Routines 表中某一存储过程的信息时，一定要使用 ROUTINE_NAME 字段指定存储过程的名称，否则将查询出所有存储过程的定义。如果存储过程和存储函数名称相同时，则需要同时指定 ROUTINE_TYPE 字段表明查询的是哪种类型的存储程序。

11.2.3　调用存储过程

在 MySQL 中，存储过程通过 CALL 语句进行调用。由于存储过程和数据库相关，因此如果想要执行其他数据库中的存储过程，需要在调用时指定数据库名称，其基本语法格式如下：

```
CALL [ 数据库名称 ]存储过程名称( [ 实参列表 ] );
```

在上述语法格式中，"实参列表"传递的参数需要与创建存储过程的形参相对应。当形参被指定为 IN 时，实参值可以是变量或者是具体的数据；当形参被指定为 OUT 或 INOUT 时，调用存储过程传递的参数必须是一个变量，用于接收返回给调用者的数据。

下面通过一个案例演示存储过程的调用。

【案例 11-5】技术人员想要验证存储过程 pro_emp 的效果。他调用数据库 emps 中的存储过程 pro_emp，查询数据库 emps 的员工表 tb_emp 中工资大于 2 800 的员工信息。具体 SQL 语句及其执行结果如下：

```
mysql> CALL pro_emp(2800);
+--------+--------+--------+--------+---------+--------+--------+
| empno  | ename  | job    | mgr    | sal     | comm   | deptno |
+--------+--------+--------+--------+---------+--------+--------+
| 9566   | 李四   | 经理   | 9839   | 3995.00 | NULL   | 20     |
| 9839   | 刘一   | 董事长 | NULL   | 6000.00 | NULL   | 10     |
| 9902   | 赵六   | 分析员 | 9566   | 4000.00 | NULL   | 20     |
| 9966   | 尹力   | 运营专员| 9839  | 4000.00 | NULL   | 10     |
| 9982   | 陈二   | 经理   | 9839   | 3450.00 | NULL   | 10     |
| 9988   | 王五   | 分析员 | 9566   | 4000.00 | NULL   | 20     |
+--------+--------+--------+--------+---------+--------+--------+
6 rows in set (0.00 sec)
```

从执行结果可以看出，工资大于 2 800 的员工有 6 个。

11.2.4　修改存储过程

在实际开发中，用户需求更改的情况时有发生，这样就不可避免地需要修改存储过程。在 MySQL 中，可以使用 ALTER 语句修改存储过程，其基本语法格式如下：

```
ALTER PROCEDURE 过程名称 [ characteristic... ];
```

需要注意的是，上述语法格式不能修改存储过程的参数，只能修改存储过程的特征值，可修改的特征值包含表 11-1 中除"[NOT] DETERMINISTIC"之外的其他 8 个。

存储过程的过程体默认情况是该存储过程的定义者才有权执行。

下面通过一个案例演示存储过程的修改操作。

【案例 11-6】修改数据库 emps 中的存储过程 pro_emp 过程体的特征值，将执行存储过程 pro_emp 过程体的执行权限从定义者修改为调用者，并且添加注释信息。具体 SQL 语句及其执行结果如下：

```
mysql> ALTER PROCEDURE pro_emp SQL SECURITY INVOKER
    -> COMMENT '统计工资大于指定金额的员工个数';
Query OK, 0 rows affected (0.00 sec)
```

从上述信息可以看出，存储过程的特征值修改成功。可以通过查询存储过程状态的语句进行验证，具体 SQL 语句及执行结果如下：

```
mysql> SHOW PROCEDURE STATUS LIKE 'pro_emp'\G
*********************** 1. row ***********************
                  Db: emps
                Name: pro_emp
                Type: PROCEDURE
             Definer: root@%
            Modified: 2024-07-26 22:44:54
             Created: 2024-07-26 18:19:46
       Security_type: INVOKER
             Comment: 统计工资大于指定金额的员工个数
  character_set_client: gbk
  collation_connection: gbk_chinese_ci
   Database Collation: utf8mb4_0900_ai_ci
1 row in set (0.00 sec)
```

从上述结果可以看出，"Modified"字段的信息已经为修改后的时间，"Security_type"字段和"Comment"字段的信息已经从默认值更改为修改后的数据。在执行存储过程时，会检查存储过程调用者是否有员工表的查询权限。

11.2.5　删除存储过程

存储过程被创建后，会一直保存在数据库服务器上，如果某个存储过程不再被需要，可以对其进行删除。在 MySQL 中，删除存储过程的基本语法格式如下：

```
DROP PROCEDURE [ IF EXISTS ] 存储过程名称;
```

在上述语法格式中，"存储过程名称"指的是要删除的存储过程的名称；"IF EXISTS"用于判断要删除的存储过程是否存在，如果要删除的存储过程不存在，它可以产生一个警告以避免发生错误。IF EXISTS 产生的警告可以使用 SHOW WARNINGS 语句进行查询。

下面通过一个案例演示存储过程的删除。

【案例 11-7】技术人员认为存储过程 pro_emp 还可以优化，想要先删除数据库 emps 中的存储过程 pro_emp，具体 SQL 语句和执行结果如下：

```
mysql> DROP PROCEDURE IF EXISTS pro_emp;
Query OK, 0 rows affected (0. 00 sec)
```

从上述执行结果的描述可以得出，DROP PROCEDURE 语句成功执行。下面查询 information_schema 数据库下 Routines 表中存储过程 pro_emp 的记录，验证存储过程 pro_emp 是否删除成功，具体 SQL 语句及查询结果如下：

```
mysql> SELECT * FROM information_schema.Routines WHERE
    -> ROUTINE_NAME='pro_emp' AND ROUTINE_TYPE='PROCEDURE'\G
Empty set (0.00 sec)
```

从上述查询结果可以看出，没有查询出任何记录，说明存储过程 pro_emp 已经被删除。

任务 11.3　存储函数

MySQL 支持函数的使用，根据来源，函数可分为两种：一种是内置函数；另一种是自定义函数。在 MySQL 中，通常将用户自定义函数称为存储函数。存储函数和 MySQL 中的内置函数性质相同，都用于实现某种功能。

11.3.1　创建存储函数

在 MySQL 中，可以使用 CREATE FUNCTION 语句创建存储函数。创建存储函数的基本语法格式如下：

```
CREATE FUNCTION 存储函数名( [ parameter_name[ ,... ] ] )
RETURNS TYPE
[ characteristic ... ]
Routine_body
```

在上述语法格式中，"parameter_name" 表示存储函数的参数，其形式和存储过程相同；"RETURNS TYPE" 指定函数返回值的类型；"characteristic" 参数指定存储函数中函数体的特性，该参数的取值与存储过程是一样的；"Routine_body" 表示包含在存储函数中的函数体，是包含在存储函数中有效的 SQL 函数体语句，和存储过程中的 SQL 语句块一样，可以用 BEGIN…END 来标识 SQL 代码的开始和结束。Routine_body 中必须包含一个 RETURN value 语句，其中 value 的数据类型必须和定义的返回值类型一致。

下面通过一个案例演示存储函数的创建。

【案例 11-8】员工管理系统中经常需要根据输入员工的姓名返回该员工的工资信息，技术人员决定将这个需求编写成存储函数，以提高数据处理效率。

如果直接创建存储函数，会出现以下错误提示：

```
ERROR 1418 (HY000): This function has none of DETERMINISTIC, NO SQL, or READS SQL DATA in its
declaration and binary logging is enabled (you * might * want to use the less safe log_bin_trust_function_creators
variable)
```

出现上述错误的原因是 MySQL 的默认设置不允许创建自定义函数。针对上述错误可以先更改对应的配置，再进行自定义函数的创建，更改配置的语句如下：

```
SET GLOBAL log_bin_trust_function_creators =1;
```

设置完成后，根据创建存储函数的基本语法格式编写存储函数 fun_emp( )，具体 SQL 语句及其执行结果如下：

```
mysql> DELIMITER $$
mysql> CREATE FUNCTION fun_emp(emp_name VARCHAR(20))
    -> RETURNS DECIMAL(7,2)
    -> BEGIN
    -> RETURN (SELECT sal FROM tb_emp WHERE ename=emp_name);
    -> END $$
Query OK, 0 rows affected (0. 00 sec)

mysql> DELIMITER ;
```

从执行结果的描述信息可以得出，存储函数已经创建成功。

> **提　示**
>
> RETURNS TYPE 子句对于存储函数而言是必须存在的，如果 RETURN 子句返回值的数据类型与 RETURNS TYPE 子句指定的数据类型不同，MySQL 会将返回值强制转换为 RETURNS TYPE 子句指定的类型。

11.3.2　查看存储函数

存储函数创建之后，用户可以使用 SHOW FUNCTION STATUS 语句和 SHOW CREATE FUNCTION 语句分别查看存储函数的状态信息和创建信息，也可以在数据库 information_schema 的 Routines 数据表中查询存储函数的信息。下面对查看存储函数的相关语句进行讲解。

（1）使用 SHOW FUNCTION STATUS 语句查看存储函数的状态信息，基本语法格式如下：

```
SHOW FUNCTION STATUS [ LIKE 'pattern' ]
```

（2）使用 SHOW CREATE FUNCTION 语句查看存储函数的创建信息，基本语法格式如下：

```
SHOW CREATE FUNCTION 存储函数名称;
```

（3）在 information_schema. Routines 表中查看存储函数信息，基本语法格式如下：

```
SELECT * FROM information_schema. Routines
WHERE ROUTINE_NAME='存储函数名' AND ROUTINE_TYPE='FUNCTION' \G
```

> **提　示**
>
> 查看存储函数和查看存储过程的区别在于，查看存储过程使用关键字 PROCEDURE，查看存储函数使用关键字 FUNCTION。

下面通过一个案例演示查看存储函数。

【案例 11-9】使用 SHOW FUNCTION STATUS 语句查看数据库 emps 中存储函数 fun_emp

的状态信息。具体 SQL 语句及其执行结果如下：

```
mysql> SHOW FUNCTION STATUS LIKE 'fun_emp'\G
*********************** 1. row ***********************
               Db: emps
             Name: fun_emp
             Type: FUNCTION
          Definer: root@%
         Modified: 2024-07-26 20:49:02
          Created: 2024-07-26 20:49:02
    Security_type: DEFINER
          Comment:
character_set_client: gbk
collation_connection: gbk_chinese_ci
Database Collation: utf8mb4_0900_ai_ci
1 row in set (0.00 sec)
```

上述 SHOW FUNCTION STATUS 语句用于查看数据库中名称为 fun_emp 的存储函数的状态信息；查看结果中显示了 fun_emp 存储函数的修改时间、创建时间和字符集等信息。

由于存储函数和存储过程的查看操作几乎相同，存储函数的其他两种查看方法可以参考查看存储过程的操作方法进行学习。

11.3.3 调用存储函数

和存储过程一样，如果想让创建的存储函数在程序中发挥作用，需要调用才能使其执行。存储函数的调用和 MySQL 内置函数的调用方式类似，基本语法格式如下：

```
SELECT [ 数据库名 ] 函数名 1( 实参列表 ) [ ,函数名 2( 实参列表 )... ];
```

在上述语法格式中，"数据库名"是可选参数，指调用存储函数时函数所属的数据库的名称，如不指定则默认为当前数据库；"实参列表"中的值须和定义存储函数时设置的类型一致。

下面通过一个案例演示存储函数的调用。

【案例 11-10】调用 emps 中的存储函数 fun_emp。具体 SQL 语句及其执行结果如下：

```
mysql> SELECT fun_emp('刘一') AS 刘一工资;
+--------------+
| 刘一工资 |
+--------------+
| 6000.00   |
+--------------+
1 row in set (0.00 sec)
```

上面的语句在调用函数 fun_emp() 时传递了参数"刘一"，函数执行后返回了数据表中刘一对应的工资信息。

11.3.4　修改存储函数

在 MySQL 中，使用 ALTER 语句修改存储函数，其基本语法格式如下：

```
ALTER FUNCTION 存储函数名称 [ characteristic... ];
```

需要注意的是，上述语法格式不能修改存储函数的参数，只能修改存储函数的特征值，可修改的特征值包含表 11-1 中除"[NOT] DETERMINISTIC"之外的其他 8 个。

存储函数的函数体默认情况是该存储过程的定义者才有权执行。

下面通过一个案例演示存储函数的修改操作。

【案例 11-11】修改数据库 emps 中的存储函数 fun_emp 函数体的特征值，将执行存储函数 fun_emp 函数体的执行权限从定义者修改为调用者，并且添加注释信息。具体 SQL 语句及其执行结果如下：

```
mysql> ALTER FUNCTION fun_emp SQL SECURITY INVOKER
    -> COMMENT '统计工资大于指定金额的员工个数';
Query OK, 0 rows affected (0.00 sec)
```

从上述信息可以看出，存储函数的特征值修改成功。可以通过查询存储函数状态的语句进行验证，具体 SQL 语句及执行结果如下：

```
mysql> SHOW FUNCTION STATUS LIKE 'fun_emp'\G
*********************** 1. row ***********************
                 Db: emps
               Name: fun_emp
               Type: FUNCTION
            Definer: root@%
           Modified: 2024-07-27 10:02:15
            Created: 2024-07-26 20:49:02
      Security_type: INVOKER
            Comment: 统计工资大于指定金额的员工个数
 character_set_client: gbk
 collation_connection: gbk_chinese_ci
  Database Collation: utf8mb4_0900_ai_ci
1 row in set (0.00 sec)
```

从上述结果可以看出，"Modified"字段的信息已经为修改后的时间；"Security_type"字段和"Comment"字段的信息已经从默认值更改为修改后的数据。在执行存储函数时，会检查存储函数调用者是否有员工表的查询权限。

11.3.5　删除存储函数

存储函数被创建后会一直保存在数据库服务器上，如果某个存储函数不再被需要，可以对其进行删除。在 MySQL 中，删除存储函数的基本语法格式如下：

```
DROP FUNCTION [ IF EXISTS ] 存储函数名称;
```

在上述语法格式中，"存储函数名称"指的是要删除的存储函数的名称；"IF EXISTS"用于判断要删除的存储函数是否存在，如果要删除的存储函数不存在，它可以产生一个警告以避免发生错误。IF EXISTS 产生的警告可以使用 SHOW WARNINGS 进行查询。

下面通过一个案例演示存储函数的删除。

【案例 11-12】技术人员认为存储函数 fun_emp 还可以优化，想要先删除数据库 emps 中的存储函数 fun_emp，具体 SQL 语句和执行结果如下：

```
mysql> DROP FUNCTION IF EXISTS fun_emp;
Query OK, 0 rows affected (0. 00 sec)
```

从上述执行结果的描述可以得出，DROP FUNCTION 语句成功执行。下面查询 information_schema 数据库下 Routines 表中存储函数 fun_emp 的记录，验证存储函数 fun_emp 是否删除成功，具体 SQL 语句及查询结果如下：

```
mysql> SELECT * FROM information_schema. Routines WHERE
    -> ROUTINE_NAME='fun_emp' AND ROUTINE_TYPE='FUNCTION' \G
Empty set (0. 00 sec)
```

从上述查询结果可以看出，没有查询出任何记录，说明存储函数 fun_emp 已经被删除。

任务 11.4 变量

变量就是在程序执行过程中其值可以改变的量。在 MySQL 中，可以利用变量存储程序执行过程中涉及的数据，如输入的值、计算结果等。根据变量的作用范围可以将其划分为系统变量、用户变量和局部变量。接下来对这 3 种变量进行讲解。

11.4.1 系统变量

系统变量又分为全局（GLOBAL）变量和会话（SESSION）变量，其中全局变量指的是 MySQL 系统内部定义的变量，对所有 MySQL 客户端都有效。默认情况下 MySQL 会在服务器启动时为全局变量初始化默认值，用户也可以通过配置文件完成系统变量的设置。每次建立一个新连接时，MySQL 会将当前所有全局变量复制一份作为会话变量，会话变量只对当前的数据库连接生效。

下面分别讲解系统变量的查看和修改。

1. 查看系统变量

在 MySQL 中可以通过 SHOW 语句查看所有系统变量，其语法格式如下：

```
SHOW [ GLOBAL | SESSION ] VARIABLES [ LIKE '匹配字符串' | WHERE 表达式 ];
```

在上述语法格式中，"GLOBAL"和"SESSION"是可选参数；其中"GLOBAL"用于显示全局变量，"SESSION"用于显示会话变量，如果不显式指定，默认值为 SESSION。

下面通过一个案例演示如何查看系统变量。

【案例 11-13】显示变量名以 auto_ 开头的所有系统变量，具体 SQL 语句及查看结果如下：

```
mysql> SHOW VARIABLES LIKE 'auto_%';
+------------------------------------+-----------+
| Variable_name                      | Value     |
+------------------------------------+-----------+
| auto_generate_certs                | ON        |
| auto_increment_increment           | 1         |
| auto_increment_offset              | 1         |
| autocommit                         | ON        |
| automatic_sp_privileges            | ON        |
+------------------------------------+-----------+
5 rows in set, 1 warning (0.00 sec)
```

在上述执行结果中，查询到 5 个变量名以 auto 开头的系统变量。其中 "auto_increment_increment" 表示自增字段每次递增的量； "auto_increment_offset" 表示自增字段从哪个数开始。

2. 修改系统变量

在 MySQL 中，系统变量可以通过 SET 语句进行修改，修改的语法格式如下：

```
SET [ GLOBAL | @@GLOBAL | SESSION | @@SESSION ] 系统变量名 = 新值;
```

在上述语法格式中， "系统变量名" 使用 "GLOBAL | @ @ GLOBAL" 修饰时，修改的是全局变量；使用 "SESSION | @ @ SESSION" 修饰时，修改的是会话变量；不显式指定修饰的关键字时，默认修改的是会话变量。 "新值" 指的是为系统变量设置的新值。

下面通过一个案例演示系统变量的修改。

【案例 11-14】如果想要将自增字段从 3 开始自增，可以将系统变量 auto_increment_offset 的值修改为 3，具体 SQL 语句及执行结果如下：

```
mysql> SET auto_increment_offset = 3;
Query OK, 0 rows affected (0. 00 sec)
```

从上面案例的执行结果可以看出，修改语句成功执行。下面使用 SHOW 语句查看系统变量 "auto_increment_offset" 的值。具体 SQL 语句及其执行结果如下：

```
mysql> SHOW VARIABLES WHERE Variable_name='auto_increment_offset';
+------------------------------------+---------+
| Variable_name                      | Value   |
+------------------------------------+---------+
| auto_increment_offset              | 3       |
+------------------------------------+---------+
1 row in set (0.00 sec)
```

从上述显示结果可以看出，系统变量 "auto_increment_offset" 的值成功修改为 3。此时，新打开一个客户端并使用 SHOW 语句查看系统变量 auto_increment_offset 的值，具体 SQL 语句及执行结果如下：

```
mysql> SHOW VARIABLES WHERE Variable_name= 'auto_increment_offset';
+---------------------------------+--------+
| Variable_name                   | Value  |
+---------------------------------+--------+
| auto_increment_offset           | 1      |
+---------------------------------+--------+
1 row in set (0.00 sec)
```

从上面查看结果可以看出，新打开的客户端中显示的系统变量"auto_increment_offset"的值并没有修改，说明上述语句修改的是会话变量。此修改仅对执行操作的客户端连接有效，并不影响其他客户端。

如果想要修改的系统变量在其他客户端也能生效，可以对系统变量中的全局变量进行修改。例如，将系统变量"auto_increment_offset"的值修改为5，具体SQL语句及其执行结果如下：

```
mysql> SET GLOBAL auto_increment_offset =5;
Query OK, 0 rows affected (0.00 sec)
```

从上述执行结果可以看出，修改语句成功执行。在当前客户端窗口使用SHOW语句查看系统变量"auto_increment_offset"的值，具体SQL语句及执行结果如下：

```
mysql> SHOW VARIABLES WHERE Variable_name= 'auto_increment_offset';
+---------------------------------+--------+
| Variable_name                   | Value  |
+---------------------------------+--------+
| auto_increment_offset           | 1      |
+---------------------------------+--------+
1 row in set (0.00 sec)
```

从上述显示结果可以看出，当前连接中系统变量"auto_increment_offset"的值并未修改为5。此时，打开一个新客户端并使用SHOW语句查看系统变量"auto_increment_offset"的值，具体SQL语句及执行结果如下：

```
mysql> SHOW VARIABLES WHERE Variable_name= 'auto_increment_offset';
+---------------------------------+--------+
| Variable_name                   | Value  |
+---------------------------------+--------+
| auto_increment_offset           | 5      |
+---------------------------------+--------+
1 row in set (0.00 sec)
```

从上述显示结果可以看出，新打开的客户端中显示的系统变量"auto_increment_offset"的值已修改为5。这说明修改全局变量时，它对所有正在连接的客户端无效，这种操作只对重新连接的客户端永久生效。

11.4.2　用户变量

用户变量指的是用户自己定义的变量，它和连接有关，即用户变量仅对当前用户使用的客户端生效，不能被其他客户端看到和使用。如果当前客户端退出，则该客户端连接的所有用户变量将自动释放。

用户变量由符号@和变量名组成，在使用之前，需要对其进行定义并赋值。MySQL 中为用户变量赋值的方式有以下 3 种。

（1）使用 SET 语句完成赋值。

（2）在 SELECT 语句中使用赋值符号"：="完成赋值。

（3）使用 SELECT…INTO 语句完成赋值。

下面在数据库 emps 下分别使用上述 3 种方式演示用户变量的定义和赋值，具体 SQL 语句和执行结果如下。

方式一：使用 SET 语句完成赋值：

```
mysql> SET @ename = '李强';
Query OK, 0 rows affected (0.00 sec)
```

方式二：在 SELECT 语句中使用赋值符号"：="完成赋值：

```
mysql> SELECT @sal := sal FROM tb_emp WHERE ename = '刘一';
+--------------+
| @sal:=sal    |
+--------------+
| 6000.00      |
+--------------+
1 row in set, 1 warning (0.00 sec)
```

方式三：使用 SELECT…INTO 语句完成赋值：

```
mysql> SELECT empno,ename,job,deptno FROM tb_emp LIMIT 3,1
    -> INTO @no,@name,@ejob,@edeptno;
Query OK, 1 row affected (0. 00 sec)
```

在上述语句中，方式一使用 SET 语句和"="运算符直接为定义的用户变量@ename 赋值；方式二将查询出的 sal 字段的值通过"：="为定义的用户变量"@sal"赋值；方式三将 SELECT 语句查询出的字段值通过 INTO 关键字依次为定义的用户变量 @no、@name、@ejob和@edeptno 赋值。

为用户变量赋值后，可以通过 SELECT 语句查询用户变量的值，具体 SQL 语句及查询结果如下：

```
mysql> SELECT @ename,@sal,@no,@name,@ejob,@edeptno;
+----------+----------+--------+--------+--------+----------+
| @ename   | @sal     | @no    | @name  | @ejob  | @edeptno |
+----------+----------+--------+--------+--------+----------+
| 李强      | 6000.00  | 9566   | 李四   | 经理    | 20       |
+----------+----------+--------+--------+--------+----------+
1 row in set (0.00 sec)
```

11.4.3　局部变量

在 MySQL 中，相对于系统变量和会话变量，局部变量的作用范围仅在语句块 BEGIN…END 之间；在语句块 BEGIN…END 之外，局部变量不能被获取和修改。局部变量使用 DECLARE 语句定义，定义的基本语法格式如下：

> DECLARE 变量名 1 [,变量名 2...] 数据类型 [DEFAULT 默认值];

在上述语法格式中，局部变量的名称和数据类型是必选参数。如果同时定义多个变量，则变量名之间使用逗号（,）分隔，并且多个变量只能共用一种数据类型。"DEFAULT"是可选参数，用于给变量设置默认值，省略时变量的初始默认值为 NULL。

下面根据上述语法格式演示局部变量的使用。

【案例 11-15】在存储函数中定义局部变量，并在函数中返回该局部变量，具体 SQL 语句及执行结果如下：

```
mysql> DELIMITER $$
mysql> CREATE FUNCTION func_var( )
    -> RETURNS INT
    -> DETERMINISTIC
    -> BEGIN
    -> DECLARE sal INT DEFAULT 5000;
    -> RETURN sal;
    -> END $$
Query OK, 0 rows affected (0.00 sec)

mysql> DELIMITER ;
```

在上面定义的存储函数里，函数体中定义了局部变量"sal"并为之设置了默认值为"5000"。

下面调用存储函数 func_var( )查看结果。具体 SQL 语句及执行结果如下：

```
mysql> SELECT func_var();
+-----------------+
| func_var()      |
+-----------------+
| 5000            |
+-----------------+
1 row in set (0.00 sec)
```

从上述执行结果可以看出，局部变量可以通过函数返回值的方式返回给外部调用者。如果直接在程序外访问局部变量，则查看不到局部变量。下面使用 SELECT 语句直接查询局部变量 sal，具体 SQL 语句及执行结果如下：

```
mysql> SELECT sal;
ERROR 1054 (42S22): Unknown column 'sal'in 'field list'
```

在上述执行结果的提示信息中可以看出，查询不到局部变量 sal 的信息。

任务 11.5　流程控制

在执行程序时，都会按照程序结构（由业务逻辑决定）对执行流程进行控制。程序的结构主要分为顺序结构、选择结构和循环结构，其中顺序结构会按照代码编写的先后顺序依次执行；选择结构和循环结构会根据程序的执行情况调整和控制程序的执行顺序。程序执行流程由流程控制语句进行控制，MySQL 中的流程控制语句有 IF 语句、CASE 语句、LOOP 语句、LEAVE 语句、ITERATE 语句、REPEAT 语句和 WHILE 语句等。这些语句可以分为 3 类，分别为判断语句、循环语句和跳转语句，下面将对这些语句进行讲解。

11.5.1　判断语句

判断语句可以根据设置的条件做出判断，从而决定执行哪些 SQL 语句。MySQL 中常用的判断语句有 IF 语句和 CASE 语句两种。

1. IF 语句

IF 语句可以对条件进行判断，根据条件的真假来执行不同的语句，其语法格式如下：

```
IF 条件表达式 1 THEN 语句列表 1
[ ELSEIF 条件表达式 2 THEN 语句列表 2 ]
…
[ ELSEIF 条件表达式 n THEN 语句列表 n ]
[ ELSE 语句列表 n+1 ]
END IF
```

在上述语法格式中，当"条件表达式 1"的结果为真时，执行 THEN 子句后的"语句列表 1"；当"条件表达式 1"的结果为假时，继续判断"条件表达式 2"，如果"条件表达式 2"的结果为真，则执行对应的 THEN 子句后的"语句列表 2"，依此类推；如果所有的条件表达式结果都为假，则执行 ELSE 子句后的"语句列表 n+1"。

> **提　示**
>
> 每个语句列表中至少必须包含一个 SQL 语句。

下面通过一个案例演示 IF 语句的使用。

【案例 11-16】员工管理系统中经常需要根据输入的员工姓名返回对应的员工信息，如果输入为空，则显示输入的值为空；如果输入的员工姓名在员工表中不存在，则显示员工不存在。技术人员决定将这个需求编写成存储过程，具体 SQL 语句及执行结果如下：

```
mysql> DELIMITER $$
mysql> CREATE PROCEDURE proc_exist(IN name VARCHAR(20))
    -> BEGIN
    -> DECLARE ecount INT DEFAULT 0;
    -> SELECT COUNT(*) INTO ecount FROM tb_emp WHERE ename=name;
```

```
    -> IF name IS NULL
    -> THEN SELECT '输入的值为空';
    -> ELSEIF ecount=0
    -> THEN SELECT '员工不存在';
    -> ELSE
    -> SELECT * FROM tb_emp WHERE ename=name;
    -> END IF;
    -> END $$
Query OK, 0 rows affected (0.00 sec)
mysql>  DELIMITER ;
```

在上面的案例中，创建一个存储过程 proc_exist( )，其中 IF 语句根据输入参数 name 的值进行判断，显示不同的内容。

下面调用存储过程 proc_exist( )，具体 SQL 语句及其执行结果如下：

```
mysql> CALL proc_exist(NULL);
+--------------------+
| 输入的值为空       |
+--------------------+
| 输入的值为空       |
+--------------------+
1 row in set (0.00 sec)
Query OK, 0 rows affected (0.00 sec)
mysql> CALL proc_exist('张小军');
+------------------+
| 员工不存在       |
+------------------+
| 员工不存在       |
+------------------+
1 row in set (0.00 sec)

Query OK, 0 rows affected (0.00 sec)

mysql> CALL proc_exist('张三');
+--------+--------+--------+--------+--------+--------+--------+
| empno  | ename  | job    | mgr    | sal    | comm   | deptno |
+--------+--------+--------+--------+--------+--------+--------+
| 9369   | 张三   | 保洁   | 9902   | 900.00 | NULL   | 20     |
+--------+--------+--------+--------+--------+--------+--------+
1 row in set (0.00 sec)
Query OK, 0 rows affected (0.00 sec)
```

从上述执行结果可以看出，调用存储过程 proc_exist( )时，如果传递的参数为 NULL，则显示输入的值为空；如果输入的员工姓名在员工表中不存在，则显示"员工不存在"；如果员工姓名在员工表中存在，则显示员工对应的信息。

2. CASE 语句

CASE 语句也可以对条件进行判断，它可以实现比 IF 语句更复杂的条件判断。CASE 语句的语法格式有以下两种。

语法格式 1：

```
CASE 表达式
WHEN 值 1    THEN 语句列表 1
[ WHEN 值 2    THEN 语句列表 2 ]
…
[ WHEN 值 n    THEN 语句列表 n ]
[ ELSE 语句列表 n+1 ]
END CASE
```

从上述语法格式可以看出，CASE 语句中可以有多个 WHEN 子句，CASE 后面的表达式的结果决定哪一个 WHEN 子句会被执行。当 WHEN 子句后的值与表达式结果值相同时，执行对应的 THEN 关键字后的语句列表；如果所有 WHEN 子句后的值都和表达式的结果值不同，则执行 ELSE 后的语句列表。

语法格式 2：

```
CASE
WHEN 条件表达式 1    THEN 语句列表 1
[ WHEN 条件表达式 2    THEN 语句列表 2 ]
…
[ WHEN 条件表达式 n    THEN 语句列表 n ]
[ ELSE 语句列表 n+1 ]
END CASE
```

在上述语法格式中，当 WHEN 子句后的条件表达式结果为真时，执行对应 THEN 后的语句列表；当所有 WHEN 子句后的条件表达式都不为真时，执行 ELSE 后的语句列表。

下面通过一个案例演示 CASE 语句的使用。

【案例 11-17】 员工管理系统中经常需要根据输入的员工工资返回对应的工资等级，如果工资大于或等于 5 000 元，则返回"高薪资"；如果小于 5 000 元并且大于或等于 4 000 元则返回"中等薪资"；如果小于 4 000 元并且大于或等于 2 000 元则返回"低薪资"；其他金额则返回"不合理薪资"。技术人员决定将这个需求编写成存储函数。具体 SQL 语句及执行结果如下：

```
mysql> DELIMITER $$
mysql> CREATE FUNCTION func_level(sal DECIMAL(7,2))
    -> RETURNS VARCHAR(20)
    -> DETERMINISTIC
    -> BEGIN
    -> CASE
    -> WHEN sal>=5000 THEN RETURN '高薪资';
    -> WHEN sal>=4000 THEN RETURN '中等薪资';
    -> WHEN sal>=2000 THEN RETURN '低薪资';
```

```
        -> ELSE RETURN '不合理薪资';
        -> END CASE;
        -> END  $$
Query OK, 0 rows affected (0. 00 sec)

mysql>   DELIMITER ;
```

调用存储函数 func_level( )输入不同等级的工资，执行结果如下：

```
mysql> SELECT func_level(8000);
+------------------------+
| func_level(8000)       |
+------------------------+
| 高薪资                  |
+------------------------+
1 row in set (0.00 sec)

mysql> SELECT func_level(4600);
+------------------------+
| func_level(4600)       |
+------------------------+
| 中等薪资                |
+------------------------+
1 row in set (0.00 sec)

mysql> SELECT func_level(3500);
+------------------------+
| func_level(3500)       |
+------------------------+
| 低薪资                  |
+------------------------+
1 row in set (0.00 sec)

mysql> SELECT func_level(1800);
+------------------------+
| func_level(1800)       |
+------------------------+
| 不合理薪资              |
+------------------------+
1 row in set (0.00 sec)
```

在上述代码中，创建了一个存储函数 func_level( )，其中使用 CASE 语句判断参数 "sal" 的值对应的等级。调用存储函数 func_level( )时，如果参数 "sal" 的值大于或等于 5 000 元，则返回 "高薪资"；如果小于 5 000 元并且大于或等于 4 000 元则返回 "中等薪资"；如果小于 4 000 元并且大于或等于 2 000 元则返回 "低薪资"；其他金额则返回 "不合理薪资"。

11.5.2 循环语句

循环语句指的是在符合条件的情况下重复执行一段代码,如计算给定区间内数据的累加和。MySQL 提供的循环语句有 LOOP、REPEAT 和 WHILE 这 3 种,下面分别进行讲解。

1. LOOP 语句

LOOP 语句通常用于实现一个简单的循环,其基本语法格式如下:

```
[ 标签: ]  LOOP
    语句列表
END LOOP [ 标签 ];
```

在上述语法格式中,"标签"是可选参数,用于标志循环的开始和结束。"标签"的定义只需要符合 MySQL 标识符的定义规则即可,但两个位置的标签名称必须相同。LOOP 会重复执行语句列表,因此在循环时务必给出结束循环的条件,否则会出现死循环。LOOP 语句本身没有停止语句,如果要退出 LOOP 循环,需要使用 LEAVE 语句。

为了让读者能更好地理解 LOOP 语句,下面通过一个案例演示其使用。

【案例 11-18】在存储过程中实现 0~9 这 10 个整数的累加计算。具体 SQL 语句及执行结果如下:

```
mysql> DELIMITER $$
mysql> CREATE PROCEDURE proc_sum( )
    ->    BEGIN
    ->    DECLARE i,sum INT DEFAULT 0;
    ->    loop_flag: LOOP
    ->             IF i>=10 THEN
    ->                    SELECT i,sum;
    ->                     LEAVE loop_flag;
    ->             ELSE
    ->                    SET sum=sum+i;
    ->                     SET i=i+1;
    ->             END IF;
    ->        END LOOP loop_flag;
    ->    END $$
Query OK, 0 rows affected (0. 00 sec)

mysql>  DELIMITER ;
```

上述程序定义了一个存储过程 proc_sum。在存储过程 proc_sum 中定义了局部变量"i"和"sum",并分别设置默认值为 0,然后在 LOOP 语句中判断"i"的值是否大于或等于"10"。如果是,则输出"i"和"sum"当前的值并退出循环;如果不是,则将"i"的值累加到"sum"变量中并对"i"进行自增 1,然后再次执行 LOOP 语句中的循环体语句列表。

存储过程 proc_sum 通过 LOOP 语句实现了 0~9 的累加计算,下面调用它查看循环后

"i"和"sum"的值，具体 SQL 语句及执行结果如下：

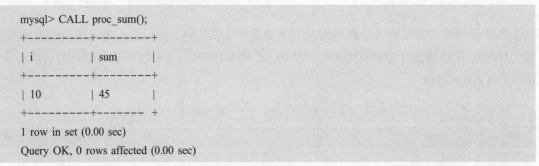

```
mysql> CALL proc_sum();
+---------+--------+
| i       | sum    |
+---------+--------+
| 10      | 45     |
+---------+------- +
1 row in set (0.00 sec)
Query OK, 0 rows affected (0.00 sec)
```

从上面执行结果中可以看到，循环后"i"的值为"10"，"sum"的值为"45"。可以得出当"i"等于"10"时，不再对"sum"进行累加，因此得出"sum"的值是 0~9 整数的累加和。

2. REPEAT 语句——直到型循环

REPEAT 语句用于循环执行符合条件的"语句列表"，每次循环时，都会对语句中的"条件表达式"进行判断。如果表达式返回值为 TRUE，则结束循环；否则重复执行循环中的"语句列表"。REPEAT 语句的基本语法格式如下：

```
[ 标签: ]   REPEAT
                语句列表
            UNTIL 条件表达式
END REPEAT [ 标签 ]
```

在上述语法格式中，程序会无条件地先执行一次 REPEAT 语句中的"语句列表"，然后再判断 UNTIL 后的"条件表达式"的结果是否为 TRUE。如果为 TRUE，则结束循环；如果不为 TRUE，则继续执行"语句列表"。

为了让读者能更好地理解 REPEAT 语句，下面通过示例演示其用法。

【案例 11-19】在存储过程内实现 0~10 之间奇数的累加计算。具体 SQL 语句及执行结果如下：

```
mysql> DELIMITER $$
mysql> CREATE PROCEDURE proc_odd_sum( )
    -> BEGIN
    ->    DECLARE i,sum INT DEFAULT 0;
    ->    flag: REPEAT
    ->            IF i%2 != 0 THEN SET sum=sum+i;
    ->            END IF;
    ->            SET i=i+1;
    ->    UNTIL i>10
    ->    END REPEAT flag;
    ->    SELECT i,sum;
    -> END $$
Query OK, 0 rows affected (0. 00 sec)

mysql> DELIMITER ;
```

上述程序定义了一个存储过程 proc_odd_sum( )。在存储过程 proc_odd_sum( ) 中，定义了局部变量 "i" 和 "sum" 并分别设置默认值为 0，然后在 REPEAT 的语句列表中判断 "i" 的值是否为奇数。如果是，则将 "i" 的值累加到 "sum" 变量中，结束判断后对 "i" 进行自增 1。语句列表执行完之后判断 "i" 是否大于 10，如果是，则结束循序；如果不是，则继续执行语句列表。

存储过程 proc_odd_sum( ) 通过 REPEAT 语句实现了 0~10 之间奇数的累加计算，下面调用它查看循环后 "i" 和 "sum" 的值，具体 SQL 语句及执行结果如下：

```
mysql> CALL proc_odd_sum( );
+-------+--------+
| i     | sum    |
+-------+--------+
| 11    | 25     |
+-------+--------+
1 row in set (0.00 sec)
```

从上面执行结果中可以看到，REPEAT 循环结束后 "i" 的值为 11，0~10 之间奇数的累加和为 25。

3. WHILE 语句——当型循环

WHILE 语句也用于循环执行符合条件的 "语句列表"，但与 REPEAT 语句不同的是，WHILE 语句是先判断 "条件表达式"，再根据判断结果确定是否执行循环内的 "语句列表"。WHILE 语句的基本语法格式如下：

```
[ 标签: ] WHILE 条件表达式 DO
                语句列表
END WHILE [ 标签 ]
```

在上述语法格式中，只有 "条件表达式" 为真时，才会执行 DO 后面的 "语句列表"。"语句列表" 执行完之后，再次判断 "条件表达式" 的结果，如果结果为真，继续执行 "语句列表"；如果结果为假，则退出循环。在使用 WHILE 循环语句时，可以在 "语句列表" 中设置循环的出口，以防出现死循环的现象。

为了让读者能更好地理解 WHILE 语句，下面通过示例演示其使用方法。

【案例 11-20】在存储过程内实现 0~10 之间偶数的累加计算，具体 SQL 语句及执行结果如下：

```
mysql> DELIMITER $$
mysql> CREATE PROCEDURE proc_even_sum( )
    -> BEGIN
    -> DECLARE i,sum INT DEFAULT 0;
    -> WHILE i<=10 DO
    ->          IF i%2 = 0 THEN SET sum=sum+i;
    ->          END IF;
    ->             SET i=i+1;
    -> END WHILE;
```

```
    ->        SELECT i,sum;
    ->   END $$
Query OK, 0 rows affected (0.00 sec)

mysql> DELIMITER ;
```

上述程序定义了一个存储过程 proc_even_sum( )。在 proc_even_sum( ) 中定义了局部变量 "i" 和 "sum" 并分别设置默认值为 0，然后在 WHILE 后判断 "i" 是否小于或等于 10，如果是，则执行 DO 后面的语句列表。语句列表中先判断 "i" 是否是偶数，如果是偶数，则将 "i" 的值累加到 "sum" 变量中，然后结束 IF 语句并对 "i" 进行自增 1，接着再次对 WHILE 后的条件语句进行判断，当 "i" 的值大于 10 时，结束循环。

存储过程 proc_even_sum( ) 通过 WHILE 语句实现了 0~10 之间偶数的累加计算，下面调用它查看循环后 "i" 和 "sum" 的值，具体 SQL 语句及其执行结果如下：

```
mysql> CALL proc_even_sum( );
+--------+--------+
| i      | sum    |
+--------+--------+
| 11     | 30     |
+--------+--------+
1 row in set (0.00 sec)
Query OK, 0 rows affected (0.00 sec)
```

从上面执行结果中可以看到，WHILE 循环结束后 "i" 的值为 11，0~10 之间偶数的累加和为 30。

11.5.3 跳转语句

跳转语句用于实现执行过程中的流程跳转。MySQL 中常用的跳转语句有 LEAVE 语句和 ITERATE 语句，其基本语法格式如下：

```
{ ITERATE | LEAVE } 标签名;
```

在上述语法格式中，ITERATE 语句用于结束本次循环的执行，开始下一轮循环的执行；而 LEAVE 语句用于终止当前循环，跳出循环体。

为了能更好地理解 LEAVE 语句和 ITERATE 语句的使用及区别，下面通过案例演示其使用方法及它们之间的区别。

【案例 11-21】编辑存储过程 proc_jump( )，计算 10 以下的正偶数的累加和，要求在循环语句列表中应用 LEAVE 语句和 ITERATE 语句。具体 SQL 语句及执行结果如下：

```
mysql>  DELIMITER $$
mysql> CREATE PROCEDURE proc_jump( )
    ->   BEGIN
    ->     DECLARE num,sum INT DEFAULT 0;
    ->     sum_loop: LOOP
```

```
    ->                         SET num=num+2, sum=sum+num;
    ->                         IF num<10
    ->                                 THEN ITERATE sum_loop;
    ->                         ELSE
    ->                                 SELECT num,sum;
    ->                                 LEAVE sum_loop;
    ->                         END IF;
    ->          END LOOP sum_loop;
    ->   END  $ $
Query OK, 0 rows affected (0. 00 sec)
mysql> DELIMITER ;
```

上述程序定义了一个存储过程 proc_jump( )。在 proc_jump( )中，首先定义了局部变量 "num" 和 "sum"，并设置 "num" 和 "sum" 的默认初始值为 0；接着执行 LOOP 语句，LOOP 语句的语句列表中执行的顺序为先设置 "num" 的值自增 2，并把 "num" 的值累加到 "sum" 变量中，然后判断 "num" 的值是否小于 10。如果是，则使用 ITERATE 语句结束当前循环并执行下一轮循环；如果不是，则查询局部变量 "num" 和 "sum" 的值，并跳出 "sum_loop" 循环。

存储过程 proc_jump( )通过 LEAVE 语句和 ITERATE 语句控制循环的跳转，下面调用它查看循环后 "num" 和 "sum" 的值，具体 SQL 语句及执行结果如下：

```
mysql> CALL proc_jump();
+--------+---------+
| num    | sum     |
+--------+---------+
| 10     | 30      |
+--------+---------+
1 row in set (0.00 sec)
Query OK, 0 rows affected (0.00 sec)
```

从上面的执行结果可以看到，LOOP 循环结束后 "num" 的值为 10，0~10 之间正偶数的累加和为 30。

任务 11.6　错误处理

程序在运行过程中可能会发生错误，发生错误时，默认情况下 MySQL 将自动终止程序的执行。有时，如果不希望程序因为错误而停止执行，可以通过 MySQL 中的错误处理机制自定义错误名称和错误处理程序，让程序遇到警告或错误时也能继续执行，从而增强程序处理问题的能力。

11. 6. 1　自定义错误名称

MySQL 提供了比较丰富的错误代码，当程序出现错误时，会将对应的错误信息抛出以提醒开发人员。自定义错误名称就是为程序出现的错误声明一个名称，以便对错误进行相应的处理。例如，手机中存放了很多电话号码，可以给每个号码设置对应的名字，使用时只需要通过名字就能找到对应的电话号码，而不需要记住那么多的电话号码。

在 MySQL 中可以使用 DECLARE 语句为错误声明一个名称，声明的基本语法格式如下：

DECLARE 错误名称 CONDITION FOR 错误类型;

在上述语法格式中，"错误名称"指自定义的错误名称；"错误类型"有两个可选值，分别为"mysql_error_code"和"SQLSTATE［VALUE］sqlstate_value"。

其中"mysql_error_code"代表 MySQL 数值类型的错误代码；"sqlstate_value"表示长度为5 的字符串类型的错误代码。"mysql_error_code"和"SQLSTATE"都可以表示 MySQL 的错误。

为了更好地理解上述两个错误代码，下面参考以下错误信息进行讲解：

ERROR 1062 (23000): Duplicate entry '9839' for key tb_emp. PRIMARY

上述错误信息是在插入重复的主键值时抛出的错误信息，其中"1062"是一个mysql_error_code 类型的错误代码，"23000"对应的是 SQLSTATE 类型的错误代码。

下面使用 DECLARE 语句为上述错误代码声明一个名称，具体 SQL 语句及执行结果如下：

```
mysql> DELIMITER  $$
mysql> CREATE PROCEDURE proc_err( )
    -> BEGIN
    -> DECLARE duplicate_entry CONDITION FOR SQLSTATE '23000';
    -> END  $$
Query OK, 0 rows affected (0. 00 sec)
mysql> DELIMITER ;
```

在上述语句中，DECLARE 语句将错误代码"SQLSTATE '23000'"命名为"duplicate_entry"，在处理错误的程序中可以使用该名称表示错误代码"SQLSTATE '23000'"。

另外，以上示例 DECLARE 语句中还可以为 mysql_error_code 类型的错误代码定义名称，具体 SQL 语句如下：

DECLARE duplicate_entry CONDITION FOR 1062;

11.6.2 自定义错误处理程序

程序出现异常时默认会停止继续执行，MySQL 中允许自定义错误处理程序。在程序出现错误时，可以交由自定义的错误处理程序处理，以避免直接中断程序的运行。自定义错误处理程序的基本语法格式如下：

DECLARE 错误处理方式 HANDLER FOR 错误类型 [,错误类型 ...] 程序语句段

在上述语法格式中，MySQL 支持的"错误处理方式"有"CONTINUE"和"EXIT"，其中"CONTINUE"表示遇到错误不进行处理，继续向下执行；"EXIT"表示遇到错误后马上退出。"程序语句段"表示在遇到定义的错误时需要执行的一些存储过程或函数。错误类型有 6 个可选值，分别如下。

（1）sqlstate_value：匹配 SQLSTATE 类型的错误代码。

（2）condition_name：匹配 DECLARE 定义的错误条件名称。

（3）SQLWARNING：匹配所有以 01 开头的 SQLSTATE 类型的错误代码。

（4）NOT FOUND：匹配所有以 02 开头的 SQLSTATE 类型的错误代码。

（5）SQLEXCEPTION：匹配所有没有被 SQLWARNING 或 NOT FOUND 捕获的 SQLSTATE 类型的错误代码。

（6）mysql_error_code：匹配 mysql_error_code 类型的错误代码。

为了更好地理解自定义错误处理程序的应用，下面通过一个案例对错误处理程序的使用进行演示。

【案例 11-22】由于员工表中设有主键，如果在存储过程中向员工表中插入多条数据，当插入的数据中有相同的主键值时，会使存储过程执行出现错误，导致程序中断。此时可以通过自定义错误处理程序确保存储过程的执行不被中断。

具体 SQL 语句及执行结果如下：

```
1   mysql> DELIMITER $$
2   mysql> CREATE PROCEDURE proc_handler_err( )
3      -> BEGIN
4      -> DECLARE CONTINUE HANDLER FOR SQLSTATE '23000'
5      -> SET @num=1;
6      -> INSERT INTO tb_emp VALUES(9944,'白龙马','人事',9982,1000,500,40);
7      -> SET @num=2;
8      -> INSERT INTO tb_emp VALUES(9944,'白龙马','人事',9982,1000,500,40);
9      -> SET @num=3;
10     -> END $$
Query OK, 0 rows affected (0.00 sec)
mysql> DELIMITER ;
```

错误处理的语句要定义在 BEGIN…END 中，并且在程序代码之前。在上述语句中，第 4 行语句中的"SQLSTATE '23000'"表示表中不能插入重复键的错误代码，当发生"SQLSTATE '23000'"错误时，程序会根据错误处理程序设置的 CONTINUE 处理方式，继续向下执行；第 5 行、第 7 行和第 9 行语句会在上一行语句执行后分别对会话变量"num"赋值；第 6 行和第 8 行语句分别向员工表"tb_emp"中插入内容相同的数据。

创建存储过程 proc_handler_err( )后，调用它并查询当前会话变量"num"的值，具体 SQL 语句及执行结果如下：

```
mysql> CALL proc_handler_err();
Query OK, 0 rows affected (0.00 sec)
mysql> SELECT @num;
+---------+
| @num    |
+---------+
| 3       |
+---------+
1 row in set (0.00 sec)
```

从上述查询结果可以看出，会话变量"num"的值为3，说明向员工表 tb_emp 中插入重复主键时并没有中断程序的运行，而是跳过了错误，继续执行了变量"num"的赋值语句。

任务 11.7　游标

使用 SELECT 语句可以返回符合指定条件的结果集，但没有办法对结果集中的数据进行单独处理。例如，使用 SELECT 语句查询出多条员工信息的结果集后，无法获取结果集中的单条记录。为此，MySQL 提供了游标机制，利用游标可以对结果集中的数据进行单独处理。下面将对游标的相关知识进行详细讲解。

11.7.1　游标的操作流程

游标的本质是一种带指针的记录集，在 MySQL 中游标主要应用于存储过程和函数。游标的使用要遵循一定的操作流程，一般分为 4 个步骤，分别是定义游标、打开游标、利用游标检索数据和关闭游标。下面对这 4 个步骤进行讲解。

1. 定义游标

MySQL 中使用 DECLARE 关键字定义游标，因为游标要操作的是 SELECT 语句返回的结果集，所以定义游标时需要指定与其关联的 SELECT 语句。定义游标的基本语法格式如下：

DECLARE 游标名称 CURSOR FOR SELECT 语句

在上述语法格式中，"游标名称"必须唯一，因为在存储过程和函数中可以存在多个游标，而"游标名称"是唯一用于区分不同游标的标识。需要注意的是，SELECT 语句中不能含有 INTO 关键字。

使用 DECLARE…CURSOR FOR 语句定义游标时，因为与游标相关联的 SELECT 语句并不会立即执行，所以此时 MySQL 服务器的内存中并没有 SELECT 语句的查询结果集。

> **提　示**
>
> 需要注意的是，变量、错误触发条件、错误处理程序和游标都是通过 DECLARE 定义的，但它们的定义是有先后顺序要求的。变量和错误触发条件必须在最前面声明，然后是游标的声明，最后才是错误处理程序的声明。

2. 打开游标

声明游标之后，要想从游标中提取数据，需要先打开游标。在 MySQL 中，打开游标的语法格式如下：

OPEN 游标名称;

打开游标后，SELECT 语句根据查询条件将查询到的结果集存储到 MySQL 服务器的内存中。

3. 利用游标检索数据

打开游标之后，就可以通过游标检索 SELECT 语句返回的结果集中的数据。游标检索数

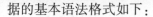

据的基本语法格式如下：

> FETCH 游标名称 INTO 变量名 1 [, 变量名 2]...

每执行一次 FETCH 语句就在结果集中获取一行记录，FETCH 语句获取记录后，游标的内部指针就会向前移动一步，指向下一条记录。在上述语法格式中，FETCH 语句根据指定的游标名称，将检索出的数据存放到对应的变量中，变量名的个数需要和 SELECT 语句查询的结果集的字段个数保持一致。

FETCH 语句一般和循环语句一起完成数据的检索，它通常和 REPEAT 循环语句一起使用。因为无法直接判断哪条记录是结果集中的最后一条记录，当利用游标从结果集中检索出最后一条记录后，再次执行 FETCH 语句，将产生"ERROR 1329（02000）：No data to FETCH"错误信息。因此，使用游标时通常需要自定义错误处理程序处理该错误，从而结束游标的循环。

4. 关闭游标

游标检索完数据后，应该关闭游标去释放其占用的 MySQL 服务器的内存资源。关闭游标的基本语法格式如下：

> CLOSE 游标名称;

在程序内，如果使用 CLOSE 关闭了游标，则不能再通过 FETCH 使用该游标。如果想要再次利用游标检索数据，只需要使用 OPEN 语句打开游标即可，而不用重新定义游标。如果没有使用 CLOSE 关闭游标，那么它将在被打开的 BEGIN…END 语句块的末尾关闭。

11.7.2 使用游标检索数据

了解完游标的操作流程后，下面通过具体的案例演示使用游标检索数据。

【案例 11-23】技术人员想将员工表 tb_emp 中奖金为 NULL 的员工信息存放在一个新的数据表 emp_comm 中，数据表 emp_comm 的结构和员工表保持一致，具体实现如下。

首先创建用来存放结果数据的数据表 emp_comm，具体 SQL 语句及执行结果如下：

```
mysql> CREATE TABLE emp_comm(
    -> empno INT PRIMARY KEY,
    -> ename VARCHAR(20) UNIQUE,
    -> job VARCHAR(20),
    -> mgr INT,
    -> sal DECIMAL(7,2),
    -> comm DECIMAL(7,2),
    -> deptno INT
    -> );
Query OK, 0 rows affected (0. 01 sec)
```

接着创建存储过程，在存储过程中将奖金为 NULL 的员工信息添加到数据表 emp_comm。具体 SQL 语句及其执行结果如下：

```
1   mysql> DELIMITER $$
2   mysql> CREATE PROCEDURE proc_emp_comm()
3     -> BEGIN
4     -> DECLARE mark INT DEFAULT 0; -- mark:游标结束循环的标识
5     -> DECLARE emp_no INT ; -- emp_no:存储员工表 empno 字段的值
6     -> DECLARE emp_name VARCHAR(20); -- emp_name:存储员工表 ename 字段的值
7     -> DECLARE emp_job VARCHAR(20); -- emp_job:存储员工表 job 字段的值
8     -> DECLARE emp_mgr INT; -- emp_mgr:存储员工表 mgr 字段的值
9     -> DECLARE emp_sal decimal(7,2); -- emp_sal:存储员工表 sal 字段的值
10    -> DECLARE emp_comm decimal(7,2); -- emp_comm:存储员工表 comm 字段的值
11    -> DECLARE emp_deptno INT; -- emp_deptno:存储员工表 deptno 字段的值
12    -> # 定义游标
13    -> DECLARE cur CURSOR FOR SELECT * FROM tb_emp WHERE comm IS NULL;
14    -> # 定义错误处理程序
15    -> DECLARE CONTINUE HANDLER FOR SQLSTATE '02000'
16    -> SET mark=1;
17    -> #打开游标
18    -> OPEN cur;
19    -> REPEAT
20    -> # 通过游标获取结果集的记录
21    ->FETCH cur INTO emp_no,emp_name,emp_job,emp_mgr,emp_sal,emp_comm,emp_deptno;
22    -> IF mark!=1 THEN
23    ->    INSERT INTO emp_comm(empno,ename,job,mgr,sal,comm,deptno)
24    ->    VALUES(emp_no,emp_name,emp_job,emp_mgr,emp_sal,emp_comm,emp_deptno);
25    ->  END IF;
26    -> UNTIL mark=1
27    -> END REPEAT;
28    -> # 关闭游标
29    -> CLOSE cur;
30    -> END $$
31  Query OK, 0 rows affected (0.00 sec)
32  mysql> DELIMITER ;
```

在上面的程序中，创建了存储过程 proc_emp_comm()。第 4 行代码定义了变量
"mark"用于存储游标结束循环的标识；第 5~11 行代码定义了 7 个变量，分别用于存储
员工表 tb_emp 中 7 个字段的值；第 13 行代码定义了游标"cur"，"cur"与员工表 tb_emp
中奖金为 NULL 的记录相关联；第 15、16 行代码定义了错误处理程序，用于当游标获取
最后一行记录后再次获取记录时，继续执行程序，并且设置"mark"的值为 1；第 18 行
代码用于打开游标；第 19~27 行代码通过 REPEAT 循环遍历游标，每循环一次，FETCH
取出游标标记的一行记录，并且将记录中的值存入第 5~11 行定义的变量中；接着会判断
"mark"是否等于 1，如果不等于 1，则将记录插入数据表 emp_comm 中；当"mark"的

值等于 1 时，说明已经将结果集的数据检索完毕，会执行第 26～29 行代码，结束循环并关闭游标。

在调用存储过程之前，先查看员工表 tb_emp 中的记录，具体 SQL 语句及其执行结果如下：

```
mysql> SELECT * FROM tb_emp WHERE comm IS NULL;
+--------+--------+----------+------+---------+------+--------+
| empno  | ename  | job      | mgr  | sal     | comm | deptno |
+--------+--------+----------+------+---------+------+--------+
| 9369   | 张三   | 保洁     | 9902 | 900.00  | NULL | 20     |
| 9566   | 李四   | 经理     | 9839 | 3995.00 | NULL | 20     |
| 9839   | 刘一   | 董事长   | NULL | 6000.00 | NULL | 10     |
| 9900   | 萧十一 | 保洁     | 9698 | 1050.00 | NULL | 30     |
| 9902   | 赵六   | 分析员   | 9566 | 4000.00 | NULL | 20     |
| 9936   | 张开   | 保洁     | 9902 | 980.00  | NULL | 20     |
| 9966   | 尹力   | 运营专员 | 9839 | 4000.00 | NULL | 10     |
| 9982   | 陈二   | 经理     | 9839 | 3450.00 | NULL | 10     |
| 9988   | 王五   | 分析员   | 9566 | 4000.00 | NULL | 20     |
+--------+--------+----------+------+---------+------+--------+
9 rows in set (0.01 sec)
```

从上面的查询结果可以看出，员工表 tb_emp 中奖金为空的记录有 9 条。下面调用存储过程 proc_emp_comm( )，并在调用后查看数据表 emp_comm 中的记录，具体 SQL 语句及其执行结果如下：

```
mysql> CALL proc_emp_comm();
Query OK, 0 rows affected (0.01 sec)
mysql> SELECT * FROM emp_comm;
+--------+--------+----------+------+---------+------+--------+
| empno  | ename  | job      | mgr  | sal     | comm | deptno |
+--------+--------+----------+------+---------+------+--------+
| 9369   | 张三   | 保洁     | 9902 | 900.00  | NULL | 20     |
| 9566   | 李四   | 经理     | 9839 | 3995.00 | NULL | 20     |
| 9839   | 刘一   | 董事长   | NULL | 6000.00 | NULL | 10     |
| 9900   | 萧十一 | 保洁     | 9698 | 1050.00 | NULL | 30     |
| 9902   | 赵六   | 分析员   | 9566 | 4000.00 | NULL | 20     |
| 9936   | 张开   | 保洁     | 9902 | 980.00  | NULL | 20     |
| 9966   | 尹力   | 运营专员 | 9839 | 4000.00 | NULL | 10     |
| 9982   | 陈二   | 经理     | 9839 | 3450.00 | NULL | 10     |
| 9988   | 王五   | 分析员   | 9566 | 4000.00 | NULL | 20     |
+--------+--------+----------+------+---------+------+--------+
9 rows in set (0.00 sec)
```

从上面查询结果中可以看出，执行存储过程后，员工表 tb_emp 中的奖金为 NULL 的记录被添加到了数据表 emp_comm 中。

项目实训

前面主要对数据库编程进行了详细讲解。首先讲解了存储过程和存储函数的创建、查看、调用、修改和删除；其次讲解了变量和流程控制；再次讲解了错误处理方法；最后讲解了游标的用法。下面通过实训让学生巩固数据库编程的应用，重温、巩固本项目的重点知识。

1. 实训目的

（1）理解存储过程和存储函数的相关概念及其优点。

（2）掌握创建、调用、查看、修改及删除存储过程的方法。

（3）掌握创建、调用、查看、修改及删除存储函数的方法。

（4）掌握变量、流程控制、错误处理及游标的使用方法。

2. 实训内容

选择数据库 company 作为项目实训使用的数据库。

（1）创建一个名为 f_worker 的存储函数，用于统计数据表 tb_worker 中的总记录数。

（2）调用存储函数 f_worker，查看统计结果，以验证存储函数 f_worker 实现的功能。

（3）创建名为 tb_worker3 的数据表，用于存储执行存储过程后返回的结果。表结构信息如表 11-2 所示。

表 11-2　表结构信息

字段	数据类型	约束	注释
name	VARCHAR（30）	非空	姓名
score	FLOAT（2，1）	无称号	绩效评分
comment	VARCHAR（16）	非空	评价等级

（4）创建一个存储过程，判断员工的评价等级，高于平均值的为优，低于平均值的为差，最后将判断结果存入 tb_worker3 表中。

（5）调用存储过程，查看执行结果。

拓展阅读

Bug 的由来

存储过程和存储函数用于处理程序使用过程中的异常情况，也可以说处理 Bug。那么，你知道大家常说的 Bug 从何而来吗？

Bug 一词的原意是"臭虫"或"虫子"。在计算机系统或程序中隐藏着的一些未被发现的缺陷或问题可以用它指代。这一说法的创始人是计算机专家格蕾丝·赫柏，某天她在调试设备时发现了故障，为此她拆开了继电器，检查后发现有只飞蛾被夹扁在触点中间，从而"卡"住了机器的运行。在这次异常处理的报告中，她用了"Bug"一词来表示"一个在计算机程序里的错误"，没想到这奇怪的"称呼"，后来竟成为计算机领域的专业行话。

与 Bug 相对应，人们将发现 Bug 并加以纠正的过程称为"Debug"（即调试），意为"捉虫子"或"杀虫子"。

项目考核

一、填空题

1. 创建存储过程的语法格式为＿＿＿＿＿＿＿＿＿＿＿＿＿＿＿＿＿＿＿＿＿＿＿＿＿。
2. 创建存储函数的语法格式为＿＿＿＿＿＿＿＿＿＿＿＿＿＿＿＿＿＿＿＿＿＿＿＿。
3. 调用存储过程和存储函数的关键字分别为＿＿＿＿＿＿和＿＿＿＿＿＿。
4. 变量可以分为3类，分别为＿＿＿＿＿、＿＿＿＿＿、＿＿＿＿＿。
5. MySQL 中的＿＿＿＿＿＿循环语句会无条件执行一次循环语句列表。
6. DELIMITER 语句可以设置 MySQL 的＿＿＿＿＿＿＿＿＿＿＿＿＿＿＿＿＿＿＿。
7. 定义、打开、使用和关闭游标的 4 个关键字分别为：＿＿＿＿＿、＿＿＿＿＿、＿＿＿＿＿和＿＿＿＿＿。
8. 存储过程的过程体以＿＿＿＿＿表示过程体的开始，以＿＿＿＿＿表示过程体的结束。

二、判断题

1. 存储过程可以没有返回值。　　　　　　　　　　　　　（　　）
2. 对于所有用户来说，系统变量只能读取不能修改。　　　（　　）
3. 在程序内，如果使用 CLOSE 关闭游标后，不能再通过 FETCH 使用该游标。（　　）
4. 存储过程可以通过 RETURN 语句返回数据。　　　　　（　　）
5. 对于存储函数而言，如果 RETURN 子句返回值的数据类型与 RETURNS TYPE 子句指定的数据类型不同，MySQL 会将返回值强制转换为 RETURNS TYPE 子句指定的类型。（　　）

三、选择题

1. 以下不能在 MySQL 中实现循环操作的语句是（　　）。
A. CASE　　　　　　　　B. LOOP
C. REPEAT　　　　　　　D. WHILE
2. 下列选项中不具备判断功能的流程控制语句是（　　）。
A. IF 语句　　　　　　　B. CASE 语句
C. LOOP 语句　　　　　　D. WHILE 语句
3. 下列选项里在 SELECT 语句中为会话（用户）变量赋值的符号是（　　）。
A. += 　　　　　　　　　B. ==
C. := 　　　　　　　　　D. @ =
4. 下列选项中能够正确调用名称为 f_add 的存储函数的语句是（　　）。
A. CALL f_add( );　　　　B. LOAD f_add( );
C. CREATE f_add( );　　　D. SELECT f_add( );

项目 12
触发器的基本操作

【项目导读】

接下来针对触发器的内容进行讲解。触发器（Trigger）是 MySQL 数据库对象之一，与存储过程类似，它也是一段程序代码。不同的是，触发器是由事件激活某个操作。当数据表中出现特定事件时，就会激活触发器这个对象。例如，删除表中一条数据时，需要在数据库中保留一个备份副本，这种情况下可以创建一个触发器对象，每当删除一条数据事件发生时，就会激活一次具有备份操作功能的触发器。本项目主要介绍触发器的概念以及创建、查看和删除触发器的方法。

【学习目标】

知识目标：

- 了解触发器及其优点；
- 掌握创建触发器的方法；
- 掌握查看触发器的方法；
- 掌握删除触发器的方法。

能力目标：

- 能够说出触发器的概念及优点；
- 能够使用 SQL 语句创建、查看和删除触发器；
- 能够使用触发器确保数据的完整性。

素质目标：

- 了解数据库前沿技术，紧跟时代发展步伐。

任务 12.1　触发器概述

触发器可以被看作是一种特殊的存储过程，它与存储过程的区别在于，存储过程使用 CALL 语句调用时才会执行，而触发器会在预先定义好的事件（如 INSERT、DELETE 等操作）发生时自动调用。

创建触发器时需要与数据表相关联，当数据表发生特定事件时，会自动执行触发器中的 SQL 语句。例如，插入数据前强制检验或转换数据等操作，或是在触发器中的代码执行错误后，撤销已经执行成功的操作，保障数据的安全。

从上述内容可知，触发器具有以下优点。

（1）当触发器相关联的数据表中的数据发生修改时，触发器中定义的语句会自动执行。

（2）触发器对数据进行安全校验，保障数据安全。

（3）通过和触发器相关联的表，可以实现表数据的级联更改，在一定程度上保证数据的完整性。

任务 12.2　创建触发器

创建触发器时，需要指定其操作的数据表。创建触发器的基本语法格式如下：

```
CREATE TRIGGER 触发器名称 触发时机 触发事件 ON 数据表名 FOR EACH
ROW 触发程序
```

在上述语法格式中，"触发器名称"必须在当前数据库中唯一。如果要在指定的数据库中创建触发器，"触发器名称"前面应该加上数据库的名称。

"触发时机"指触发程序执行的时间，可选值有 BEFORE 和 AFTER；其中 BEFORE 表示在触发事件之前执行触发程序，AFTER 表示在触发事件之后执行触发程序。"触发事件"表示激活触发器的操作类型，可选值有 INSERT、UPDATE 和 DELETE。其中 INSERT 表示将新记录插入数据表时激活触发器中的触发程序，UPDATE 表示更改数据表中某行记录时激活触发器中的触发程序，DELETE 表示删除数据表中某行记录时激活触发器中的触发程序。

"触发程序"指的是触发器执行的 SQL 语句，如果要执行多条语句，可使用 BEGIN…END 作为语句的开始和结束。触发程序中可以使用 NEW 和 OLD 分别表示新记录和旧记录。例如，当需要访问新插入记录的字段值时，可以使用"NEW. 字段名"方式访问；当修改数据表的某条记录时，可以使用"OLD. 字段名"访问修改之前的字段值。

> **提　示**
>
> 触发器只能创建在永久表（Permanent Table）上，不能创建在临时表（Temporary Table）上。

从 MySQL 5.7.2 开始，可以为一张数据表定义具有相同触发事件和触发时机的多个触发器。默认情况下，具有相同触发事件和触发时机的触发器按其创建顺序激活。

下面按照触发器触发时机的不同，以 AFTER 和 BEFORE 两种情况为例详细讲解触发器的创建。

12.2.1 创建 AFTER 触发器

AFTER 触发器是指触发器监视的触发事件执行后，再激活触发器，激活后所执行的操作无法影响触发器所监视的事件。以买家购买商品为例，首先向订单表中添加订单记录，再更新商品表中商品的数量，这种情况下无论商品是什么状态，订单都已经插入数据库。

AFTER 触发器可以根据所监视的事件分为 3 种，分别是 INSERT 型、UPDATE 型和 DELETE 型，下面分别讲解。

1. INSERT 型

为了便于读者更好地理解触发器的创建，下面通过一个案例演示在数据库中创建 INSERT 型触发器。

【案例 12-1】有买家要购买商品，买家向订单表中添加订单记录（即 INSERT 事件），商家将自动更新商品表中商品的数量（即激活触发器）。

为便于讲解，创建触发器之前需要先创建一个数据库，并在该数据库下创建两张表。

（1）创建数据库 db_test，然后打开这个数据库：

```
mysql> CREATE DATABASE db_test;
Query OK, 1 row affected (0. 00 sec)
mysql> USE db_test;
Database changed
```

（2）参照表 12-1 和表 12-2 创建两张表（goods 和 orders）。

表 12-1 商品表（goods）结构信息

字段名	数据类型	注释
id	INT（11）	商品编号
name	VARCHAR（20）	商品名称
num	INT（11）	商品库存

表 12-2 订单表（orders）结构信息

字段名	数据类型	注释
oid	INT（11）	订单编号
gid	INT（11）	购买商品编号
anum	INT（11）	购买商品数量

① 创建 goods 数据表：

```
mysql> CREATE TABLE goods(
    -> id INT(11) PRIMARY KEY AUTO_INCREMENT,
    -> name VARCHAR(20) UNIQUE,
    -> num INT(11) DEFAULT 0
    -> );
Query OK, 0 rows affected, 2 warnings (0. 01 sec)
```

② 创建 orders 数据表：

```
mysql> CREATE TABLE orders(
    -> oid INT(11) PRIMARY KEY,
    -> gid INT(11),
    -> anum INT(11)
    ->);
Query OK, 0 rows affected, 3 warnings (0. 01 sec)
```

③ 向 goods 数据表中添加 3 条记录：

```
mysql> INSERT INTO goods(id,name,num) values
    -> (1,'果粒橙',10), (2,'冰红茶',10), (3,'加多宝',10);
Query OK, 3 rows affected (0. 00 sec)
Records: 3   Duplicates: 0   Warnings: 0
```

案例分析：如果没有为订单表创建触发器，每次买家下订单，系统都需要执行两步操作：第一步是向订单表中插入一条记录；第二步是更新商品表中商品的库存。如果为订单表创建了触发器，就可以在向订单表插入记录的同时自动更新商品表中商品的库存。

下面通过案例 12-1 讲解触发器的创建和应用。

方案一：为订单创建 INSERT 型触发器，并验证其应用。

步骤 1：执行 SQL 语句，为订单表 orders 创建触发器，执行结果如下：

```
mysql> DELIMITER  $ $
mysql> CREATE TRIGGER trig1
    -> AFTER INSERT ON orders
    -> FOR EACH ROW
    -> BEGIN
    -> UPDATE goods SET num=num-1 WHERE id=1;
    -> END $ $
Query OK, 0 rows affected (0. 01 sec)
mysql> DELIMITER ;
```

步骤 2：执行 SQL 语句，在订单表 orders 中插入一条记录，执行结果如下：

```
mysql> INSERT INTO orders(oid,gid,anum) VALUES(1,1,1);
Query OK, 1 row affected (0. 00 sec)
```

步骤 3：执行 SQL 语句，查看 goods 数据表中的数据，执行结果如下：

```
mysql> SELECT * FROM goods;
+-----+-----------+----------+
| id  | name      | num      |
+-----+-----------+----------+
| 1   | 果粒橙    | 9        |
| 2   | 冰红茶    | 10       |
| 3   | 加多宝    | 10       |
+-----+-----------+----------+
3 rows in set (0.00 sec)
```

由上面的执行结果可以看出，goods 表中"果粒橙"的库存变为"9"，说明在插入一条订单后，触发器自动执行更新操作，将果粒橙的数量减去 1。

以上案例中，由于触发器 trig1 里的 num 值和 id 值都是固定的，所以无论买家购买哪个商品，购买多少件商品，goods 表中的变化都是第 1 件商品的数量减 1。为使触发器更加符合实际需求，接下来重新创建触发器 trig2，将订单中的 id 值和 num 值传到触发器中，使 goods 表根据实际情况进行更新。

方案二：为订单表重新创建触发器，使其更符合实际需要。

步骤 1：为订单表创建触发器 trig2，执行语句后的结果如下：

```
mysql> DELIMITER $$
mysql> CREATE TRIGGER trig2
    -> AFTER INSERT ON orders
    -> FOR EACH ROW
    -> BEGIN
    -> UPDATE goods SET num=num-NEW. anum WHERE id=NEW. gid;
    -> END $$
Query OK, 0 rows affected (0. 00 sec)
mysql>  DELIMITER ;
```

提 示

对于 INSERT 型触发器而言，新插入的行使用 NEW 表示，引用行中的字段值可以使用"NEW. 字段名"。

步骤 2：激活触发器 trig2 之前，需要先把触发器 trig1 删除，具体 SQL 语句及其执行结果如下：

```
mysql> DROP TRIGGER trig1;
Query OK, 0 rows affected (0. 00 sec)
```

步骤 3：向 orders 数据表中插入一条记录。具体 SQL 语句及其执行结果如下：

```
mysql> INSERT INTO orders(oid,gid,anum) VALUES(2,2,3);
```

步骤 4：查看 goods 数据表中的数据。具体 SQL 语句及其执行结果如下：

```
mysql> SELECT * FROM goods;
+-----+----------+-------+
| id  | name     | num   |
+-----+----------+-------+
| 1   | 果粒橙    | 9     |
| 2   | 冰红茶    | 7     |
| 3   | 加多宝    | 10    |
+---- +----------+-------+
3 rows in set (0.00 sec)
```

由执行结果可以看出，第 2 件商品的数量变为 7，说明触发器执行更新操作所需的参数值会随着事件中插入值的改变而改变。

2. UPDATE 型

下面通过一个案例演示在数据库中创建 UPDATE 型触发器。

【案例 12-2】假设买家修改了订单中的商品购买数量，系统首先需要修改 orders 表中的订单记录，然后 goods 表中对应的商品库存先要恢复为原来的数量，接着再减去新订单中商品的数量。下面为订单数据表创建 UPDATE 型触发器 trig3，并验证其效果。

依然以前面创建的商品表和订单表为例进行讲解。

步骤 1：为订单表 orders 创建触发器 trig3，具体 SQL 语句及其执行结果如下：

```
mysql> DELIMITER $$
mysql> CREATE TRIGGER trig3
    -> AFTER UPDATE ON orders
    -> FOR EACH ROW
    ->   BEGIN
    ->   UPDATE goods SET num=num+OLD. anum−NEW. anum
                WHERE id=NEW. gid;
    ->   END $$
Query OK, 0 rows affected (0. 00 sec)
mysql>   DELIMITER ;
```

> **提 示**
>
> 对于 UPDATE 型触发器而言，修改操作之前的记录使用 OLD 表示，引用此条记录中的字段值可以使用 "OLD.字段名"；修改操作后的记录使用 NEW 表示，引用此条记录中的字段值可以使用 "NEW.字段名"。

步骤 2：修改 orders 数据表中第 2 条记录。具体 SQL 语句及其执行结果如下：

```
mysql> UPDATE orders SET anum=5 WHERE oid=2;
Query OK, 1 row affected (0. 00 sec)
Rows matched: 1   Changed: 1   Warnings: 0
```

步骤 3：查看 goods 数据表中的记录。具体 SQL 语句及其执行结果如下：

```
mysql> SELECT * FROM goods;
+-----+-----------+--------+
| id  | name      | num    |
+-----+-----------+--------+
| 1   | 果粒橙    | 9      |
| 2   | 冰红茶    | 5      |
| 3   | 加多宝    | 10     |
+-----+-----------+--------+
3 rows in set (0.00 sec)
```

由查询结果可以看出，当订单中第 2 条记录中第 2 种商品的购买数量修改为 5 后，goods 表中第 2 种商品的库存修改为 5，这说明触发器 trig3 已经生效。

3. DELETE 型

下面通过一个案例演示在数据库中创建 DELETE 型触发器。

【案例 12-3】假设买家直接取消订单，系统要执行的操作是先删除 orders 表中的订单，然后 goods 表中对应的商品数量要恢复为原来的值。下面为订单数据表创建 DELETE 型触发器 trig4，并验证其效果。

依然以前面创建的商品表和订单表为例进行讲解。

步骤 1：为 orders 表创建 DELETE 型触发器 trig4，并验证其效果。具体 SQL 语句及其执行结果如下：

```
mysql> DELIMITER $$
mysql> CREATE TRIGGER trig4
    -> AFTER DELETE ON orders
    -> FOR EACH ROW
    ->    BEGIN
    ->    UPDATE goods SET num=num+OLD. anum WHERE id=OLD. gid;
    ->    END $$
Query OK, 0 rows affected (0. 00 sec)
mysql>   DELIMITER ;
```

> **提 示**
>
> 对于 DELETE 型触发器而言，被删除的一条记录使用 OLD 表示，引用此条记录中的字段值可以使用"OLD.字段名"。

步骤 2：删除 orders 数据表中的第 2 条记录。具体 SQL 语句及其执行结果如下：

```
mysql> DELETE FROM orders WHERE oid=2;
Query OK, 1 row affected (0. 00 sec)
```

步骤 3：查看 goods 数据表中的记录。具体 SQL 语句及其执行结果如下：

```
mysql> SELECT * FROM goods;
+-----+------------+---------+
| id  | name       | num     |
+-----+------------+---------+
| 1   | 果粒橙     | 9       |
| 2   | 冰红茶     | 10      |
| 3   | 加多宝     | 10      |
+-----+------------+---------+
3 rows in set (0.00 sec)
```

由执行结果可以看出，goods 数据表中第 2 种商品的库存恢复为 10，这说明触发器 trig4

已经生效。

12.2.2 创建 BEFORE 触发器

BEFORE 触发器是指触发器在所监视的触发事件执行之前激活，激活后执行的操作先于监视的事件，这样就有机会进行一些判断，或修改即将发生的操作。

BEFORE 触发器也可以根据监视事件分为 3 种，分别是 INSERT 型、UPDATE 型和 DELETE 型，本节主要讲解 INSERT 型。

下面通过一个案例演示在数据库中创建 BEFORE 触发器中的 INSERT 型触发器。

【案例 12-4】假设订单中某商品的数量大于 goods 表中所对应商品的总量，goods 表中的商品库存会出现负数。为避免这类问题，可以创建 BEFORE 触发器，这种情况下，系统会先判断订单中商品的购买数量，如果大于库存，则抛出异常，终止操作。

依然以前面创建的商品表和订单表为例进行讲解。

步骤1：为 orders 表创建 BEFORE 触发器中的 INSERT 型触发器 trig5。具体 SQL 语句及其执行结果如下：

```
mysql> DELIMITER $$
mysql> CREATE TRIGGER trig5
    -> BEFORE INSERT ON orders
    -> FOR EACH ROW
    -> BEGIN
    -> DECLARE msg VARCHAR(200);
    -> UPDATE goods SET num=num-NEW. anum WHERE id=NEW. gid AND num>=NEW. anum;
    -> IF ROW_COUNT() <> 1 THEN
    -> SELECT CONCAT(name,'库存不足') INTO msg FROM goods WHERE id=NEW. gid;
    -> SIGNAL SQLSTATE 'TX000' SET MESSAGE_TEXT = msg;
    -> END IF;
    -> END $$
Query OK, 0 rows affected (0. 00 sec)
mysql> DELIMITER ;
```

> **提 示**
>
> ROW_COUNT( )函数用于记录更新操作影响的行数，如果其值不等于 1，就说明订单中商品的数量大于库存数量，goods 表没有更新，此时将"商品名+库存不足"赋给变量 msg。
>
> SIGNAL 语句用于在存储程序（如存储过程、存储函数、触发器或事件）中向调用者返回错误或警告条件。此外，它还提供对错误特征（错误编号，SQLSTATE 值，消息）的控制。

步骤2：在 orders 数据表中新增一条订单记录。具体 SQL 语句及其执行结果如下：

```
mysql> INSERT INTO orders(gid,anum) VALUES(3,20);
ERROR 1644 (TX000): 加多宝库存不足
```

步骤 3：查看 goods 数据表中的记录。具体 SQL 语句及其执行结果如下：

```
mysql> SELECT * FROM goods;
+----+--------+------+
| id | name   | num  |
+----+--------+------+
| 1  | 果粒橙  | 9    |
| 2  | 冰红茶  | 10   |
| 3  | 加多宝  | 10   |
+----+--------+------+
3 rows in set (0.00 sec)
```

由执行查询操作结果可以得出，订单中商品的购买数量大于库存，订单不会被插入 orders 数据表，goods 数据表中的商品库存也不会改变。

任务 12.3　查看触发器

在 MySQL 中，查看触发器有两种方法：一种是 SHOW TRIGGERS 语句；另一种是在 information_schema 数据库的 triggers 数据表中查看触发器的详细信息。

12.3.1　查看触发器的操作

在 MySQL 中，对同一个表相同触发时机的相同触发事件，只能定义一个触发器。例如，对于某个表的不同字段的 AFTER 更新触发器，只能定义成一个触发器，在触发器中通过判断更新的字段进行相应的处理。所以，在创建触发器之前，最好能够查看 MySQL 中是否已经存在该触发器。

使用 SHOW TRIGGERS 语句可以查看 MySQL 中当前数据库下已经存在的触发器，其基本语法格式如下：

```
SHOW TRIGGERS\G
```

下面用一个案例演示查看触发器的操作。

【案例 12-5】查看 MySQL 中当前数据库下已经存在的触发器。具体 SQL 语句及其执行结果如下：

```
mysql> SHOW TRIGGERS\G
*************************** 1. row ***************************
             Trigger: trig5
               Event: INSERT
               Table: orders
           Statement: BEGIN
DECLARE msg VARCHAR(200);
UPDATE goods SET num=num-NEW. anum WHERE id=NEW. gid AND num>=NEW. anum;
IF ROW_COUNT() <> 1 THEN
SELECT CONCAT(name,'库存不足') INTO msg FROM goods WHERE id=NEW. gid;
```

```
        SIGNAL SQLSTATE 'TX000' SET MESSAGE_TEXT = msg;
        END IF;
        END
                    Timing: BEFORE
                    Created: 2024-07-29 14:11:17. 31
                    sql_mode: ONLY_FULL_GROUP_BY,STRICT_TRANS_TABLES,NO_ZERO_IN_DATE,
NO_ZERO_DATE,ERROR_FOR_DIVISION_BY_ZERO,NO_ENGINE_SUBSTITUTION
                    Definer: root@%
         character_set_client: gbk
        collation_connection: gbk_chinese_ci
        Database Collation: utf8mb4_0900_ai_ci
    * * * * * * * * * * * * * * * * * * * * 2. row * * * * * * * * * * * * * * * * * * * *
                    Trigger: trig2
                    Event: INSERT
                    Table: orders
                    Statement: BEGIN
        UPDATE goods SET num=num-NEW. anum WHERE id=NEW. gid;
        END
                    Timing: AFTER
                    Created: 2024-07-29 12:58:29. 69
                    sql_mode: ONLY_FULL_GROUP_BY,STRICT_TRANS_TABLES,NO_ZERO_IN_DATE,
NO_ZERO_DATE,ERROR_FOR_DIVISION_BY_ZERO,NO_ENGINE_SUBSTITUTION
                    Definer: root@%
         character_set_client: gbk
        collation_connection: gbk_chinese_ci
        Database Collation: utf8mb4_0900_ai_ci
                    … … … … … … … … … … … …
        4 rows in set (0. 00 sec)
```

由执行结果可以看出，执行 SHOW TRIGGERS 语句后，前面定义的所有触发器的信息都会显示出来，由于篇幅原因，此处只给出了前两条信息。查询结果中主要参数及其意义如下。

（1）Trigger：表示触发器名称。

（2）Event：表示触发器的激活事件，如 INSERT、UPDATE 或 DELETE。

（3）Table：表示定义触发器的表。

（4）Statement：表示触发器体，即触发器激活时执行的语句列表。

（5）Timing：表示触发器的触发时机，其值为 BEFORE 或 AFTER。

使用 SHOW TRIGGERS 语句不仅可以查看所有触发器，也可以查看某个表上创建的触发器，其基本语法格式如下：

```
SHOW TRIGGERS FROM db_name LIKE 'table_name' \ G
```

其中，"db_name" 表示数据库名；"table_name" 表示数据表名。

另外，如果用户需要精确查看某个触发器，也可以使用 SHOW TRIGGERS 语句，其基本语法格式如下：

```
SHOW TRIGGERS WHERE ' TRIGGER' LIKE'trigger_name%' \G
```

下面用一个案例演示上面语法的应用。

【案例 12-6】使用 SHOW TRIGGERS 语句查看指定的触发器 trig5。具体 SQL 语句及其执行结果如下：

```
mysql> SHOW TRIGGERS WHERE 'TRIGGER' LIKE 'trig5%'\G
* * * * * * * * * * * * * * * * * * * * 1. row * * * * * * * * * * * * * * * * * * * * *
               Trigger: trig5
                 Event: INSERT
                 Table: orders
             Statement: BEGIN
DECLARE msg VARCHAR(200);
UPDATE goods SET num=num-NEW. anum WHERE id=NEW. gid AND num>=NEW. anum;
IF ROW_COUNT() <> 1 THEN
SELECT CONCAT(name,'库存不足') INTO msg FROM goods WHERE id=NEW. gid;
SIGNAL SQLSTATE 'TX000'SET MESSAGE_TEXT = msg;
END IF;
END
                Timing: BEFORE
               Created: 2024-07-29 14:11:17. 31
              sql_mode: ONLY_FULL_GROUP_BY,STRICT_TRANS_TABLES,NO_ZERO_IN_DATE,NO_
ZERO_DATE,ERROR_FOR_DIVISION_BY_ZERO,NO_ENGINE_SUBSTITUTION
               Definer: root@%
    character_set_client: gbk
    collation_connection: gbk_chinese_ci
      Database Collation: utf8mb4_0900_ai_ci
1 row in set (0. 00 sec)
```

提 示

精确查看某个触发器时，WHERE 子句中的列名 TRIGGER 需要使用反引号 " "，该符号位于键盘左上角。

12.3.2 查看触发器的详细信息

MySQL 中所有触发器的定义都存储在系统数据库 information_schema 中的 triggers 数据表中，可以通过查询语句 SELECT 查看，具体语法格式如下：

```
SELECT  *  FROM information_schema. triggers WHERE trigger_name='trig_name';
```

下面用一个案例演示上面语法的应用。

【案例 12-7】通过 SELECT 语句查看 MySQL 中所有触发器。具体 SQL 语句及其执行结果如下：

```
mysql> SELECT * FROM information_schema. triggers \G;
* * * * * * * * * * * * * * * * * * * 1. row * * * * * * * * * * * * * * * * * * * *
        TRIGGER_CATALOG: def
         TRIGGER_SCHEMA: sys
           TRIGGER_NAME: sys_config_insert_set_user
      EVENT_MANIPULATION: INSERT
    EVENT_OBJECT_CATALOG: def
     EVENT_OBJECT_SCHEMA: sys
      EVENT_OBJECT_TABLE: sys_config
            ACTION_ORDER: 1
        ACTION_CONDITION: NULL
        ACTION_STATEMENT: BEGIN
    IF @sys. ignore_sys_config_triggers != true AND NEW. set_by IS NULL THEN
        SET NEW. set_by = USER();
    END IF;
  END
      ACTION_ORIENTATION: ROW
          ACTION_TIMING: BEFORE
 ACTION_REFERENCE_OLD_TABLE: NULL
 ACTION_REFERENCE_NEW_TABLE: NULL
  ACTION_REFERENCE_OLD_ROW: OLD
  ACTION_REFERENCE_NEW_ROW: NEW
                 CREATED: 2023-03-18 20:41:22. 99
                SQL_MODE: ONLY_FULL_GROUP_BY,STRICT_TRANS_TABLES,NO_ZERO_IN
_DATE,NO_ZERO_DATE,ERROR_FOR_DIVISION_BY_ZERO,NO_ENGINE_SUBSTITUTION
                 DEFINER: mysql. sys@localhost
    CHARACTER_SET_CLIENT: utf8mb4
    COLLATION_CONNECTION: utf8mb4_0900_ai_ci
      DATABASE_COLLATION: utf8mb4_0900_ai_ci
* * * * * * * * * * * * * * * * * * * 2. row * * * * * * * * * * * * * * * * * * * *
        TRIGGER_CATALOG: def
         TRIGGER_SCHEMA: sys
           TRIGGER_NAME: sys_config_update_set_user
      EVENT_MANIPULATION: UPDATE
    EVENT_OBJECT_CATALOG: def
     EVENT_OBJECT_SCHEMA: sys
      EVENT_OBJECT_TABLE: sys_config
            ACTION_ORDER: 1
        ACTION_CONDITION: NULL
        ACTION_STATEMENT: BEGIN
    IF @sys. ignore_sys_config_triggers != true AND NEW. set_by IS NULL THEN
```

```
            SET NEW. set_by = USER();
        END IF;
    END
            ACTION_ORIENTATION: ROW
                ACTION_TIMING: BEFORE
 ACTION_REFERENCE_OLD_TABLE: NULL
 ACTION_REFERENCE_NEW_TABLE: NULL
  ACTION_REFERENCE_OLD_ROW: OLD
  ACTION_REFERENCE_NEW_ROW: NEW
                    CREATED: 2023-03-18 20:41:22. 99
                   SQL_MODE: ONLY_FULL_GROUP_BY,STRICT_TRANS_TABLES,NO_ZERO_
IN_DATE,NO_ZERO_DATE,ERROR_FOR_DIVISION_BY_ZERO,NO_ENGINE_SUBSTITUTION
                    DEFINER: mysql. sys@localhost
       CHARACTER_SET_CLIENT: utf8mb4
       COLLATION_CONNECTION: utf8mb4_0900_ai_ci
         DATABASE_COLLATION: utf8mb4_0900_ai_ci
                    ... ...... ...... ...... ...... ...

12 rows in set (0. 00 sec)
```

由执行结果可以看出，执行"SELECT * FROM information_schema. triggers \ G"；语句后，MySQL 中所有触发器的信息都会显示出来，由于篇幅原因，此处只给出了前两条信息。

【案例 12-8】使用 SELECT 语句查看指定的触发器 trig3。具体 SQL 语句及其执行结果如下：

```
mysql> SELECT * FROM information_schema. triggers
    ->      WHERE trigger_name='trig3'\G
*********************** 1. row ***********************
            TRIGGER_CATALOG: def
             TRIGGER_SCHEMA: db_test
               TRIGGER_NAME: trig3
          EVENT_MANIPULATION: UPDATE
        EVENT_OBJECT_CATALOG: def
         EVENT_OBJECT_SCHEMA: db_test
          EVENT_OBJECT_TABLE: orders
                ACTION_ORDER: 1
            ACTION_CONDITION: NULL
            ACTION_STATEMENT: BEGIN
UPDATE goods SET num=num+OLD. anum-NEW. anum WHERE id=NEW. gid;
END
           ACTION_ORIENTATION: ROW
               ACTION_TIMING: AFTER
 ACTION_REFERENCE_OLD_TABLE: NULL
 ACTION_REFERENCE_NEW_TABLE: NULL
```

```
         ACTION_REFERENCE_OLD_ROW: OLD
         ACTION_REFERENCE_NEW_ROW: NEW
                          CREATED: 2024-07-29 13:27:58. 04
                         SQL_MODE: ONLY _ FULL _ GROUP _ BY,STRICT _ TRANS _ TABLES,NO _
ZERO_IN_DATE,NO_ZERO_DATE,ERROR_FOR_DIVISION_BY_ZERO,NO_ENGINE_SUBSTITUTION
                          DEFINER: root@%
             CHARACTER_SET_CLIENT: gbk
            COLLATION_CONNECTION: gbk_chinese_ci
               DATABASE_COLLATION: utf8mb4_0900_ai_ci
1 row in set (0. 00 sec)
```

其中的主要参数及其意义如下：

（1）TRIGGER_SCHEMA：表示触发器所属数据库。

（2）TRIGGER_NAME：表示触发器名称。

（3）EVENT_MANIPULATION：表示触发器的激活事件。

（4）EVENT_OBJECT_TABLE：表示触发器所属数据表。

（5）ACTION_ORIENTATION：表示每条记录发生改变都会激活触发器。

（6）ACTION_TIMING：表示触发器执行的时机。

（7）CREATED：表示触发器创建时间。

任务 12.4　删除触发器

当创建的触发器不再符合当前需求时，可以将它删除。删除触发器的操作很简单，只需要使用 MySQL 提供的 DROP TRIGGER 语句即可。DROP TRIGGER 语句的基本语法格式如下：

```
DROP TRIGGER [ IF EXISTS ] [ 数据库名 . ] 触发器名 ;
```

在上述语法格式中，利用"数据库名 . 触发器名"方式可以删除指定数据库下的触发器，当省略"数据库名 ."时，则删除当前选择的数据库下的所有触发器。接下来，通过一个案例演示触发器的删除。

【案例 12-9】在一次员工管理系统升级之后，技术人员觉得触发器 trig5 的使用意义不大，想要删除 db_test 中的触发器 trig5。使用 DROP TRIGGER 语句删除 db_test 数据库中的触发器 trig5。具体 SQL 语句及执行结果如下：

```
mysql> DROP TRIGGER IF EXISTS db_test. trig5;
Query OK, 0 rows affected (0. 01 sec)
```

从上述语句执行结果的信息可以看出，删除语句成功执行，此时再次查询触发器 trig5 信息，具体 SQL 语句及执行结果如下：

```
mysql> SELECT ∗ FROM information_schema. triggers
-> WHERE trigger_name='trig5'\G
Empty set (0. 00 sec)
```

或者：

```
mysql> SHOW TRIGGERS WHERE ' TRIGGER'  LIKE 'trig5%'\G
Empty set (0. 00 sec)
```

由执行结果可以看出，触发器 trig5 没有被查询到，说明已经被删除了。

提　示

除了使用 DROP TRIGGER 语句删除触发器外，当删除触发器关联的数据表时，触发器也会同时被删除。

项目实训

本项目讲述了触发器的相关知识，并详细讲解了创建、查看和删除触发器的方法。下面通过实训让学生巩固创建、查看和删除触发器的方法，重温、巩固本项目的重点知识。

1. 实训目的

（1）理解触发器的概念及优点。

（2）掌握创建触发器的各种方法。

（3）掌握查看触发器的方法。

（4）掌握删除触发器的各种方法。

2. 实训内容

选择数据库 company 作为项目实训使用的数据库。

（1）创建名为 add_worker 的触发器，使每次有新员工入职时，tb_department 数据表中对应的部门人数自动加 1。具体 SQL 语句及执行结果如下：

```
DELIMITER  $ $
mysql> CREATE TRIGGER add_worker
    -> BEFORE INSERT ON tb_worker
    -> FOR EACH ROW
    -> BEGIN
    -> DECLARE msg VARCHAR(200);
    -> UPDATE tb_department SET work_num=work_num+1 WHERE id=NEW. d_id
    -> AND id IN(1,2,3,4);
    -> IF ROW_COUNT() <> 1 THEN
    ->     SET msg='部门不存在';
    ->     SIGNAL SQLSTATE 'TX000'SET MESSAGE_TEXT=msg;
    -> END IF;
    -> END $ $
Query OK, 0 rows affected (0. 01 sec)
```

（2）激活触发器前，先查看 tb_department 数据表中各部门人数，然后向 tb_worker 数据表中插入一条记录，最后再次查看 tb_department 数据表中各部门人数。具体 SQL 语句及执行结果如下：

```
mysql> SELECT * FROM tb_department;
+----+--------+---------+----------+
| id | d_name | manager | work_num |
+----+--------+---------+----------+
| 1  | 人事部 | 马莉    | 3        |
| 2  | 财务部 | 李超    | 2        |
| 3  | 技术部 | 刘浩    | 5        |
| 4  | 销售部 | 赵宁    | 9        |
+----+--------+---------+----------+
4 rows in set (0.00 sec)

mysql> INSERT INTO tb_worker VALUES(12,'冯晓曼','w',
       'football',9.8,13898388737,NULL,NULL,'2018-06-17',3);
Query OK, 1 row affected (0.00 sec)

mysql> SELECT * FROM tb_department;
+----+--------+---------+----------+
| id | d_name | manager | work_num |
+----+--------+---------+----------+
| 1  | 人事部 | 马莉    | 3        |
| 2  | 财务部 | 李超    | 2        |
| 3  | 技术部 | 刘浩    | 6        |
| 4  | 销售部 | 赵宁    | 9        |
+----+--------+---------+----------+
4 rows in set (0.00 sec)
```

拓展阅读

主动数据库

主动数据库是数据库技术中一个活跃的研究领域，它是指在没有用户干预的情况下，能够主动对系统内部或外部所发生的事件做出反应的数据库，是数据库技术与人工智能技术相结合的产物。

与传统数据库系统相比，主动数据库最大的特点就是让数据库系统具有主动服务的功能，并以一种统一的机制来实现各种主动服务需求。虽然主动数据库还有待发展，但其已经在计算机集成制造、网络管理和办公自动化等领域有了广泛的应用。

项目考核

一、填空题

1. 创建触发器的基本语法格式为_____。

2. 触发器根据其执行时机，可以分为＿＿＿＿＿＿＿＿和＿＿＿＿＿＿＿＿。

3. 触发器根据触发事件，可以分为＿＿＿＿＿、＿＿＿＿＿和＿＿＿＿＿。

二、判断题

1. 触发器必须手动触发才会执行。 （　　）

2. 当删除触发器关联的数据表时，触发器也会同时被删除。 （　　）

3. 对于 DELETE 型触发器而言，被删除的一条记录使用 OLD 表示，引用此条记录中的字段值可以使用 "OLD. 字段名"。 （　　）

4. 对于 INSERT 型触发器而言，新插入的行使用 NEW 表示，引用行中的字段值可以使用 "NEW. 字段名"。 （　　）

三、选择题

下列选项中不能激活触发器的操作的是 （　　）。

A. INSERT　　　　B. UPDATE　　　　C. DELETE　　　　D. SELECT

第4部分
管理和维护篇

项目 **13**
MySQL 日志管理

【项目导读】

在现代数据驱动的业务环境中，MySQL 数据库扮演着关键角色。为了确保数据库的高效运行和数据的安全性，日志管理成为数据库维护过程中不可或缺的一部分。日志文件记录着 MySQL 运行期间发生的各种事件，当 MySQL 服务器遭到意外损害时，不仅可以通过日志文件查看出错原因，还可以使用日志文件进行数据恢复。MySQL 中的日志主要包括错误日志、二进制日志、通用查询日志和慢查询日志。本项目将详细讲解这几种日志的作用和使用方法，希望读者能利用各种日志文件对数据库进行维护。

【学习目标】

知识目标：
- 了解什么是 MySQL 日志；
- 掌握设置、查看和删除错误日志的方法；
- 掌握开启、设置、查看和删除二进制日志的方法；
- 掌握开启、设置、查看和删除通用查询日志的方法；
- 掌握开启、设置、查看和删除慢查询日志的方法。

能力目标：
- 能够使用错误日志查找数据库发生故障的原因；
- 能够使用各种日志文件对数据库进行维护。

素质目标：
- 形成重视数据库日志管理的学习态度，理解日志对于数据库安全、性能和稳定性的重要性；
- 养成定期检查和维护日志的习惯，确保数据库系统的正常运行。

任务 13.1　错误日志

错误日志是 MySQL 最重要的日志之一，一般记录在 MySQL 服务器启动和停止时，以及 MySQL 在运行过程中发生任何严重错误时的相关信息。当数据库发生故障导致无法正常使用时，可以先查看日志。错误日志是 MySQL 数据库用来记录运行过程中发生的错误、警告和一些重要事件的文件。它就像数据库的"黑匣子"，帮助管理员了解服务器是否正常工作、出了什么问题以及需要注意哪些潜在的风险。当数据库发生故障或性能下降时，错误日志是排查问题的第一步。可以试着培养复盘总结的习惯，每隔一段时间对自己的学习进行一次复盘分析，让自己走在持续前进的道路上。

13.1.1　启动和设置错误日志

在 MySQL 中，错误日志默认是开启的，并且该类型日志也无法被禁止。默认情况下，错误日志文件一般放在 MySQL 服务器的数据文件夹（data）下，文件名为 host_name.err，host_name 表示服务器主机名。例如，MySQL 所在的服务器主机名为 ccy，则错误日志文件名为 ccy.err。

可以通过修改配置文件 my.ini 来自定义日志文件的名称和存储位置，具体方法为，在［mysqld］组下添加内容修改参数值，形式如下：

```
[mysqld]
#错误日志文件
Log_error=[path/[filename]]
```

上述语句中，"path"表示错误日志文件的存储路径；"filename"表示错误日志文件的名称。

13.1.2　查看错误日志

通过查看错误日志文件，可以监视系统运行状态，便于及时发现和修复故障。MySQL 中的错误日志文件以文本文件形式存储，可以使用文本编辑器直接查看 MySQL 错误日志。

如果不知道日志文件的存储路径，可以使用 SHOW VARIABLES 语句查询错误日志的存储路径，语法格式如下：

```
SHOW VARIABLES LIKE 'log error';
```

【案例 13-1】执行 SQL 语句，查询错误日志文件的存储路径，并用记事本查看错误日志。

首先，执行 SHOW VARIABLES 语句查询错误日志的存储路径和文件名。SQL 语句及其执行结果如下：

```
mysql> SHOW VARIABLES LIKE 'log_error';
+---------------------+-------------------------------------------+
| Variable_name       | Value                                     |
+---------------------+-------------------------------------------+
| log_error           | D:\mysql-8.1.0-winx64\data\ccy.err         |
+---------------------+-------------------------------------------+
1 row in set, 9 warnings (0.00 sec)
```

可以看到，错误日志文件位于 D:\mysql-8.1.0-winx64 \ data 目录下，文件名为 ccy. err,
使用记事本打开该文件，可以看到 MySQL 错误日志。

13.1.3　删除错误日志

MySQL 中的错误日志文件可以直接删除，但在运行状态下删除日志文件后，MySQL 并
不会自动创建新的日志文件，此时需要执行以下命令重新创建日志文件：

```
FLUSH ERROR LOGS;
```

提　示

在 MySQL 5.5.7 版本之前，执行"FLUSH ERROR LOGS;"命令可将错误日志文
件重命名为 file_name.err_old，并创建新的日志文件。从 MySQL 5.5.7 版本开始，在日
志文件存在的情况下，执行"FLUSH ERROR LOGS;"命令只是重新打开日志文件。

任务 13.2　二进制日志

二进制日志（BINLOG）记录了所有 DDL（对数据库内部对象进行创建、删除、修改等
操作）和 DML（对数据库中表记录的插入、更新、删除等操作）语句，但不包括数据查询
语句。语句以"事件"形式存储，并且记录了语句发生时间、执行时长、操作的数据等。
本任务主要介绍二进制日志的启动、设置、查看和删除方法。

13.2.1　启动和设置二进制日志

默认情况下，二进制日志是关闭的，可以通过在配置文件 my. ini 中的［mysqld］组下
添加以下内容，来启动二进制日志：

```
#开启二进制日志
log_bin[=path / [filename]]
#此处必须指定 server_id,这是 MySQL 5.7.3 版本之后的要求
server_id =1
```

上述语句中，"path"表示二进制日志文件的存储路径，默认位于数据文件夹下；
"filename"表示二进制日志文件名，具体格式为 hostname-bin. number，其中 number 的格式
可以为 000001、000002、000003 等。通过在配置文件 my. ini 中的［mysqld］组下添加以下
内容，可以设置二进制日志的过期天数以及单个日志文件的大小。具体形式如下；

```
expire_logs_days = 10
max_ binlog_size = 100M
```

"expire_logs_days"是 MySQL 的一个配置参数，用于设置二进制日志的保留天数。默
认值为 0，表示不启用自动删除。如果设置为大于 0 的值，超过设定天数的二进制日志文件
将被自动删除，通常在 MySQL 启动或手动刷新二进制日志时触发。这有助于自动管理日志
文件，节省磁盘空间。

"max_binlog_size"用于定义二进制日志文件的大小，默认为1GB，如果当前二进制文件的大小达到了参数指定的值，系统会自动创建一个新的日志文件。

提 示

> 需要注意的是，某些二进制文件的大小可能会超出 max_binlog_size 值，因为一个事务所产生的所有事件都必须要记录在同一个二进制文件中。这种情况下，即使二进制文件的大小超出 max_binlog_size 的值，也会等到当前事务的所有操作全部写入当前日志文件后才会重新创建文件。

配置完成后，需要重启 MySQL 服务器才会生效。执行 SHOW VARIABLES 语句可查询二进制日志的相关配置，具体语法格式如下：

```
SHOW VARIABLES LIKE '%bin%';
```

【案例 13-2】启动并设置二进制日志文件，之后使用 SHOW VARIABLES 语句查询日志设置。

（1）打开配置文件 my.ini，并在其中的［mysqld］组下添加以下语句，启动和设置二进制日志：

```
log_bin
server id=1
expire_logs_days=10
max_binlog_size=100M
```

（2）重新启动 MySQL 服务器，然后登录 MySQL，并输入 SHOW VARIABLES 语句查询日志设置，执行结果如下：

```
mysql> SHOW VARIABLES LIKE '%bin%';
+---------------------------------------+-----------------------------+
| Variable_name                         | Value                       |
+---------------------------------------+-----------------------------+
| bind_address                          | *                           |
| binlog_cache_size                     | 32768                       |
| binlog_checksum                       | CRC32                       |
| binlog_direct_non_transactional_updates | OFF                      |
| binlog_encryption                     | OFF                         |
| binlog_error_action                   | ABORT_SERVER                |
| binlog_expire_logs_auto_purge         | ON                          |
| binlog_expire_logs_seconds            | 2592000                     |
| binlog_format                         | ROW                         |
| binlog_group_commit_sync_delay        | 0                           |
| binlog_group_commit_sync_no_delay_count | 0                         |
| binlog_gtid_simple_recovery           | ON                          |
| binlog_max_flush_queue_time           | 0                           |
```

```
+----------------------------------+--------------------------------+
| binlog_order_commits             | ON                             |
| binlog_rotate_encryption_master_key_at_startup | OFF             |
| binlog_row_event_max_size        | 8192                           |
| binlog_row_image                 | FULL                           |
| binlog_row_metadata              | MINIMAL                        |
| binlog_row_value_options         |                                |
| binlog_rows_query_log_events     | OFF                            |
| binlog_stmt_cache_size           | 32768                          |
| binlog_transaction_compression   | OFF                            |
| binlog_transaction_compression_level_zstd | 3                    |
| binlog_transaction_dependency_history_size | 25000               |
| binlog_transaction_dependency_tracking | COMMIT_ORDER            |
| innodb_api_enable_binlog         | OFF                            |
| log_bin                          | ON                             |
| log_bin_basename                 | D:\mysql-8.1.0-winx64\data\binlog |
| log_bin_index                    | D:\mysql-8.1.0-winx64\data\binlog.index |
| log_bin_trust_function_creators  | OFF                            |
| log_bin_use_v1_row_events        | OFF                            |
| log_statements_unsafe_for_binlog | ON                             |
| max_binlog_cache_size            | 18446744073709547520           |
| max_binlog_size                  | 1073741824                     |
| max_binlog_stmt_cache_size       | 18446744073709547520           |
| mysqlx_bind_address              | *                              |
| sql_log_bin                      | ON                             |
| sync_binlog                      | 1                              |
+----------------------------------+--------------------------------+
38 rows in set, 9 warnings (0.01 sec)
```

由查找结果可以看出，"log_bin"的变量值为 ON，表明二进制日志已经打开。"max_binlog_size"值为 1 073 741 824，正好为前面设置的 100M。另外，重新启动 MySQL 后，可以在 MySQL 服务器的数据文件夹下看到新生成的后缀名为 .000001 和 .index 的两个文件，文件前缀名为 hostname-bin。

> **提 示**
>
> 最好将二进制日志文件与数据库文件放在不同的两个磁盘上，这样可以在数据库所属磁盘发生故障时，使用二进制日志文件恢复数据。

13.2.2 查看二进制日志

MySQL 二进制日志存储了数据库的所有变更信息，经常会被用到。启动二进制日志后，系统会自动创建两个文件，就是前面提到的 hostname_bin.index 和 hostname_bin.000001 文件，如图 13-1 所示。

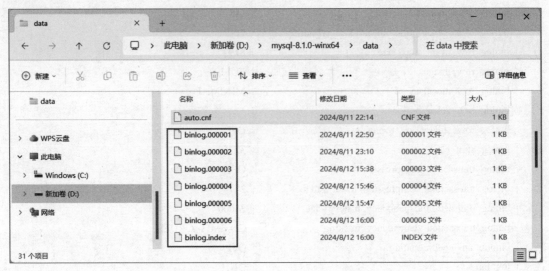

图 13-1　二进制日志开启后自动创建的文件

　　MySQL 服务每重新启动一次，或者日志文件大小超过参数 max_binlog_size 的上限，以 ".000001" 为后缀的文件就会增加一个，并且后缀名按加 1 递增。

由于二进制日志以二进制方式存储，不能直接读取，需要使用 mysqlbinlog 命令查看，其语法格式如下：

mysqlbinlog log-file;

其中 "log-file" 表示日志文件目录。

【案例 13-3】使用 mysqlbinlog 命令查看二进制日志。

（1）打开命令窗口，在其中输入 mysqlbinlog 命令，查看最新的二进制日志，执行结果如下：

```
PSD:\mysql-8.1.0-winx64\bin>mysqlbinlog
D:\mysql-8.1.0-winx64\data\binlog.000001
/*! 50530 SET @@SESSION.PSEUDO_SLAVE_MODE=1 */;
/*! 50003 SET @OLD_COMPLETION_TYPE=@@COMPLETION_TYPE,
COMPLETION_TYPE=0 */;
DELIMITER /*! */;
# at 4
#240811 22:23:36 server id 1 end_log_pos 126 CRC32 0x8d944fc2 Start: binlog v 4, server v 8.1.0 created
240811 22:23:36 at startup
ROLLBACK/*! */;
BINLOG '
aMm4Zg8BAAAAegAAAH4AAAAAAAQAOC4xLjAAAAAAAAAAAAAAAAAAAAAAAAAAAAAAA
AAAAAAAAA
```

```
        AAAAAAAAAAAAAAAAAABoybhmEwANAAgAAAAABAAEAAAAYgAEGggAAAAICAgCAAAACgo
KKioAEjQA
        CigAAcJPlI0=
        '/*! */;
        # at 126
        #240811 22:23:36 server id 1 end_log_pos 157 CRC32 0xec7cc361 Previous-GTIDs
        # [empty]
        SET @@SESSION. GTID_NEXT= 'AUTOMATIC'/* added by mysqlbinlog *//*! */;
        DELIMITER ;
        # End of log file
        /*! 50003 SET COMPLETION_TYPE=@OLD_COMPLETION_TYPE */;
        /*! 50530 SET @@SESSION. PSEUDO_SLAVE_MODE=0 */;
        PSD:\mysql-8. 1. 0-winx64\bin
```

提　示

使用 mysqlbinlog 命令时不需要登录 MySQL。

（2）登录 MySQL，并对数据库中任意一张表执行数据修改操作。例如，将 company 数据库中 tb_department 数据表 id 值为 4 的记录中 work_num 值修改为 8，SQL 语句及其执行结果如下：

```
mysql> USE company;
Database changed
mysql> UPDATE tb_ department SET work_num=8 WHERE id=4;
Query OK, 1 row affected (0. 09 sec)
Rows matched: 1 Changed: 1 Warnings: 0
```

（3）再次查看二进制日志文件，由以下语句可以看出日志文件记录了该修改过程：

```
#240811 23:11:27 server id 1 end log pos 360 CRC32 0xa4bc86d7 Table_ map:
'company'. 'tb_ department'mapped to number 114
```

13.2.3　删除二进制日志

二进制日志会记录大量信息（其中包含一些无用的信息），如果长时间不清理会浪费许多磁盘空间。用户可以在配置文件中设置参数 expire_log_days 值，使系统自动删除过期日志文件；也可以手动删除。本节将介绍两种手动删除二进制日志的方法。

1. 删除所有日志文件

登录 MySQL 后，执行 RESET MASTER 语句可以删除所有二进制日志文件，其语法格式如下：

```
RESET MASTER;
```

执行该语句后，系统会将所有二进制日志删除，MySQL 会重新创建二进制日志，新的日志文件后缀名将重新从"000001"开始编号。

2. 删除指定日志文件

实际应用中，通常不会一次性删除所有日志文件，使用 PURGE MASTER LOGS 语句可以删除指定的日志文件。其基本语法格式如下：

```
PURGE { MASTER | BINARY } LOGS {TO 'log_name'| BEFORE 'date'};
```

上述语句中，MASTER 和 BINARY 为同义词；"TO 'log_name'"表示删除比指定文件名编号小的日志文件；"BEFORE 'date'"表示删除指定时间之前的日志文件。

【案例 13-4】使用 PURGE MASTER LOGS 语句删除指定的日志文件。

（1）为了实现操作过程，用户可以多次重启 MySQL 服务，创建多个二进制日志文件，然后执行以下命令查看所有的二进制日志文件，执行结果如下：

```
mysql> SHOW BINARY LOGS;
+--------------------+---------------+---------------+
| Log_name           | File_size     | Encrypted     |
+--------------------+---------------+---------------+
| binlog.000001      | 760           | No            |
| binlog.000002      | 180           | No            |
| binlog.000003      | 180           | No            |
| binlog.000004      | 180           | No            |
| binlog.000005      | 180           | No            |
| binlog.000006      | 180           | No            |
| binlog.000007      | 157           | No            |
+--------------------+---------------+---------------+
7 rows in set (0.00 sec)
```

（2）执行 PURGE MASTER LOGS 语句，删除 binlog.000003 之前的日志文件，执行结果如下：

```
mysql> PURGE BINARY LOGS TO 'binlog.000003';
Query OK, 0 rows affected (0.01 sec)
```

（3）再次查看所有日志文件，结果如下：

```
mysql> SHOW BINARY LOGS;
+--------------------+---------------+---------------+
| Log_name           | File_size     | Encrypted     |
+--------------------+---------------+---------------+
| binlog.000003      | 180           | No            |
| binlog.000004      | 180           | No            |
| binlog.000005      | 180           | No            |
| binlog.000006      | 180           | No            |
| binlog.000007      | 157           | No            |
+--------------------+---------------+---------------+
5 rows in set (0.00 sec)
```

> **提　示**
>
> 　　删除二进制日志文件后，可能会导致数据库崩溃无法恢复。因此，删除之前应将其数据库备份。

任务 13.3　通用查询日志

与二进制不同，通用查询日志会记录用户的所有操作。

13.3.1　启动和设置通用查询日志

通用查询日志记录了服务器接收到的每一个查询或命令，而不管这些查询或命令是否返回结果，甚至是否包含语法错误。因此，开启通用查询日志会产生很大的系统开销，一般在需要采样分析或跟踪某些特殊的 SQL 性能问题时才会开启。

默认情况下，通用查询日志是关闭的，可以通过在配置文件中 ［mysqld］ 组下添加以下内容开启通用查询日志：

```
#开启通用查询日志
general_log=1
```

如果要关闭通用查询日志，可将 "general_log" 值设置为 0。

默认情况下，通用查询日志位于 data 文件夹下，文件名为 hostname.log。如要更改其位置和文件名，可以在配置文件中 ［mysqld］ 组下设置 general_log_file 参数：

```
general_log_file [=path / [filename]];
```

上述语句中，"path" 为日志文件所在路径；"filename" 为日志文件名。

使用 SHOW VARIABLES 语句可以查看通用查询日志是否开启，以及日志文件的路径，其基本语法格式如下：

```
SHOW VARIABLES LIKE '% general%';
```

【案例 13-5】启动并设置通用查询日志。

（1）在配置文件中 ［mysqld］ 组下添加以下语句设置通用查询日志：

```
general_log=1
```

（2）重启并登录 MySQL 服务，然后使用 SHOW VARIABLES 语句查看通用查询日志状态，执行结果如下：

```
mysql> SHOW VARIABLES LIKE '% general%';
+------------------------+------------------------------------+
| Variable_name          | Value                              |
+------------------------+------------------------------------+
| general_log            | ON                                 |
| general_log_file       | D:\mysql-8.1.0-winx64\data\        |
+------------------------+------------------------------------+
2 rows in set, 9 warnings (0.00 sec)
```

13.3.2 查看通用查询日志

通用查询日志是以文本文件的形式存储在文件系统中的，用户可以使用文本编辑器直接打开进行查看。

13.3.3 删除通用查询日志

由于通用查询日志会记录用户的所有操作，日志文件的大小会快速增长。数据库用户可以通过直接删除文本文件的方式，定期删除通用查询日志，以节省磁盘空间。数据库用户删除日志文件后，执行以下命令或重启 MySQL 服务，可以生成新的通用查询日志文件：

```
FLUSH GENERAL LOGS;
```

任务 13.4 慢查询日志

慢查询日志记录查询时长超过指定时间的日志。通过慢查询日志，可以找出哪些语句执行时间较长、执行效率较低，以便进行优化。

13.4.1 启动和设置慢查询日志

MySQL 中的慢查询日志默认是关闭的，一般建议开启，它对服务器性能的影响微乎其微。可以通过在配置文件中［mysqld］组下添加以下内容启动慢查询日志：

```
#开启慢查询日志
slow _query_log=1
```

如果要关闭慢查询日志，可将"slow_query_log"值设置为 0。另外，启动慢查询日志时，还需要在配置文件中设置 long_query_time 项指定记录阈值。该值默认为 10，以秒为单位，可以精确到微秒。如果一个查询语句执行时间超过阈值，该查询语句将被记录到慢查询日志中。

默认情况下，慢查询日志文件位于 data 文件夹下，文件名为 hostname-slow. log，也可以在配置文件中设置 slow_query_log_file 项，为日志文件指定存储路径和文件名，语法格式如下：

```
slow _query_log_file [= path / [filename]]
```

其中"path"指定慢查询日志文件的存储路径；"filename"指定慢查询日志文件名。

13.4.2 查看慢查询日志

默认情况下，慢查询日志同样以文本文件的形式存储在文件系统中，可以使用文本编辑器直接打开查看。

【案例 13-6】设置慢查询日志，并使用记事本打开 MySQL 慢查询日志。

（1）首先在配置文件中添加以下语句，开启慢查询日志，并设置 long_query_time 项指定记录阈值：

```
slow_query_ log = 1
long_query_time = 0. 02
```

（2）重新启动并登录 MySQL 服务，执行一次超过参数 long_query_time 所设置时间的查询语句，SQL 语句及其执行结果如下；

```
mysql> SELECT id,name FROM goods WHERE type='糖类';
+------+-------------+
| id   | name        |
+------+-------------+
| 2    | 牛奶糖       |
| 3    | 水果糖       |
+------+-------------+
2 rows in set (0.03 sec)
```

（3）使用文本编辑器打开慢查询日志文件。可以通过日志文件看到超过默认值的 0.02 秒的执行语句。

13.4.3　删除慢查询日志

由于慢查询日志也是存储在文本文件中的，所以可以直接删除，删除后在不重启 MySQL 服务的情况下，执行以下语句可重新创建日志文件：

```
FLUSH SLOW LOGS;
```

项目实训

前面介绍了 MySQL 中日志的启动、设置、查看及删除方法，下面通过介绍使用错误日志排除错误的方法，了解日志的应用。在使用 MySQL 的过程中，经常会遇到无法启动服务的情况，此时可以通过查看错误日志定位 MySQL 服务无法启动的原因，并排除和解决问题。

（1）操作之前停止 MySQL 服务。

（2）为测试效果，在配置文件 my.ini 中添加一个不存在的参数并保存，模拟用户在修改配置文件时可能出现的误操作，如图 13-2 所示。

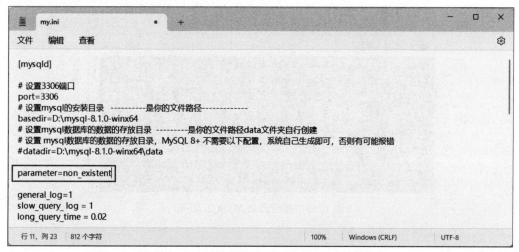

图 13-2　在配置文件中添加不存在的参数

（3）重新启动 MySQL 服务，系统会提示"mysql 服务无法启动"，如图 13-3 所示。

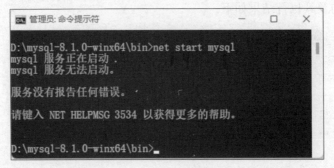

图 13-3　重新启动 MySQL 服务

（4）打开错误日志，查找当前时间记录的错误信息，MySQL 无法启动的错误级别应该是 ERROR，错误信息的意思为遇到未知的参数，并终止 MySQL 服务，如图 13-4 所示。

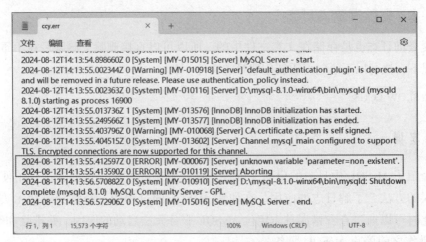

图 13-4　查找错误信息

（5）根据日志中的错误信息，排除配置文件中的错误，并重新启动 MySQL 服务，如图 13-5 所示。

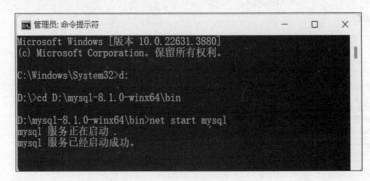

图 13-5　重新启动 MySQL 服务

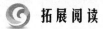 **拓展阅读**

在 MySQL 日志管理的拓展阅读中，可以深入探讨各类日志的关键作用和实践方法。例如，错误日志用于记录服务器在启动、运行过程中遇到的问题，是排查故障的重要依据；慢查询日志有助于识别和优化性能瓶颈；二进制日志不仅用于数据恢复，还在主从复制中扮演着核心角色。通过结合具体案例分析这些日志的实际应用，可以更好地理解如何利用日志管理来提升数据库的稳定性和效率。

项目考核

一、填空题

1. MySQL 中的 4 种日志包括_____、_____、_____和_____。
2. 查询错误日志的存储路径的语法格式为_____。
3. 启动二进制日志的语法格式为_____。
4. 启动和关闭通用查询日志的语法格式为_____。
5. 启动和关闭慢查询日志的语法格式为_____。

二、简答题

简述 MySQL 中 4 种常用日志的作用。

项目 14
数据的备份与恢复

【项目导读】

在实际应用中，可能会出现多种情况导致数据丢失，如存储介质损坏、用户误操作、服务器崩溃和人为破坏等。为此，数据库用户需要定期对数据库中的数据进行备份，以便在出现上述情况时能及时进行数据恢复，将损失降到最低。本项目将讲解数据备份与恢复，以及数据表导出和导入相关操作。

【学习目标】

知识目标：

- 了解数据丢失的原因及如何定制备份与恢复策略；
- 掌握使用 mysqldump 和二进制日志对数据进行备份和恢复的方法；
- 掌握数据表导出和导入的操作方法。

能力目标：

- 能够使用 mysqldump 备份数据库和数据表；
- 能够使用 MySQL 命令和二进制日志恢复数据。

素质目标：

- 懂得人与自然应和谐共生，自觉爱护环境；
- 懂得防患于未然的道理。

任务 14.1 备份与恢复策略

对于一个数据库管理员来说，针对可能造成数据丢失的原因，制定合理的备份与恢复策略以防止数据丢失是非常必要的。

实际应用中，可能造成数据丢失的原因主要有以下几方面。

① 存储介质损坏：人为或自然灾害导致存储数据的磁盘损坏。

② 用户误操作：误删或修改了某些重要数据。

③ 服务器崩溃：高并发或者大流量导致数据库服务器崩溃。

④ 人为破坏：遭到特殊人员的恶意攻击。

和谐共生

2024 年 4 月，中国南方遭受了罕见的长时间暴雨，广东省多个城市遭受了严重的洪灾影响。清远市作为受灾最严重的地区之一，遭受了超强降雨带来的严重洪水，数百万人口受到影响。这次洪灾不仅导致了房屋的严重损坏，还摧毁了大片农田，影响了当地的农作物生产。

在全球气候变暖的背景下，如何应对频繁发生的极端天气事件成为一项重要任务。通过建立健全的数据库备份与恢复机制，不仅可以保障数据的安全性，还能有效支持灾后重建和环境保护工作，为人与自然的和谐共生贡献力量。

进行数据备份与恢复操作时应考虑以下几点。

（1）对特别重要的数据应保留多个备份。

（2）确定使用完整备份还是增量备份。完整备份的优点是备份保持最新，恢复时可以花费更短时间；缺点是如果数据量很大，备份会花费很长时间，并对系统造成较长时间的压力。而增量备份恰好相反，只需要备份每天的增量日志，花费时间短，且对负载压力小；其缺点是恢复时需要完整备份加上故障前的所有增量备份，恢复时间长且比较烦琐。

知 识 库

增量备份是指在一次完整备份或上一次增量备份后，以后每次只需备份与前一次相比增加或者被修改的文件。这就意味着，第一次增量备份的对象是进行完整备份后所增加和修改的文件；第二次增量备份的对象是进行第一次增量备份后所增加和修改的文件，依此类推。

（1）可以考虑使用复制数据文件的方法做异地备份，但这种方法无法对误操作的数据进行恢复。

（2）要定期对数据进行备份，并且要在系统负载较小的时间段进行。

（3）确保开启二进制日志，这样可以基于时间点或位置对数据进行恢复。

（4）定期做备份恢复测试，保证备份是有效的，并且是可以恢复的。

任务 14.2 数据备份

14.2.1 使用 mysqldump 备份数据库

mysqldump 是 MySQL 自身提供的一个非常好用的数据库备份工具。它可以将数据备份为一个文本文件，其中包含一组能够被执行以再现原始数据库对象定义和表数据的 SQL 语句，如 CREATE 和 INSERT 语句。

使用 mysqldump 备份数据库的基本语法格式如下：

```
mysqldump -u user -p password [options] db_name1[ db_name2... ]
>[ path/] db_name.sql
```

上述语句中，"user" 表示用户名；"password" 表示登录密码；"options" 表示备份参数；"db_name1" 表示数据库名称，多个数据库之间使用空格隔开；">" 符号表示 mysqldump 工具要将备份写入文件；"path" 表示文件存储路径，如果不指定，文件默认会存储在当前登录系统的用户名下；"db_name.sql" 表示备份所生成的文件。

【案例 14-1】 使用 mysqldump 备份数据库。

步骤 1：打开命令窗口，在其中输入 mysqldump 备份命令并执行，然后输入 MySQL 登录密码，执行结果如下：

```
D:\Program Files>mysqldump -u root -p 123456 staff> D:\backupdata\staff.sql
Enter password:

D:\Program Files>
```

步骤 2：找到生成的备份文件 staff.sql，使用文本编辑器将其打开并查看。

备份文件中有一些 SET 语句，这些语句将一些系统变量值赋给用户定义变量，以确保被恢复的数据库系统变量和原来备份时的变量相同。另外需要注意，这些语句以数字开头，其中的数字代表 MySQL 服务器版本号，它意味着只有在该版本或者比该版本高的 MySQL 中才能执行。

备份文件中以 "--" 开头的语句为注释语句；以 "/*!" 开头、"*/" 结尾的语句为可执行的 MySQL 注释。这些语句可以被 MySQL 执行，但在其他数据库管理系统中将被作为注释忽略。使用 mysqldump 工具也可以备份所有数据库，语法格式如下：

```
mysqldump -u root -p --all -database > all.sql
```

14.2.2 使用 mysqldump 备份数据表

使用 mysqldump 还可以备份数据表，基本语法格式如下：

```
mysqldump -u username -p [options] db_name tb_name[ tb_name2 ...]
>[ path/] tb_name.sql
```

上述语句中，"tb_name" 表示数据表名，使用空格与数据库隔开。如果要备份多个表，各表名之间也用空格隔开。

【案例14-2】使用 mysqldump 备份数据表。

步骤1：打开命令窗口，在其中输入 mysqldump 备份命令并执行，备份 company 数据库中的 tb_worker 表和 tb_department 表。执行结果如下：

```
D:\Program Files>mysqldump –u root –p company tb_worker tb_department > D:\backupdata\w_d.sql
Enter password:


D:\Program Files>
```

步骤2：使用文本编辑器查看备份文件 w_d. sql。

提 示

在 MySQL 服务运行的情况下，为了保证数据的一致性，需要特别注意的是备份 MyISAM 存储引擎类型的表时，要在 mysqldump 命令中加上 "--lock-tables" 参数，用于将所有的数据表加上读锁，这样在备份期间，所有表将只能读取而不能进行数据更新；而对于 InnoDB 存储引擎类型的表，最好使用参数 "--single-transaction"，这样可以使 InnoDB 存储引擎生成一个快照。

任务 14.3　数据恢复

数据库管理员操作失误、计算机故障及其他意外情况，都有可能导致数据丢失或破坏。当数据丢失或遭到意外破坏时，可以使用数据备份恢复数据以减少损失。本任务主要介绍数据恢复的方法。

14.3.1　使用 MySQL 命令恢复数据

使用 MySQL 命令恢复数据非常简单，其基本语法格式如下：

```
mysql –u user –p password db_name <[ path/]db_name.sql
```

【案例14-3】使用 MySQL 命令恢复数据。

步骤1：登录 MySQL，并执行以下语句，删除案例 14-1 备份过的 staff 数据库：

```
DROP DATABASE staff;
```

步骤2：恢复数据库之前，首先执行以下语句创建空数据库 staff，然后退出 MySQL。代码如下：

```
CREATE DATABASE staff;
```

步骤3：执行 SQL 语句，使用 MySQL 命令恢复数据库，执行结果如下：

```
D:\Program Files>mysql –u root –p staff< D:\backupdata\staff.sql
Enter password:


D:\Program Files>
```

步骤 4: 登录 MySQL, 选择数据库, 并查看表中数据是否恢复, 执行结果如下。

```
mysql> USE staff;
Database changed
mysql> SELECT * FROM section;
+------------------+------------------+
| section_id       | section_title    |
+------------------+------------------+
| 1                | 总经办           |
| 2                | 财务部           |
| 3                | 销售部           |
| 4                | 研发部           |
| 5                | 运营部           |
| 6                | 人力资源部        |
| 7                | 售后服务部        |
+------------------+------------------+
7 rows in set (0.00 sec)
```

如果要恢复 14.2.2 节中备份的两个表中的数据, 可以先删除这两个表, 即 tb_worker 表和 tb_department 表, 然后退出 MySQL, 并执行以下命令恢复数据表:

```
mysql -u root -p company < D:\backupdata\w_d.sql
```

14.3.2 使用二进制日志恢复数据

任务 13.2 介绍了二进制日志的相关操作, 本节介绍二进制日志在实际操作中的应用。众所周知, 开启二进制日志后, 系统会自动记录用户执行的数据更新操作。可以将二进制日志看作备份, 使用 mysqlbinlog 命令恢复数据。

使用 mysqlbinlog 命令可以完全恢复数据, 其基本语法格式如下:

```
mysqlbinlog log_name | mysql -u user -p pass
```

上述语句中, "log_name" 表示二进制日志文件名。

【案例 14-4】 使用二进制日志恢复数据。本案例将模拟存储介质损坏导致数据丢失后, 如何使用二进制日志恢复数据。

步骤 1: 登录 MySQL, 创建 demo 数据库, 然后创建 tb_demo 表并插入两条记录。SQL 语句及其执行结果如下:

```
mysql> CREATE DATABASE demo;
Query OK, 1 row affected (0.06 sec)

mysql> USE demo;
Database change
mysql> CREATE TABLE tb_demo(
    ->id INT(11)PRIMARY KEY
    -> name varchar(30)
    ->);
Query OK, 0 rows affected (0.36 sec)
```

```
mysql> INSERT INTO tb demo(id,name) VALUES(1,'mary");
Query OK, 1 row affected (0.05 sec)

mysql> INSERT INTO tb_demo(id,name) VALUES(2,'lucy');
Query OK, 1 row affected(0.05 sec)
```

步骤2：退出 MySQL 并执行 mysqlbinlog 命令，查看二进制日志文件，其中详细记录了 MySQL 执行的每一步操作。

步骤3：登录 MySQL 并执行 SQL 语句暂停二进制日志，然后删除 demo 数据库，模拟存储介质损坏导致数据丢失，执行结果如下：

```
mysqI> SET SQL_LOG_BIN =0;
Query OK, 0 rows affected (0.01 sec)

mysqI> DROP DATABASE demo;
Query OK, 1 row affected (0.28 sec)
```

提 示

此处必须要暂停二进制日志；否则删除数据库的操作也将被记录进日志中。

步骤4：执行 SQL 语句开启二进制日志，然后退出 MySQL，并执行 mysqlbinlog 命令，将 demo 数据库中的数据完全恢复，执行结果如下：

```
mysql> SET SQL_LOG_BIN =1;
Query OK, 0 rows affected (0.00 sec)

mysql> exit;
Bye

D:\Program Files>mysqlbinlog D:\mysq-8.0.23-winx64\data\bin.000017 | mysql -u root -p
Enter password:

D:\Program Files>
```

步骤5：重新登录 MySQL，并查看 tb_demo 表中的数据。SQL 语句及其执行结果如下：

```
mysql> use demo;
Database changed
mysql> SELECT * FROM tb_demo;
+----+----------+
| id | name     |
+----+----------+
| 1  | mary     |
| 2  | lucy     |
+----+----------+
2 rows in set (0.00 sec)
```

任务 14.4 表的导出和导入

实际应用中，有时需要将数据库中的数据导出到外部存储文件中。MySQL 数据库中的数据可以导出为 sql 文本文件、xml 文件或者 html 文件。同样，这些文件也可以导入 MySQL 数据库中。

14.4.1 使用 SELECT…INTO OUTFILE 导出文本文件

在 MySQL 数据库导出数据时，允许使用包含导出定义的 SELECT 语句进行数据的导出操作。导出文件被创建在服务器主机上，因此必须有文件写入权限（FILE 权限）才能使用该方法。

SELECT…INTO OUTFILE 语句的基本语法格式如下：

SELECT columnlist FROM table WHERE condition INTO OUTFILE 'filename'[OPTIONS]

其中，"INTO OUTFIE"语句的作用是把前面 SELECT 语句查询出的结果导出到名为"flename"的外部文件中；"[OPTIONS]"为可选参数，[OPTIONS]部分的语法包括 FIELDS 和 LINES 子句，其可能的取值有以下几个：

FIELDS TERMINATED BY 'value'
FIELDS [OPTIONALLY] ENCLOSED BY 'value'
FIELDS ESCAPED BY 'value'
LINES STARTING BY 'value'
LINES TERMINATED BY 'value'

（1）在 FIELDS 子中有 3 个子句，即 TERMINATED BY、[OPTIONALLY] ENCLOSED BY 和 ESCAPED BY。如果指定了 FIELDS 子句，则这 3 个子句中至少要指定一个。下面简单介绍每个子句的意义及其用法。

① TERMINATED BY：用于指定字段值之间的符号，默认为"\t"制表符。例如，"TERMINATED BY ','"指定了逗号作为两个字段值之间的标志。

② ENCLOSED BY：用于指定包裹文件中字符值的符号。例如，"ENCLOSED BY '"'"表示文件中字符值放在双引号之间。若加上关键字"OPTIONALLY"，则只包括 CHAR 和 VARCHAR 等字符数据字段。

③ ESCAPED BY：用于指定转义字符。例如，"ESCAPED BY '*'"表示将"*"指定为转义字符，取代"\"，如空格将表示为"*N"。

（2）在 LINES 子句中有两个子句，即 STARTING BY 和 TERMINATED BY。

① STARTING BY：用于指定每行开始的标志，可以为单个或多个字符，默认情况下不使用任何字符。

② TERMINATED BY：用于指定每行结束的标志。例如，"LINES TERMINATED BY '? '"表示以"?"作为每行的结束标志，默认值为"\n"（换行）。

FIELDS 子句和 LINES 子句都是自选的，但是如果两个都指定了，FIELDS 子句必须位于 LINES 子句前面。

【案例 14-5】使用 SELECT…INTO OUTFILE 语句将 company 数据库中 tb_department 表中的记录导出到文本文件。

登录 MySQL 并执行 SELECT…INTO OUTFILE 语句。SQL 语句及其执行结果如下：

```
mysql> SELECT  *  FROM company.tb_department INTO OUTFILE "D:/backupdata/tb_department.txt";
Query OK, 4 rows affected (0.00 sec)
```

提　示

此处将路径中的反斜线"\"改成了"/"，是因为 MySQL 会把"\"识别为转义字符。

打开 D:/backupdata 目录，可以看到生成的文本文件 tb_department.txt，内容如图 14-1 所示。

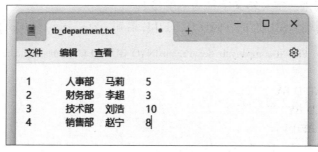

图 14-1　导出的文本文件

提　示

可以看出，默认情况下 MySQL 使用制表符"\t"分隔不同字段，且字段没有被其他字符括起来。另外，在 Windows 平台下使用记事本打开该文件，显示的格式与此处不一定相同，可能所有记录显示在同一行。这是因为 Windows 系统下的回车换行符为"\r\n"，而默认换行符为"\n"。

如果在执行上述语句时提示"ERROR 1290（HY000）：The MySQL server is running with the --secure-file-priv option so it cannot execute this statement"错误信息，可以执行"SHOW variables LIKE'%secure%';"语句查看 secure_ file_ priv 值，执行结果如下：

```
mysql> SHOW variables LIKE '% secure%'
+-----------------------------------+-----------+
| Variable_name                     | Value     |
+-----------------------------------+-----------+
| require_secure_transport          | OFF       |
| secure_auth                       | ON        |
| secure_file_priv                  | NULL      |
+-----------------------------------+-----------+
3 rows in set, 1 warning (0.00 sec)
```

查看官方文档可知，"secure_file_priv"参数用于限制"LOAD DATA""SELECT…OUT-FILE"和"LOAD FILE( )"命令执行后传到哪个指定目录。

（1）secure_file_priv 值为"NULL"时，表示限制 mysqld 不允许导入或导出。

（2）secure_file_priv 值为"/tmp"时，表示限制 mysqld 只能在/tmp 目录中执行导入或导出，其他目录不能执行。

（3）secure_file_priv 没有值时，表示不限制 mysqld 在任意目录的导入或导出。

由上述查询结果可知，secure_file_priv 值默认为 NULL，表示不允许导入或导出。解决方法为打开配置文件 my. cnf 或 my. ini，在其中加入以下语句并保存后重启 MySQL：

```
secure-file-priv =''
```

【案例 14-6】使用 SELECT…INTO OUTFILE 语句将 company 数据库中 tb_ department 表中的记录导出到文本文件，使用 FIELDS 和 LINES 子句，要求字段之间使用逗号分隔，所有字段值用双引号括起来，定义转义字符为单引号。

登录 MySQL 并执行 SELECT…INTO OUTFILE 语句。SQL 语句及其执行结果如下：

```
mysql> SELECT  *  FROM company.tb_department INTO OUTFILE ''D:/backupdata/tb_department1.txt''
    -> FIELDS
    -> TERMINATED BY ','
    -> ENCLOSED BY '\"'
    ->ESCAPED BY '\"
    -> LINES
    -> TERMINATED BY '\r\n'
Query OK, 4 rows affected (0.05 sec)
```

打开 D：/backupdata 目录，可以看到生成的文本文件 tb_department1. txt。

上述语句中，"FIELDS TERMINATED BY ','"表示字段之间用逗号分隔；"FIELDS EN-CLOSED BY '\"'"表示每个字段用双引号括起来；"FIELDS ESCAPED BY'\''"表示将系统默认的转义字符替换为单引号；"LINES TERMINATED BY '\r\n'"表示每行以回车换行符结尾，保证每条记录占一行。

14. 4. 2 使用 mysqldump 导出文本文件

使用 mysqldump 不仅可以将数据库备份为包含 CREATE 和 INSERT 语句的 sql 文件，还可以将其导出为纯文本文件。

使用 mysqldump 导出文本文件的基本语法格式如下：

```
mysqldump -T path -u username -p db_name [ tb_name ] [OPTIONS]
```

执行上述语句将会创建一个包含 CREATE 语的 sql 文件，以及一个包含表数据的 txt 文件。只有指定"-T"参数才可以导出纯文本文件；"path"表示导出数据的目录；"tb_name"指定要导出的表名，如果不指定，将导出数据库 db _ name 中的所有表；"OPTIONS"为可选参数，其常见值及意义如下。

（1）--fields-terminated-by = value：设置字段之间的分隔字符，可以为单个或多个字符，默认为制表符"\t"。

（2）-fields-enclosed-by = value：设置包裹文件中字段的符号。

（3）--fields-optionally-enclosed-by=value：设置包裹文件中字段的符号，只能为单个字符，且只能包括 CHAR 和 VARCHAR 等字符数据字段。

（4）--fields-escaped-by=value：控制如何写入或读取特殊字符，实际就是设置转义字符，默认为反斜线"\"。

（5）--lines-terminated-by=value：设置每行数据的结尾字符，可以为单个或多个字符，默认值为"\n"。

> **提 示**
>
> 基本上以上每个选项都跟 SELECT…INTO OUTFILE 语句中的 OPTIONS 参数设置相同。不同的是，等号后面的 value 值不要用引号括起来。

【案例 14-7】使用 mysqldump 命令将 company 数据库中 tb_worker 表中的记录导出到文本文件，使用 FIELDS 和 LINES 选项，要求字段之间使用逗号间隔，所有字符类型字段值用双引号括起来，定义转义字符为问号"?"，每行记录以回车换行符"\r\n"结尾。

打开命令窗口，执行以下 mysqldump 命令：

```
mysqldump −T D:/backupdata company tb_worker −u root −p −−fields−terminated−by =,−−fields−
optionally-enclosed-by=\"--fields-escaped-by=? --lines-terminated-by=\r\n
```

上述命令要在一行中输入，命令执行成功后，D:/backupdata 目录下将会生成两个文件，即 tb_worker.sql 和 tb_worker.txt。打开 tb_worker.txt 文件，结果如图 14-2 所示。

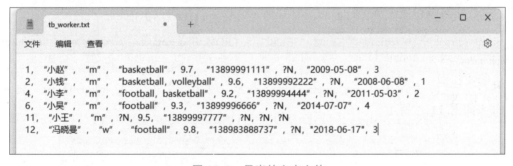

图 14-2 导出的文本文件

可以看出，只有字符类型的值被双引号括了起来；记录中的"?N"表示 NULL 值，使用问号代替了系统默认的反斜线转义字符。默认情况下，如果遇到 NULL 值，将会返回"N"代表空值。

14.4.3 使用 mysql 命令导出文本文件

使用 mysql 命令可以在命令行模式下执行 SQL 指令，将查询结果导出到文本文件中，相比 mysqldump，mysql 命令导出的结果可读性更强。其基本语法格式如下：

```
mysql -u root -p --execute="SELECT 语句" db_name >filename.txt
```

其中，"--execute"表示执行后面的语句并退出，其后的语句必须用双引号括起来，"db_name"为要导出的数据库名，导出的文件中不同列之间使用制表符分隔，第一行包含各字段名称。

【案例 14-8】使用 mysql 命令导出 company 数据库的 tb_department 表记录到文本文件。打开命令窗口后，执行以下语句：

```
mysql -u root -p --execute="SELECT * FROM tb_department;" company > D:\backupdata\tb_depart-
ment2.txt
```

执行完毕后，系统 D:\backupdata 目录下将会生成文本文件 tb_department2.txt。打开文件，效果如图 14-3 所示。

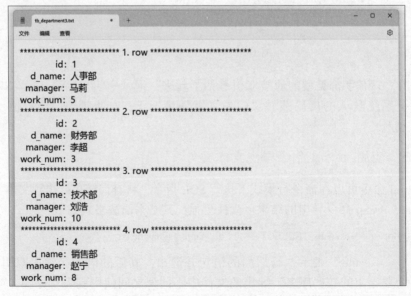

图 14-3　打开导出的文本文件

可以看出，tb_department2.txt 文件中包含了每个字段名和各条记录。使用 mysql 命令还可以指定查询结果的显示格式，如果某行记录字段很多，可能一行不能完全显示，此时可以使用 "--vertical" 参数将每条记录分为多行显示。

【案例 14-9】使用 mysql 命令导出 company 数据库中的 tb_department 表，使用 "--vertical" 参数将每条记录分为多行显示。打开命令窗口后，执行以下语句：

```
mysql -u root -p --vertical --execute="SELECT * FROM tb_department;" company > D:\backupdata\
tb_department3.txt
```

执行完毕后，系统 D:\backupdata 目录下将会生成文本文件 tb_department3.txt。打开文件，效果如图 14-4 所示。

```
*************************** 1. row ***************************
      id: 1
  d_name: 人事部
 manager: 马莉
work_num: 5
*************************** 2. row ***************************
      id: 2
  d_name: 财务部
 manager: 李超
work_num: 3
*************************** 3. row ***************************
      id: 3
  d_name: 技术部
 manager: 刘浩
work_num: 10
*************************** 4. row ***************************
      id: 4
  d_name: 销售部
 manager: 赵宁
work_num: 8
```

图 14-4　打开导出的文本文件

如果表中记录的内容太多，这样显示会更容易阅读。另外，使用 mysql 命令还可以将表记录导出为 html 或 xml 文件，只需要将案例 14-9 中执行语句中的"--vertical"换成"--html"或"--xml"，并把后面的文件扩展名改为相应的 html 或 xml 即可。例如，要将 tb_department 表记录导出为 html 格式文件，可执行以下语句：

```
mysql -u root -p --html --execute="SELECT * FROM tb_department;" company > D:\backupdata\tb_department4.html
```

14.4.4　使用 LOAD DATA INFILE 导入文本文件

MySQL 允许将表数据导出到外部文件，也可以从外部文件导入数据。使用 LOAD DATA INFILE 语句可以快速地从一个文本文件中读取行，并装入表中。文件名必须为文字字符串。其基本语法格式如下：

```
LOAD DATA INFILE 'file_name.txt' INTO TABLE tb_name [OPTIONS] [IGNORE number LINES]
```

上述语句中，"file_name.txt"为导入数据的来源；"tb_name"为要导入数据的数据表名称；"OPTIONS"为可选参数选项，[OPTIONS]部分的语法包括 FIELDS 和 LINES 子句，其可能的取值如下：

```
FIELDS TERMINATED BY 'value'
FIELDS [OPTIONALLY] ENCLOSED BY 'value'
FIELDS ESCAPED BY 'value'
LINES STARTING BY 'value'
LINES TERMINATED BY 'value'
```

这些参数及其意义与 SELECT…INTO OUTFILE 语句中的参数一样，此处不再赘述。"[IGNORE number LINES]"选项表示忽略文件开始处的行数，"number"表示忽略的行数。

【案例 14-10】使用 LOAD DATA INFILE 语句将 D:/backupdata/tb_department.txt 文件中的数据导入 company 数据库中的 tb_department 表中。

步骤 1：登录 MySQL，并选择 company 数据库，将 tb_department 表中的数据全部删除。执行的语句及其结果如下：

```
mysql> USE company;
Database changed
mysql> DELETE FROM tb_department;
Query OK, 4 rows affected (0.18 sec)
```

步骤 2：执行 LOAD DATA INFILE 语句导入数据，执行的语句及其结果如下：

```
mysql> LOAD DATA INFILE 'D:/backupdata/tb_department.txt' INTO TABLE tb_department;
Query OK, 4 rows affected (0.12 sec)
Records: 4 Deleted: 0 Skipped: 0 Warnings: 0
```

步骤3：执行 SQL 查询语句，查看 tb_department 表中数据，执行结果如下：

```
mysql> SELECT * FROM tb_department;
+----+----------+-----------+---------------+
| id |d_name    |manager    | work_num      |
+----+----------+-----------+---------------+
| 1  |人事部    |马莉       | 5             |
| 2  |财务部    |李超       | 3             |
| 3  |技术部    |刘浩       |10             |
| 4  |销售部    |赵宁       | 8             |
+----+----------+-----------+---------------+
4 rows in set(0.00sec)
```

由执行结果可以看出，原来的数据重新恢复到了 tb_department 表中。

【**案例 14-11**】使用 LOAD DATA INFILE 语句将 D：/backupdata/tb_ department1. txt 文件中的数据导入 company 数据库中的 tb_ department 表中，使用 FIELDS 和 LINES 子句，要求字段之间使用逗号分隔，所有字段值用双引号括起来，定义转义字符为单引号。

首先参照案例 14-10 将 tb_department 表中的数据全部删除，然后执行 LOAD DATA IN-FILE 语句将 D：/backupdata/tb_department1. txt 文件中的数据导入 company 数据库中的 tb_department 表中。语句及其执行结果如下：

```
mysqI> LOAD DATA INFLE 'D:/backupdata/tb_department1.txt' INTO TABLE tb_department
FIELDS
    TERMINATED BY ','
    ENCLOSED BY '\"'
    ESCAPED BY '\"
LINES
    TERMINATED BY '\r\n';
Query OK,4 rows affected (0.06 sec)
Records:4 Deleted:0 Skipped:0 Warnings: 0
```

执行成功后，使用 SELECT 语句查看 tb_department 表，结果与案例 14-10 相同。

14.4.5 使用 mysqlimport 导入文本文件

mysqlimport 命令提供了许多与 LOAD DATA INFILE 语句相同的功能。其基本语法格式如下：

```
mysqlimport -u root -p db_name file_name.txt [OPTIONS]
```

上述语句中，"db_name"为要导入数据的表所在的数据库名；"file_name. txt"为要导入的文件；"OPTIONS"为可选参数，其常见取值与 mysqldump 中的 OPTIONS 相同，此处不再赘述。不同的是，"--ignore-lines=n"表示忽略数据文件的前 n 行。

> **提 示**
>
> mysqlimport 命令不指定预导入数据的表名，数据表名由导入文件的名称确定，导入数据之前该表必须存在。

【案例14-12】使用mysqlimport命令将D:/backupdata/tb_department.txt文件中的数据导入company数据库中。

首先参照案例14-10将tb_department表中的数据全部删除,然后退出MySQL,执行mysqlimport命令将D:/backupdata/tb_department.txt文件中的数据导入company数据库中。语句及其执行结果如下:

```
D:\Program Files>mysqlimport -u root -p company D:/backupdata/tb_department.txt
Enter password:
company.tb_department: Records:4 Deleted:0 Skipped:0 Warnings: 0
```

执行成功后,使用SELECT语句查看tb_department表,结果与案例14-10相同。如果要导入使用了某种格式的文本文档,就要使用OPTIONS参数对语句进行限制。例如,要导入案例14-7中导出的tb_worker.txt文档,就需要执行以下语句:

```
mysqlimport -u root -p company D:/backupdata/tb_worker.txt --fields-terminated-by=--fields-optionally-enclosed-by=\"--fields-escaped-by=? --lines-terminated-by=\r\n
```

拓展阅读

不要小看数据的备份与恢复这个简单的操作,它体现的是"防患于未然"的思想。我们参与或看见的许多安全演练,为的就是防患于未然。

安全可以演练,生命不能彩排。消防安全演练、地震演练等能够提高我们面对危险的生存能力、抗击突发事件的应变能力等,同时还能培养我们在危机中保持镇定的意识,提高个人素质。生活中,我们也要持有未雨绸缪的态度,这样能够让我们在面对危险时从容应对,在面对机遇时也能够及时抓住。

项目考核

简答题

1. 简述实际应用中可能造成数据丢失的原因。
2. 简述进行数据备份与恢复操作时应考虑的问题。

【项目导读】

MySQL 属于多用户数据库，其访问控制系统功能强大，可以赋予不同用户指定的权限。MySQL 的用户分为 root 用户和普通用户两类。root 用户是超级管理员，拥有创建用户、删除用户、修改用户密码等所有权限；普通用户只拥有被 root 用户授予的各种权限。本项目将讲解权限与安全的相关知识，包括权限表、账号管理和权限管理。

【学习目标】

知识目标：

- 认识权限表并掌握其用法；
- 掌握账号管理的方法；
- 掌握权限管理的方法。

能力目标：

- 能够通过创建、删除账号及修改用户密码实现账号管理；
- 能够对用户权限进行管理。

素质目标：

- 增强个人信息保护意识。

任务 15.1　MySQL 权限表

15.1.1　MySQL 权限系统的工作原理

MySQL 的存取控制过程是，首先服务器检查用户是否允许连接，假定用户能连接，服务器检查用户发出的每个请求，看其是否有足够的权限实施它。例如，如果用户从数据库中的一个表查找某行或从数据库中删除一个表，服务器会确定用户对表有 SELECT 权限或对数据库有 DROP 权限。

服务器在存取控制过程中使用 MySQL 数据库中的权限表进行权限判断，分别为 user 表、db 表、tables_priv 表和 columns_priv 表。这些表位于系统数据库 mysql 中。

MySQL 权限表的验证过程如下。

（1）首先通过 user 表中的 host 和 user 两个字段判断连接的 IP 和用户名是否存在，存在则通过验证。对于身份认证，MySQL 是通过 IP 地址和用户名联合进行确认的。例如，MySQL 安装后默认创建的用户 root@ localhost 表示用户 root 只能从本地（localhost）进行连接才可以通过认证，从其他任何主机对数据库进行的连接都将被拒绝。也就是说，同一个用户，如果来自不同的 IP 地址，则 MySQL 将其视为不同的用户。

（2）通过身份认证后，进行权限分配，按照 user、db、tables_priv、columns_priv 的顺序进行验证。即先检查全局权限表 user，如果 user 中对应的权限为 Y，则此用户对所有数据库的权限都为 Y，将不再检查 db、tables_priv 和 columns_priv；如果为 N，则到 db 表中检查此用户对应的具体数据库，并得到 db 中为 Y 的权限；如果 db 中为 N，则检查 tables_priv 中此数据库对应的具体表，取得表中为 Y 的权限，依此类推。

【案例 15-1】执行 SQL 语句，查看 user 表中的用户信息。

打开命令窗口，登录 MySQL 并选择数据库 mysql，执行 SQL 语句查看 user 表中的用户信息，执行结果如下：

```
mysql> USE mysql;
Database changed
mysql> SELECT user,host FROM user\G
* * * * * * * * * * * * * * * * * * * * * 1. row * * * * * * * * * * * * * * * * * * * * *
user: mysql.sys
host: localhost
* * * * * * * * * * * * * * * * * * * * * 2. row * * * * * * * * * * * * * * * * * * * * *
user: root
host: localhost
2 rows in set (0.00 sec)
```

由查询结果可知，默认情况下 user 表中只有两个用户，其中一个是 root。

15.1.2　权限表

在权限存取的过程中，系统最常用到的是系统数据库 mysql 中的 user 表和 db 表。user

表用于存放用户账号信息及全局级别（所有数据库）权限；db 表用于存放数据库级别的权限。

user 表和 db 表的定义如表 15-1 所示。

表 15-1　user 表和 db 表的定义

表　名	user	db
用户列	host（主机名）	host
	user（用户名）	db
		user
权限列	select_priv（选择数据）	select_priv
	insert_priv（插入数据）	insert_priv
	update_priv（更新数据）	update_priv
	delete_priv（删除数据）	delete_priv
	create_priv（创建新的数据库和表）	create_priv
	drop_priv（删除现有的数据库和表）	drop_priv
	reload_priv（重新加载 MySQL 所用各种内部缓存）	
	shutdown_priv（关闭 MySQL 服务器）	
	process_priv（查看用户进程）	
	file_priv（读写文件）	
	grant_priv（将自身权限授予其他用户）	grant_priv
	reference_priv（某些未来功能的占位符）	reference_priv
	index_priv（创建和删除表索引）	index_priv
	alter_priv（重命名和修改表结构）	alter_priv
	show_db_priv（查看服务器上所有数据库名称）	
	super_priv（执行某些强大的管理功能）	
	create_tmp_table_priv（创建临时表）	create_tmp_table_priv
	lock_tables_priv（阻止对表的访问/修改）	lock_tables_priv
	execute_priv（执行存储过程）	execute_priv
	repl_slave_priv（读取用于维护复制数据库环境的日志文件）	
	repl_client_priv（确定复制从服务器和主服务器的位置）	
	create_view_priv（确定用户是否可以创建视图）	create_view_priv
	show_view_priv（查看视图或了解视图如何执行）	show_view_priv
	create_routine_priv（更改或放弃存储过程和函数）	create_routine_priv
	alter_routine_priv（修改或删除存储过程及函数）	alter_routine_priv
	create_user_priv（是否可以执行 CREATE USER 命令）	
	event_priv（能否创建、修改和删除事件）	event_privv
	trigger_priv（能否创建和删除触发器）	trigger_priv
	trigger_priv（能否创建和删除触发器）	trigger_priv
	create_tablespace_priv（能否创建表空间）	

续表

表　名	user	db
安全列	ssl_type	
	ssl_cipher	
	x509_issuer	
	x509_subject	
	plugin	
	authentication_string（账号密码）	
资源控制列	max_questions（用户每小时允许执行的查询操作次数）	
	max_updates（用户每小时允许执行的更新操作次数）	
	max_connections（用户每小时允许执行的最多连接操作次数）	
	max_user_connections（用户每小时允许执行的最多连接次数）	

知 识 库

如果要查看 user 表中的字段，可以像查看普通表那样使用 SELECT 语句：

SELECT ＊ FROM mysql.user WHERE user='root' AND host='localhost' \G;

user 表是 MySQL 中最重要的权限表，用于记录允许连接到服务器的账号信息。其中的权限是全局级的，如果用户在该表中被授予了 DELETE 权限，则该用户可以删除 MySQL 服务器上所有数据库中的任何记录。

user 表中的列可以分为 4 部分，即用户列、权限列、安全列和资源控制列，通常使用最多的是用户列和权限列。

1. 用户列

用户列包括 host 和 user，表示主机名和用户名，并且这两个字段是表的联合主键。在用户与服务器建立连接时，输入的主机名和用户名必须匹配 user 表中对应的字段，只有两个值都匹配才允许建立连接。

2. 权限列

权限列的字段决定了用户的权限，描述了在全局范围内允许对数据库进行的操作。包括查询和修改等用于数据库操作的普通权限，也包括关闭服务器和加载用户等管理权限。这些字段值的类型为 ENUM，可取值为 Y 和 N，Y 表示用户有对应的权限；N 表示用户没有对应的权限。权限列中所有字段的值默认都为 N，如果要修改权限，可以使用 GRANT 语句或UPDATE 语句修改 user 表中相应字段的值。

3. 安全列

安全列有 6 个字段，其中两个是与 ssl 相关的，两个是与 x509 相关的。ssl 用于加密，x509 标准用于标注用户，plugin 字段标识用于验证用户身份。如果该字段为空，则服务器使用内建授权验证机制验证用户身份。

4. 资源控制列

资源控制列的字段用于限制用户使用的资源，包括以 max 开头的 4 个字段。如果 1 小时内用户查询或连接数量超过资源控制限制，该用户将被锁定，直到 1 小时后才可以再次执行相应操作。

任务 15.2 账号管理

MySQL 提供了许多命令用于管理用户账号，这些命令可用于管理包括登录和退出 MySQL 服务器、创建和删除用户、密码和权限管理等内容。MySQL 数据库的安全性需要通过账号管理来保证。

15.2.1 创建账号

在 MySQL 中，必须要有相应的权限来执行创建账号的操作。常用创建账号的方式有两种：一种是使用 GRANT 语句；另一种是使用 CREATE USER 语句。一般推荐使用 GRANT 语句，因为其操作简单且出错概率小。

1. 使用 GRANT 语句创建新用户

使用 GRANT 语句不仅可以创建新用户，还可以在创建的同时对用户授权。另外，使用 GRANT 语句还可以指定账号的其他特点，如使用安全连接、限制使用服务器资源等。需要注意的是，使用 GRANT 语句创建新用户时必须有 GRANT 权限。GRANT 语句的基本语法格式如下：

```
GRANT priv_type [,priv type...] ON db.table
TO user@host [ IDENTIFIED BY 'password' ] [, user [ IDENTTFIED BY 'password"]]
[ WITH with_option [ with_option]...];
```

其中，"priv_type"表示赋予用户的权限类型，如 SELECT、UPDATE 等，all privileges 为所有权限；"db. table"表示用户的权限所作用的数据库或数据库中的表，＊.＊表示所有数据库；"user"表示用户名；"host"表示主机名，其中%匹配任何主机名；"IDENTIFIED BY"关键字用于设置密码；"password"表示用户密码；"[WITH with_option [with_option] …]"为可选参数，表示对新创建的用户赋予 GRANT 权限，即该用户可以对其他用户赋予权限。

> **提 示**
>
> 如果只指定用户名部分 user，不指定主机名，则主机名部分默认为%，表示对所有主机开放权限；如果指定用户登录不需要密码，可以省略 IDENTIFIED BY 部分。

【案例 15-2】使用 GRANT 语句创建一个新用户 lucy，密码为 lucy123，并授予用户对所有数据库的 SELECT 和 UPDATE 权限。GRANT 语句及其执行结果如下：

```
mysqI> GRANT SELECT,UPDATE ON ＊.＊ TO 'lucy'@localhost IDENTIFIED BY 'lucy123';
Query OK, 0 rows affected, 1 warning (0.07 sec)
```

显示执行成功，使用 SELECT 语句查询用户 lucy 的权限：

```
mysql> SELECT host,user,select_priv,update_priv FROM mysql.user WHERE user='lucy';
+----------------+------------+-----------------+-----------------+
| host           | user       | select_priv     | update_priv     |
+----------------+------------+-----------------+-----------------+
| localhost      | lucy       | Y               | Y               |
+----------------+------------+-----------------+-----------------+
1 row in set (0.00sec)
```

提　示

user 表中的 user 和 host 字段区分大小写，在查询时要指定正确的用户名和主机名。

2. 使用 CREATE USER 语句创建新用户

要使用 CREATE USER 语句创建用户，必须有全局的 CREATE USER 权限或 MySQL 数据库的 INSERT 权限。每添加一个用户，CREATE USER 语句会在 mysql.user 表中添加一条新记录。CREATE USER 语句的基本语法格式如下：

```
CREATE USER user@host [ IDENTIFIED BY 'password' ];
```

其中各参数的意义与 GRANT 语句中相同。使用 CREATE USER 语句创建的用户没有任何权限，还需要使用 GRANT 语句赋予其权限。

【案例 15-3】使用 CREATE USER 语句创建一个新用户 lily，主机名为 localhost，密码为 lily123：

```
mysql> CREATE USER lily@localhost IDENTIFIED BY 'lily123'
Query OK, 0 rows affected (0.02 sec)
```

显示执行成功，使用 SELECT 语句查询用户 lily 的权限：

```
mysql> SELECT host,user,select_priv,update_priv FROM mysql.user WHERE user='lily';
+----------------+------------+-----------------+-----------------+
| host           | user       | select_priv     | update_priv     |
+----------------+------------+-----------------+-----------------+
| localhost      | lily       | N               | N               |
+----------------+------------+-----------------+-----------------+
1 row in set (0.00 sec)
```

可以看出，用户 lily 的查询和更新权限值均为 N，表示该用户没有这些权限。15.3.3 节将会详细介绍为用户授权的方法。

15.2.2　删除账号

在 MySQL 中，可以使用 DROP USER 语句删除用户。其基本语法格式如下：

```
DROP USER 'user'@'host'[ ,'user'@'host'];
```

DROP USER 语句可以一次删除一个或多个用户。要使用该语句，必须拥有 MySQL 数据库的全局 CREATE USER 权限或 DELETE 权限。

【案例 15-4】 使用 DROP USER 语句删除用户名为 lily，主机名为 localhost 的用户。

DROP USER 语句及其执行结果如下：

```
mysql> DROP user 'lily'@'localhost';
Query OK,0 rows affected (0.03 sec)
```

可以看到语句执行成功，使用 SELECT 语句查看执行结果：

```
mysql> SELECT host,user FROM mysql.user;
+----------------+----------------+
| host           | user           |
+----------------+----------------+
| localhost      | lucy           |
| localhost      | mysql.sys      |
| localhost      | root           |
+----------------+----------------+
3 rows in set (0.00 sec)
```

可以看出，user 表中已经没有用户名为 lily、主机名为 localhost 的账号，该账号已被删除。

15.2.3　root 用户修改自身密码

由于 root 用户拥有很高的权限，其安全对于保证 MySQL 的安全非常重要。修改 root 用户密码有多种方法，本节简单介绍几种比较常用的方法。

1. 修改 MySQL 数据库的 user 表

由于所有账号信息都保存在 user 表中，因此可以通过修改 user 表中的密码字段值来改变 root 用户的密码。使用 root 用户登录 MySQL 服务器后，可以执行以下 UPDATE 语句修改其登录密码：

```
UPDATE mysql.user SET authentication_string=PASSWORD('newpwd') WHERE
User='root' AND host='localhost';
```

其中，"PASSWORD( )"函数用于加密用户密码；"newpwd"指要为用户设置的新密码。执行该语句后，还要执行"FLUSH PRIVILEGES;"语句重新加载用户权限。

【案例 15-5】 使用 UPDATE 语句将 root 用户的密码修改为 root123。

UPDATE 语句及其执行结果如下：

```
mysql> UPDATE mysql.user SET authentication_strin=PASSWORD('root123') WHERE user='root' AND
host='localhost';
Query OK, 1 row affected, 1 warning (0.06 sec)
Rows matched: 1 Changed: 1 Warnings: 1
```

执行"FLUSH PRIVILEGES;"语句，重新加载用户权限：

```
mysqI> FLUSH PRIVILEGES;
Query OK, 0 rows affected (0.11 sec)
```

执行完 UPDATE 语句后，root 用户密码被成功修改。使用 "FLUSH PRIVILEGES;" 语句重新加载用户权限后，就可以使用新密码登录 MySQL 了。

2. 使用 mysqladmin 命令修改密码

使用 mysqladmin 命令修改 root 用户密码的基本语法格式如下：

```
mysqladmin -u username -h localhost -p password "newpwd"
```

其中，"username" 为要修改密码的用户名，此处指定为 root 用户；参数 "-h" 指定要修改的服务器地址，可以不写，默认为 localhost；"-p" 表示输入当前密码；"password" 为关键字；后面双引号中的内容 "newpwd" 为要设置的新密码。

【案例 15-6】使用 mysqladmin 命令将 root 用户的密码修改为 123456。

mysqladmin 命令及其执行结果如下：

```
D:\Program Files>mysqladmin -u root -h localhost -p password "123456"
Enter password: * * * * * * *
```

按照要求输入 root 用户原来的密码，执行完毕后，新密码即被设定完成。下次登录 MySQL 就要使用新密码了。

3. 使用 SET 语句修改 root 用户密码

使用 SET 语句可以重新设置自身或其他用户的登录密码。修改自身登录密码的语法格式如下：

```
SET PASSWORD=PASSWORD("newpwd");
```

新密码必须使用 PASSWORD( ) 函数加密。

【案例 15-7】使用 SET 语句将 root 用户的密码修改为 root123。

使用 root 用户登录 MySQL 服务器后，执行 SET 语句，结果如下：

```
mysqI> SET PASSWORD=PASSWORD("root123");
Query OK, 0 rows affected, 1 warning (0.04 sec)
```

SET 语句执行成功后，为使设置生效，需要重启 MySQL 或执行 "FLUSH PRIVILEGES;" 语句刷新权限，重新加载权限表。执行结果如下：

```
mysqI> FLUSH PRIVILEGES;
Query OK, 0 rows affected (0.04 sec)
```

下次使用 root 用户登录 MySQL 时，便需要使用新密码了。

15.2.4　root 用户修改普通用户密码

使用 root 用户不仅可以修改自身密码，还可以修改普通用户的密码。使用 root 用户修改普通用户密码的方法有多种，本节简单介绍几种常用方法。

1. 使用 SET 语句修改普通用户密码

使用 SET 语句修改普通用户密码的语法格式如下：

```
SET PASSWORD FOR 'user'@'host' = PASSWORD('newpwd');
```

如果是普通用户修改自身密码，则可以省略 FOR 子句：

```
SET PASSWORD = PASSWORD('newpwd');
```

【实例 15-8】 使用 SET 语句将 lucy 用户的密码修改为 123456。

使用 root 用户登录 MySQL 服务器后，执行 SET 语句，结果如下：

```
mysql> SET PASSWORD FOR 'lucy'@'localhost' = PASSWORD('123456');
Query OK, 0 rows affected, 1 warning (0.02 sec)
```

语句执行成功后，lucy 用户的密码被修改为 123456。

2. 使用 UPDATE 语句修改普通用户密码

在使用 root 用户登录 MySQL 服务器后，可以通过执行 UPDATE 语句修改 mysql 数据库中 user 表的 authentication_string 字段值，来修改普通用户的密码。使用 UPDATE 语句修改普通用户密码的基本语法格式如下：

```
UPDATE mysql.user SET authentication_string=PASSWORD("newpwd")
WHERE user="username" AND host="hostname";
```

PASSWORD() 函数用于加密用户密码。执行该语句后，需要执行 "FLUSH PRIVILEGES;" 语句刷新权限，重新加载权限表。

【案例 15-9】 使用 UPDATE 语句将 lucy 用户的密码修改为 lucy123456。

使用 root 用户登录 MySQL 服务器后，执行 UPDATE 语句，结果如下：

```
mysql> UPDATE mysql.user SET authentication_string=PASSWORD("lucy123456") WHERE user="lucy"
AND host="localhost";
Query OK, 1 row affected, 1 warning (0.07 sec)
Rows matched: 1 Changed: 1 Warnings: 1
```

UPDATE 语句执行成功后，需要执行 "FLUSH PRIVILEGES;" 语句刷新权限，重新加载权限表。执行结果如下：

```
mysqI> FLUSH PRIVILEGES:
Query OK, 0 rows afected (0.03 sec)
```

3. 使用 GRANT 语句修改普通用户密码

除前面介绍的两种方法外，还可以使用 GRANT 语句指定某个账号的密码，而不影响账号当前权限。只有拥有 GRANT 权限，才能使用 GRANT 语句修改密码。使用 GRANT 语句修改普通用户密码的基本语法格式如下：

```
GRANT USAGE ON *.* TO 'usemame'@'hostame' IDENTIFIED BY 'newpwd';
```

【案例 15-10】 使用 GRANT 语句将 lucy 用户的密码修改为 lucy123。

使用 root 用户登录 MySQL 服务器后，执行 GRANT 语句，结果如下：

```
mysql> GRANT USAGE ON *.* TO 'lucy'@'localhost' IDENTIFIED BY 'lucy123';
Query OK, 0 rows affected, 1 warning (0.04 sec)
```

执行完 GRANT 语句后，lucy 用户的密码被修改为 lucy123。下次即可使用新密码登录 MySQL 服务器了。

提　示

在使用 GRANT 语句或 mysqladmin 命令修改用户密码时，密码均会自动加密，不需要使用 PASSWORD( ) 函数。

15.2.5　普通用户修改密码

普通用户登录 MySQL 服务器后，可以使用 SET 语句设置自身密码。其基本语法格式如下：

```
SET PASSWORD = PASSWORD('newpwd');
```

【案例 15-11】用户 lucy 使用 SET 语句将自身密码修改为 lucy123456。

执行 SQL 语句，使用用户 lucy 登录 MySQL 服务器：

```
D:\Program Files>mysql -h localhost -u lucy -p
Enter password: * * * * * * *
```

执行 SET 语句，修改 lucy 用户自身密码，执行结果如下：

```
mysql> SET PASSWORD = PASSWORD('lucy123456')
Query OK, 0 rows affected, 1 waming (0.02 sec)
```

成功执行 SET 语句后，lucy 用户的密码被设置为 lucy123456，下次即可使用新密码登录 MySQL 服务器了。

15.2.6　root 用户密码丢失的解决方法

对于 root 用户密码丢失这种问题，可以通过特殊方法登录 MySQL 服务器，然后在 root 用户下重新设置登录密码。下面通过案例详细介绍具体方法。

【案例 15-12】在忘记 root 用户密码的情况下，重新设置其密码为 123456。

步骤 1：打开"管理员：命令提示符"窗口，执行 net stop mysql 命令，停止 MySQL 服务器。

步骤 2：接着在命令窗口执行 mysqld --skip-grant-tables 命令启动 MySQL 服务：

```
mysqld -defaults-file="D:\mysql-8.0.23-winx64\my.ini" --skip-grant-tables
```

提　示

此处的路径 D:\mysql-8.0.23-winx64\my.ini 为 MySQL 实际安装路径，读者可根据实际情况修改。

步骤 3：打开"命令提示符"窗口，执行 mysql-u root-p 命令，在提示输入密码时直接按回车键，不用输入密码：

```
mysql –u root –p
```

步骤 4：成功登录 MySQL 后，执行 SQL 语句打开数据库 mysql：

```
USE mysql;
```

步骤 5：执行 UPDATE 语句，修改 user 表中 root 用户对应的 authentication_string 字段值：

```
UPDATE user SET authentication_string=PASSWORD('123456') WHERE user='root' and host='localhost';
```

步骤 6：执行"FLUSH PRIVILEGES；"语句，刷新权限表：

```
FLUSH PRIVILEGES；
```

步骤 7：退出 MySQL 后，使用新密码重新登录。

任务 15.3   MySQL 权限管理

在认识了权限表并了解账号管理的相关知识后，本任务学习如何合理地将权限表中的不同权限分配给不同用户，也就是 MySQL 权限管理。

15.3.1   MySQL 权限介绍

MySQL 账号的权限信息存储在 4 个控制权限的权限表中。在 MySQL 启动时，服务器将这些信息读入内存。MySQL 支持的权限如表 15-2 所示。

表 15-2   MySQL 支持的权限

权　限	权限范围	权限说明
CREATE	数据库、表或索引	创建数据库、表或索引的权限
DROP	数据库、表或视图	删除数据库、表或视图的权限
GRANT OPTION	数据库、表或存储过程	赋予权限选项
REFERENCES	数据库或表	建立外键关系
EVENT	数据库	在事件调度里创建、更改、删除和查看事件
ALTER	表	更改表，如添加字段、索引等
DELETE	表	删除数据权限
INDEX	表	索引权限
INSERT	表	插入数据权限
SELECT	表或列	查询权限
UPDATE	表或列	更新权限
CREATE TEMPORARY TABLES	表	创建临时表权限
LOCK TABLES	表	锁表权限
TRIGGER	表	创建触发器权限

权　　限	权限范围	权限说明
CREATE VIEW	视图	创建视图权限
SHOW VIEW	视图	显示视图权限
ALTER ROUTINE	存储过程和存储函数	更改存储过程和存储函数的权限
CREATE ROUTINE	存储过程和存储函数	创建存储过程和存储函数的权限
EXECUTE	存储过程和函数	执行存储过程的权限
FILE	访问服务器上的文件	文件访问权限
CREATE USER	服务器管理	创建用户权限
PROCESS	存储过程和存储函数	查看进程权限
RELOAD	服务器管理	执行 flush-hosts、flush-logs、flush-privileges、refresh 和 reload 等权限
REPLICATION CLIENT	服务器管理	复制权限
REPLICATION SLAVE	服务器管理	复制权限
SHOW DATABASE	服务器管理	查看数据库权限
SHUTDOWN	服务器管理	关闭数据库权限
SUPER	服务器管理	执行 kill 线程权限

MySQL 中的权限，根据其操作对象的不同，可以分为以下 4 个级别。

（1）全局性管理权限。该类权限主要是对服务器进行管理，作用于整个给定服务器中的所有数据库，前面 GRANT 语句中的 *.* 就代表所有数据库的权限。这些权限存储在 mysql. user 表中，决定了来自哪些主机的哪些用户可以访问数据库，如果有全局权限，则意味着对所有数据库都有此权限。

（2）数据库级别权限。该类权限适用于一个给定数据库中的所有目标，主要用于控制对指定数据库进行的操作。这些权限存储在 mysql. db 表中，决定了来自哪些主机的哪些用户可以访问此数据库。

（3）数据库对象级别权限。该类权限作用于指定的数据库对象（如表、视图等）或所有数据库对象上。这些权限存储在 mysql. tables_priv 表中，决定了来自哪些主机的哪些用户可以访问此数据库的这个表。

（4）列级别权限。该类权限作用于一个给定表中的单一列，这些权限存储在 mysql. columns_priv 表中，决定了来自哪些主机的哪些用户可以访问此数据库中这个表的这个字段。

15.3.2　查看账号权限

创建好账号后，可以使用 SHOW GRANTS 语句查看账号的权限信息，其基本语法格式如下：

```
SHOW GRANTS FOR 'user'@'host';
```

其中，"user"表示登录用户名；"host"表示登录的主机名或 IP 地址。在使用该语句时，指定的用户名和主机名都要用单引号括起来，并在两个名字中间使用@符号连接。

【案例 15-13】使用 SHOW GRANTS 语句查看用户 lucy 的权限信息。

打开命令窗口，登录 MySQL 并执行 SHOW GRANTS 语句。语句及其执行结果如下：

```
mysql> SHOW GRANTS FOR 'lucy'@'localhost';
+--------------------------------------------------------------------+
| Grants for lucy@loaclhost                                          |
+--------------------------------------------------------------------+
| GRANT SELECT,UPDATE ON *.* TO 'lucy'@'loaclhost'                   |
+--------------------------------------------------------------------+
1 row in set (0.01 sec)
```

返回结果的第 1 行显示了 user 表中的账号信息；下面的行显示了用户被授予的权限，"GRANT SELECT，UPDATE ON"表示用户被授予了 SELECT 和 UPDATE 权限；"*.*"表示被授予的权限作用于所有数据库。

GRANT 可以显示全局级和非全局级权限的详细信息，如果表或列层级的权限被授予用户，它们也能在结果中显示。

除上述方法外，也可以使用 SELECT 语句查看权限表中各权限字段值来确定用户的权限信息，其基本语法格式如下：

```
SELECT privileges_list FROM mysql.user WHERE user='usemame' AND host='hostname';
```

其中，"privileges_list"为想要查看的权限字段，可以为 select_priv、insert_priv 等，各字段之间使用逗号隔开。

15.3.3　给账号授权

给账号授权就是将某个权限授予某个用户。合理的授权可以保证数据库的安全。在 MySQL 中使用 GRANT 语句为账号授权，其基本语法格式如下：

```
GRANT priv_type [,priv_type...] ON db.table TO user@host
[WITH with_option [with option]...];
```

同创建账号时一样，"priv_type"表示赋予用户的权限类型，如 SELECT、UPDATE 等；"db. table"表示用户的权限所作用的数据库中的表，"*.*"表示所有数据库的所有表；"user"表示用户名；"host"表示主机名；"[WITH with option [with option]…]"为可选参数，除了可以对新创建的用户赋予 GRANT 权限外，其可取值还有 4 个，用于账号资源限制。各值及其意义分别如下。

（1）MAX_QUERIES_PER_HOUR count：设置每小时可以执行 count 次查询。

（2）MAX_UPDATES_PER_HOUR count：设置每小时可以执行 count 次更新。

（3）MAX_CONNECTIONS_PER_HOUR count：设置每小时可以建立 count 个连接。

（4）MAX_USER_CONNECTIONS count：设置单个用户可以同时建立 count 个连接。

【案例 15-14】使用 GRANT 语句为用户 lucy 授予对所有数据库的 INSERT 权限。

打开命令窗口，登录 MySQL 并执行 GRANT 语句。语句及其执行结果如下：

```
mysql> GRANT INSERT ON *.* TO 'lucy'@'localhost';
Query OK, 0 rows affected (0.23 sec)
```

结果显示执行成功，使用 SELECT 语句查询用户 lucy 的权限：

```
mysql>SELECT host,user,insert_priv,select_priv,update_priv FROM mysql.user WHERE user='lucy';
+---------------+-----------+---------------+---------------+---------------+
| host          | user      | insert_priv   | select_priv   | update_priv   |
+---------------+-----------+---------------+---------------+---------------+
| loaclhost     | lucy      | Y             | Y             | Y             |
+---------------+-----------+---------------+---------------+---------------+
1 row in set (0.00 sec)
```

查询结果显示，用户 lucy 除具有创建时被授予的 SELECT 和 UPDATE 权限外，同时也被授予了 INSERT 权限，其相应字段的值均为 Y。

15.3.4　收回权限

收回权限就是取消用户已有的某些权限。收回用户不必要的权限可以在一定程度上保证系统的安全。MySQL 中使用 REVOKE 语句取消用户权限。取消用户权限后，用户账号的记录将从 db、tables_priv 和 columns_priv 表中删除，但是用户账号记录依然保存在 user 表中（可以使用 DROP USER 语句删除 user 表中的账号记录）。

REVOKE 语句的基本语法格式如下：

```
REVOKE priv_type [, priv_type] ...ON db.table
FROM 'user'@'host'[,'user'@'host'...]
```

该语句表示收回指定的权限，其中"priv_type"参数表示权限类型；"db. table"表示从哪个数据库哪个表上收回权限；"'user'@'host'"表示用户账号，由用户名和主机名构成。

一般在将用户从 user 表中彻底删除之前，应该收回其所有权限，包括全局层级、数据库层级、表层级和列层级的权限。使用 REVOKE 语句收回用户所有权限的基本语法格式如下：

```
REVOKE ALL PRIVILEGES, GRANT OPTION
FROM 'user'@'host'[,'user'@'host'...]
```

使用 REVOKE 语句，必须拥有 MySQL 数据库的全局 CREATE 权限或 UPDATE 权限。

【案例 15-15】使用 REVOKE 语句取消用户 lucy 的 UPDATE 权限。

打开命令窗口，登录 MySQL 并执行 REVOKE 语句。语句及其执行结果如下：

```
mysql> REVOKE UPDATE ON *.* FROM 'lucy'@'localhost';
Query OK, 0 rows affected (0.06 sec)
```

结果显示执行成功，使用 SELECT 语句查询用户 lucy 的权限：

```
mysql> SELECT host,user,insert_priv,select_priv,update_priv FROM mysql.user WHERE user='lucy';
+---------------+-----------+---------------+---------------+---------------+
| host          | user      | insert_priv   | select_priv   | update_priv   |
+---------------+-----------+---------------+---------------+---------------+
| localhost     | lucy      | Y             | Y             | N             |
+---------------+-----------+---------------+---------------+---------------+
1 row in set (0.00 sec)
```

查询结果显示，"update_priv" 值变为 "N"，说明用户 lucy 的 UPDATE 权限已被取消。

拓展阅读

在如今的大数据时代，数据安全受到越来越多人的重视，因为稍有不慎就可能被一些商家、网站通过爬虫等信息收集工具抓取到个人信息，成为他们的"潜在"客户，遭受他们各种推广信息的轰炸。

为保护网络安全，我国于 2017 年颁布了《中华人民共和国网络安全法》，其中明确了各方在网络安全保障中的权利与责任。这是中国网络空间治理和法制建设从量变到质变的重要里程碑，这部法律作为依法治网、化解网络风险的法律重器，成为我国互联网在法治轨道上健康运行的重要保障。

项目考核

填空题

1. user 表中权限列的字段决定了用户的_____，描述了在全局范围内允许对数据库进行的操作。包括_____和_____等用于数据库操作的普通权限，也包括_____服务器和加载用户等管理权限。

2. 常用创建账号的方式有两种：一种是使用_____语句；另一种是使用_____语句。

3. 在 MySQL 中，可以使用_____语句删除用户。

4. 由于所有账号信息都保存在 user 表中，因此可以通过修改 user 表中的_____字段值来改变 root 用户的密码。

5. 使用_____命令和_____语句，也可以修改 root 用户密码。

6. 使用 root 用户修改普通用户密码，可以使用_____语句、_____语句和_____语句。

7. 创建好账号后，可以使用_____语句和_____语句查看账号的权限信息。

8. 在 MySQL 中，使用_____语句为账号授权，使用_____语句取消用户权限。

第5部分
实 战 篇

项目 16
新闻发布系统数据库设计

【项目导读】

MySQL 数据库的应用非常广泛，很多网站和管理系统都采用 MySQL 数据库存储数据。随着信息时代的到来，网络媒体在人们的生活中越来越普遍，新闻发布系统作为网络媒体的核心系统，起着至关重要的作用，它不仅提供新闻管理和发布的功能，还能实现与普通用户的交互，使用户可以方便地参与相关新闻的评论。本项目主要讲述新闻发布系统的数据库设计过程。

【学习目标】

知识目标：

- 了解新闻发布系统的需求；
- 熟悉新闻发布系统的常见功能；
- 掌握新闻发布系统的概念设计；
- 掌握新闻发布系统中表的设计；
- 掌握新闻发布系统中索引的设计；
- 掌握新闻发布系统中视图的设计；
- 掌握新闻发布系统中触发器的设计。

能力目标：

- 能够独立完成新闻发布系统数据库的设计；
- 能够举一反三，参照新闻发布系统设计其他小型数据库系统。

素质目标：

- 懂得团结合作能让工作事半功倍的道理。

任务 16.1　需求分析

本项目介绍一个小型新闻发布系统的实现，管理员可以使用该系统发布和管理新闻以及管理用户、管理角色权限、管理评论等。

通过对实际情况的调查，要求本系统主要实现以下功能。

（1）具有用户注册功能。

（2）注册用户可以对个人信息进行修改。

（3）注册用户可以对新闻进行评论。

（4）管理员可以按角色分配权限。

（5）管理员可以发布和删除新闻。

（6）管理员可以对用户相关信息进行管理。

任务 16.2　系统功能

通过前面对需求的分析和总结，可将新闻发布系统分为 6 个功能模块，包括用户管理、管理员管理、权限管理、角色管理、新闻管理和评论管理。本系统的功能结构如图 16-1 所示。

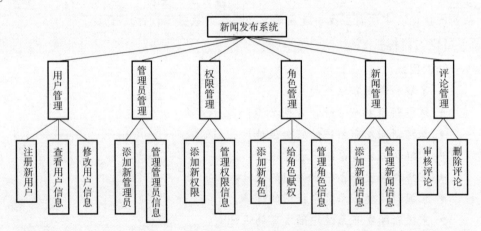

图 16-1　新闻发布系统功能模块框图

各模块详细介绍如下。

（1）用户管理模块：实现添加、查看、修改和搜索用户信息功能。

（2）管理员管理模块：实现添加、查看、修改和搜索管理员信息功能。

（3）权限管理模块：实现添加、查看、修改和删除权限功能。

（4）角色管理模块：实现添加角色，给角色赋权，并将分配好权限的角色与管理员相关联等功能。

（5）新闻管理模块：实现有相关权限的管理员对新闻的添加、删除、修改和查看功能。

（6）评论管理模块：实现有相关权限的管理员对评论的审核和删除功能。

任务 16.3 数据库概念设计

数据库概念设计就是对用户要求描述的现实世界（可能是一座工厂、一个商场或者一所学校等），通过对其中各处的分类、聚集和概括，建立抽象的概念数据模型。这个概念模型应反映现实世界各部门的信息结构、信息流动情况、信息间的互相制约关系以及各部门对信息存储、查询和加工的要求等。实际应用中常用 E-R 图表示。

E-R 图也称实体-联系图（Entity Relationship Diagram），它是描述现实世界概念结构模型的有效方法，是表示概念模型的一种方式，用矩形表示实体型，矩形框内写明实体名；用椭圆表示实体属性，并用无向边将其与相应的实体型连接起来；用菱形表示实体型之间的联系，在菱形框内写明联系名，并用无向边分别与有关实体型连接起来，同时在无向边旁标上联系的类型（$1:1, 1:n$ 或 $m:n$）。

通过需求分析和系统功能设计，本系统规划出用户实体、管理员实体、新闻分类实体、新闻实体、用户评论实体、权限实体、角色实体和管理员角色实体，图 16-2 所示为各个实体的 E-R 图。

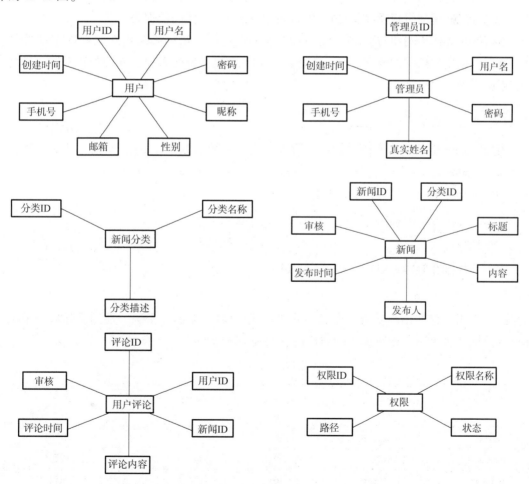

图 16-2 新闻发布系统数据库 E-R 图

图 16-2　新闻发布系统数据库 E-R 图（续）

任务 16.4　数据库逻辑结构与物理结构设计

　　数据库逻辑结构设计就是根据已经建立的概念数据模型，以及所采用的数据库管理系统的数据模型特性，按照一定的转换规则，把概念模型转换为该数据库管理系统所能接受的逻辑数据模型。通俗地讲，就是将 E-R 图转换成表格的形式。

　　数据库物理结构设计，就是为一个确定的逻辑数据模型选择一个最适合应用要求的物理结构的过程。此处就是根据逻辑表结构在数据库中创建具体的数据表。

　　本任务首先以表为单位，逐个创建数据表的结构，并根据表结构在数据库中创建数据表，然后根据用户处理的要求，在基本表的基础上创建必要的索引、视图和触发器，最终完成数据库系统的设计。

16.4.1　设计表

　　根据需求分析及数据库概念设计，可以得出本系统的数据库 news 中共存放 8 张表，分别是 user、admin、category、news、comment、rule、role 和 admin_ roles 表。

　　创建和选择 news 数据库的 SQL 代码如下：

```
CREATE DATABASE news;              #创建 news 数据库
USE news;                          #打开 news 数据库
```

接下来详细介绍本系统中各表的创建过程。

1. user 表

user 表用于存储用户信息，包括用户 ID、用户名、昵称、密码、性别、邮箱、手机号和创建时间 8 个字段。该数据表的结构信息如表 16-1 所示。

表 16-1　user 表结构信息

字段名	数据类型	长度	允许空值	说明
id	INT	10	否	用户 ID（主键）
name	VARCHAR	20	否	用户名
nickname	VARCHAR	20	否	昵称
password	VARCHAR	10	否	密码
sex	TINYINT	1	否	性别（1男2女）

字段名	数据类型	长度	允许空值	说明
email	VARCHAR	20	否	邮箱
cellphone	CHAR	10	否	手机号
date	INT	10	否	创建时间

根据表 16-1 的内容创建 user 表，创建 user 表的 SQL 语句如下：

```
CREATE TABLE user (
  'id' INT(10) UNSIGNED NOT NULL AUTO_INCREMENT COMMENT '用户 ID(主键)',
  'name' VARCHAR(20) NOT NULL COMMENT '用户名',
  'nickname' VARCHAR(20) NOT NULL COMMENT '昵称',
  'password' VARCHAR(10) NOT NULL COMMENT '密码',
  'sex' TINYINT(1) UNSIGNED NOT NULL COMMENT '性别(1 男 2 女)',
  'email' VARCHAR(20) NOT NULL COMMMENT '邮箱',
  'cellphone' CHAR(11) NOT NULL COMMENT '手机号',
  'date' INT(10) NOT NULL COMMENT '创建时间',
  PRIMARY KEY (id)
) ENGINE = InnoDB DEFAULT CHARSET = utf8 COMMENT = '用户信息';
```

提　示

数据表创建完成后，可以使用 DESC 语句查看表的基本结构，也可以通过 SHOW CREATE TABLE 语句查看表的详细信息。

2. admin 表

admin 表用于存储管理员信息，包括管理员 ID、用户名、密码、真实姓名、手机号和创建时间 6 个字段。该数据表的结构信息如表 16-2 所示。

表 16-2　admin 表结构信息

字段名	数据类型	长度	允许空值	说明
id	INT	10	否	管理员 ID（主键）
adminName	VARCHAR	20	否	用户名
password	VARCHAR	10	否	密码
name	VARCHAR	20	否	真实姓名
cellphone	CHAR	10	否	手机号
date	INT	10	否	创建时间

根据表 16-2 的内容创建 admin 表，创建 admin 表的 SQL 语句如下：

```
CREATE TABLE admin   (
  'id' INT(10) UNSIGNED NOT NULL AUTO_INCREMENT COMMENT '管理员 ID(主键)',
  'adminName' VARCHAR(20) NOT NULL COMMENT '用户名',
```

```
    'password' VARCHAR(10) NOT NULL COMMENT '密码',
    'name' VARCHAR(20) NOT NULL COMMENT '真实姓名',
    'cellphone'CHAR(11) NOT NULL COMMMENT '手机号码',
    'date'INT(10) NOT NULL COMMENT '创建时间',
    PRIMARY KEY (id)
) ENGINE = InnoDB DEFAULT CHARSET = utf8 COMMENT = '管理员信息';
```

3. category 表

category 表用于存储新闻分类，包括分类 ID、分类名称和分类描述 3 个字段。该数据表的结构信息如表 16-3 所示。

表 16-3　category 表结构信息

字段名	数据类型	长度	允许空值	说明
id	INT	10	否	分类 ID（主键）
title	VARCHAR	30	否	分类名称
describe	VARCHAR	50	否	分类描述

根据表 16-3 的内容创建 category 表，创建 category 表的 SQL 语句如下：

```
CREATE TABLE category  (
    'id' INT(10) UNSIGNED NOT NULL AUTO_INCREMENT COMMENT '分类 ID(主键)',
    'title' VARCHAR(30) NOT NULL COMMENT '分类名称',
    'describe' VARCHAR(50) NOT NULL COMMENT '分类描述',
    PRIMARY KEY (id)
) ENGINE = InnoDB DEFAULT CHARSET = utf8 COMMENT = '新闻分类';
```

4. news 表

news 表用于存储新闻详情，包括新闻 ID、分类 ID、标题、发布人、发布时间、内容和审核 7 个字段。该数据表的结构信息如表 16-4 所示。

表 16-4　news 表结构信息

字段名	数据类型	长度	允许空值	说明
id	INT	10	否	新闻 ID（主键）
category_id	INT	10	否	分类 ID
title	VARCHAR	50	否	标题
author	VARCHAR	20	否	发布人
date	INT	10	否	发布时间
content	TEXT		否	内容
isshow	TINYINT	1	否	审核（1 通过 2 未通过）默认设置为 2

根据表 16-4 的内容创建 news 表，创建 news 表的 SQL 语句如下：

```
CREATE TABLE news (
    'id' INT(10) UNSIGNED NOT NULL AUTO_INCREMENT COMMENT '新闻 ID(主键)',
    'category_id' INT(10) UNSIGNED NOT NULL COMMENT '分类 ID',
    'title' VARCHAR(50) NOT NULL COMMENT '标题',
    'author' VARCHAR(20) NOT NULL COMMENT '发布人',
    'date' INT(10) NOT NULL COMMENT '发布时间',
    'content' TEXT NOT NULL COMMMENT '内容',
    'isshow' TINYINT(1) UNSIGNED NOT NULL DEFAULT '2' COMMENT '审核(1 通过 2 未通过)',
    PRIMARY KEY (id)
) ENGINE = InnoDB DEFAULT CHARSET = utf8 COMMENT = '新闻信息';
```

5. comment 表

comment 表用于存储用户评论信息，包括评论 ID、用户 ID、新闻 ID、评论内容、评论时间和审核 6 个字段。该数据表的结构信息如表 16-5 所示。

表 16-5　comment 表结构信息

字段名	数据类型	长度	允许空值	说明
id	INT	10	否	评论 ID（主键）
userID	INT	10	否	用户 ID
newsID	INT	10	否	新闻 ID
content	VARCHAR	255	否	评论内容
date	INT	10	否	评论时间
isshow	TINYINT	1	否	审核（1 通过 2 未通过）默认为 1

根据表 16-5 的内容创建 comment 表，创建 comment 表的 SQL 语句如下：

```
CREATE TABLE comment (
    'id' INT(10) UNSIGNED NOT NULL AUTO_INCREMENT COMMENT '评论 ID(主键)',
    'userID' INT(10) UNSIGNED NOT NULL COMMENT '用户 ID',
    'newsID' INT(10) UNSIGNED NOT NULL COMMENT '新闻 ID',
    'content' VARCHAR(255) NOT NULL COMMENT '评论内容',
    'date' INT(10) UNSIGNED NOT NULL COMMENT '评论时间',
    'isshow' TINYINT(1) UNSIGNED NOT NULL DEFAULT '1'COMMENT '审核(1 通过 2 未通过)',
    PRIMARY KEY (id)
) ENGINE = InnoDB DEFAULT CHARSET = utf8 COMMENT = '用户评论信息';
```

6. rule 表

rule 表用于存储权限信息，包括权限 ID、父级权限 ID、权限名称、路径和状态 5 个字段。该数据表的结构信息如表 16-6 所示。

表 16-6　rule 表结构信息

字段名	数据类型	长度	允许空值	说明
id	INT	10	否	权限 ID（主键）
pid	INT	10	否	父级权限 ID
title	VARCHAR	20	否	权限名称
url	VARCHAR	30	否	路径
state	TINYINT	1	否	状态（1 显示 2 隐藏）默认设置为 1

根据表 16-6 的内容创建 rule 表，创建 rule 表的 SQL 语句如下：

```
CREATE TABLE rule (
    'id' INT(10) UNSIGNED NOT NULL AUTO_INCREMENT COMMENT '权限 ID(主键)',
    'pid' INT(10) UNSIGNED NOT NULL COMMENT '父级权限 ID',
    'title' VARCHAR(20) NOT NULL COMMENT '权限名称',
    'url' VARCHAR(30) NOT NULL COMMENT '路径',
    'state' TINYINT(1) NOT NULL DEFAULT '1' COMMENT '状态(1 显示 2 隐藏)',
    PRIMARY KEY (id)
) ENGINE = InnoDB DEFAULT CHARSET = utf8 COMMENT = '权限信息';
```

7. role 表

role 表用于存储角色权限信息，包括角色 ID、父级角色 ID、角色名称和权限信息 4 个字段。该数据表的结构信息如表 16-7 所示。

表 16-7　role 表结构信息

字段名	数据类型	长度	允许空值	说明
id	INT	10	否	角色 ID（主键）
pid	INT	10	否	父级角色 ID
title	VARCHAR	20	否	角色名称
rules	VARCHAR	50	否	权限信息

根据表 16-7 的内容创建 role 表，创建 role 表的 SQL 语句如下：

```
CREATE TABLE role (
    'id' INT(10) UNSIGNED NOT NULL AUTO_INCREMENT COMMENT '角色 ID(主键)',
    'pid' INT(10) UNSIGNED NOT NULL COMMENT '父级角色 ID',
    'title' VARCHAR(20) NOT NULL COMMENT '角色名称',
    'rules' VARCHAR(50) NOT NULL COMMENT '权限信息',
    PRIMARY KEY (id)
) ENGINE = InnoDB DEFAULT CHARSET = utf8 COMMENT = '角色权限';
```

8. admin_roles 表

admin_roles 表用于存储管理员角色信息，包括管理员角色 ID、管理员 ID 和角色 ID 3 个字段。该数据表的结构信息如表 16-8 所示。

表 16-8 admin_roles 表结构信息

字段名	数据类型	长度	允许空值	说明
id	INT	10	否	管理员角色 ID（主键）
admin_id	INT	10	否	管理员 ID
role_id	INT	10	否	角色 ID

根据表 16-8 的内容创建 admin_roles 表，创建 admin_roles 表的 SQL 语句如下：

```
CREATE TABLE admin_roles (
    'id' INT(10) UNSIGNED NOT NULL AUTO_INCREMENT COMMENT '管理员角色 ID(主键)',
    'admin_id' INT(10) UNSIGNED NOT NULL COMMENT '管理员 ID',
    'role_id' INT(10) UNSIGNED NOT NULL COMMENT '角色 ID',
    PRIMARY KEY (id)
) ENGINE = InnoDB DEFAULT CHARSET = utf8 COMMENT = '管理员角色信息';
```

16.4.2 设计索引

索引是对数据表中一列或多列值进行排序的一种结构，使用它可以有效提高访问数据表中特定信息的速度。在新闻发布系统中需要查询新闻信息，为提高查询速度就需要在某些特定字段上建立索引。本节使用 CREATE INDEX 语句和 ALTER TABLE 语句创建索引。

1. 在 news 表上创建索引

新闻发布系统需要通过 news 表中的 id 字段、title 字段、author 字段和 date 字段查询新闻信息。由于建表时已经将 id 字段设为主键，所以此处只需创建其他 3 个索引即可。具体创建索引的语句如下。

使用 CREATE INDEX 语句给 news 表中 title 字段创建名为 index_title 的索引。SQL 语句如下：

```
CREATE INDEX index_title ON news(title);
```

使用 CREATE INDEX 语句给 news 表中 author 字段创建名为 index_author 的索引。SQL 语句如下：

```
CREATE INDEX index_author ON news(author);
```

使用 CREATE INDEX 语句给 news 表中 date 字段创建名为 index_date 的索引。SQL 语句如下：

```
CREATE INDEX index_date ON news(date);
```

2. 在 comment 表上创建索引

新闻发布系统需要通过 comment 表中的 id 字段、userID 字段和 newsID 字段查询评论内容。由于建表时已经将 id 字段设为主键，所以此处只需创建其他两个索引即可。具体创建索引的语句如下。

使用 CREATE INDEX 语句给 comment 表中的 userID 字段创建名为 index_userID 的索引。SQL 语句如下：

```
CREATE INDEX index_userID ON comment(userID);
```

使用 ALTER TABLE 语句给 comment 表中 newsID 字段创建名为 index_newsID 的索引。SQL 语句如下:

```
ALTER TABLE comment ADD INDEX index_newsID(newsID);
```

16.4.3 设计视图

视图是基于数据库中一个或多个表而导出的虚拟表。数据库中只存储视图的定义,对视图所对应的数据不进行实际存储,在对视图中数据进行操作时,系统根据视图的定义去操作与视图相关联的基本表。本系统中设计了一个视图来改善查询操作。

在本系统中查看新闻评论内容,如果直接以 news 表中的新闻 ID 为条件查询 comment 表,显示信息时会显示用户 ID。这种显示对用户而言是不友好的,用户是不知道自己 ID 的,但是他知道自己的昵称,因此可以创建一个视图 comment_view,显示评论 ID、用户昵称、新闻 ID、评论内容、评论时间和审核。

创建视图 comment_view 的 SQL 语句如下:

```
CREATE VIEW comment_view
AS SELECT c.id,u.nickname,c.newsID,c.content,c.date,c.isshow
FROM comment c,user u
WHERE c.userID=u.id;
```

上述 SQL 语句给 comment 表设置了别名 c,user 表设置了别名 u,该视图从这两个表中取出相应的字段。

提 示

视图创建完成后,可以使用 SHOW CREATE VIEW 语句查看其详细信息。

16.4.4 设计触发器

触发器的执行不是由程序调用,也不是手工启动,而是由 INSERT、UPDATE 和 DELETE 等事件来触发的某种特定的操作。当满足触发器的触发条件时,数据库就会执行触发器中定义的程序语句,这样做可以保证数据的一致性。本系统设计了一个触发器来改善删除操作。

在本系统中删除用户信息时,如果从 user 表中删除一个用户信息,那么该用户在 comment 表中的信息也需要同时被删除。此时就需要用触发器来实现自动删除功能。为此在 user 表中创建 delete_comment 触发器,只要执行 DELETE 操作,就删除了 comment 表中的相关信息记录。创建 delete_comment 触发器的 SQL 语句如下:

```
CREATE TRIGGER delete_comment
AFTER
DELETE ON user
FOR EACH ROW
DELETE FROM comment WHERE userID=OLD.id;
```

其中，"OLD. id"表示 user 表中新删除记录的 id 值。

拓展阅读

　　大型项目往往需要团队协作共同完成，要求团队内部人员团结一心，保持良好的沟通渠道，遇到问题及时沟通解决。在这一过程中，需要注意端正自己的态度，不能轻视其他人员，而是要扬长避短、相互合作，有困难及时请教有经验的人员，加强彼此的沟通，协力合作，让工作事半功倍。

　　《吕氏春秋·用众》曾描述："物固莫不有长，莫不有短。人亦然。故善学者，假人之长以补其短。"说的正是取长补短的道理。我们每个人都有长处，也有自己的不足，在为人、处事、学习、生活上，学会和别人配合，优势互补形成一个整体和团队，就会获得更好的效果。

参考文献

［1］明日科技. MySQL 从入门到精通［M］. 3 版. 北京：清华大学出版社，2023.

［2］陈承欢. MySQL 数据库应用与设计任务驱动教程［M］. 2 版. 北京：电子工业出版社，2021.

［3］陈志泊. 数据库原理及应用教程（MySQL 版）［M］. 北京：人民邮电出版社，2022.

［4］郭义. MySQL 数据库应用案例教程［M］. 北京：航空工业出版社，2022.

［5］赵明渊，唐明伟. MySQL 数据库实用教程［M］. 北京：人民邮电出版社，2021.